speed
为什么速度越快
时间越少
Limits

雅理译丛

田雷　主编

雅理

其理正，其言雅

理正言雅

即将至正之理以至雅之言所表达

是谓，雅理译丛

Speed
Where Time Went and
Why We Have so Little Left
Mark C. Taylor
Limits

为什么速度越快
时间越少

从马丁·路德到大数据时代的
速度、金钱与生命

马克·泰勒 – 著

文晗 – 译

中国政法大学出版社

2018·北京

Speed Limits: Where Time Went and Why We Have So Little Left
by Mark C. Taylor
Copyright © 2014 by Mark C. Taylor.
Originally published by Yale University Press.
版权登记号：图字 01-2016-5500 号

图书在版编目（ＣＩＰ）数据

为什么速度越快，时间越少：从马丁·路德到大数据时代的速度、金钱与生命/（美）马克·泰勒著；文晗译.—北京：中国政法大学出版社，2018.11
ISBN 978-7-5620-8557-7

Ⅰ.①为… Ⅱ.①马… ②文… Ⅲ.①科技发展－研究 Ⅳ.①G305

中国版本图书馆CIP数据核字（2018）第236416号

出 版 者	中国政法大学出版社
地　　址	北京市海淀区西土城路 25 号
邮寄地址	北京 100088 信箱 8034 分箱　邮编 100088
网　　址	http://www.cuplpress.com（网络实名：中国政法大学出版社）
电　　话	010-58908524（编辑部）58908334（邮购部）
承　　印	北京中科印刷有限公司
开　　本	880mm×1230mm　1/32
印　　张	13.5
字　　数	300 千字
版　　次	2018 年 11 月第 1 版
印　　次	2018 年 11 月第 1 次印刷
定　　价	69.00 元

献给亚伦和弗里达，克里斯汀和乔纳森

你跑得太快了
如今你疲倦了
你的幸福才赶上你。

———弗里德里希·尼采

致 谢

写作是一项孤独的事业。如果没有一个共同体做支撑，这^{ix}一孤独的事业是不可能的。据说，对一个作者而言，合适的名字，总是一个包含了许多他人的笔名——有一些为人所知，有一些默默无闻，有一些仍然活着，有一些早已故去——这些他人通过写作者的言辞说话，而这些话语并不属于作者自己。从四十年前我的第一本书《克尔凯郭尔的笔名：一项关于时间和自我的研究》以来，我思考了许多问题，正是从这些问题中诞生了《为什么速度越快，时间越少》这本书。这些年间，我发展了一套文化哲学，用以尝试去理解"我们从哪里来又将到哪里去"。这段旅途从那个狂乱而乐天的 1960 年代发端，但出乎我意料的是，当我将要到达终点时，这个世界反倒变得越来越破碎和脆弱。一路走来，我从太多作家、艺术家、朋友、同学和学生那里学到了许多东西，吸收了许多东西，以至于我无法在这儿一一列出他们的名字。即便如此，因为如下几位对本书所做出的特殊贡献，我还是想对他们表达我的感激之情：感谢艾萨·萨瑞娜（Esa Saarinen），因为她敏锐的批判性眼光和无比的热情；感谢迈克尔·路易特（Michael LeWitt）向我解释了金融市场；感谢大卫·希普列（David Shipley）引导我理解了复杂的金融新闻媒体；感谢吉尔·阿尼黛尔（Gil Anidiar）总能使我从不同的角度看待一件事；感谢马格努斯·伯思哈德森（Magnus Bernhardesson），阿弗里泽·戈曼斯多荞尔（Arnfríeur Guemundsdóttir）和古娜·马修蒂亚森（Gunnar Matthiasson）带我认识了冰岛；感谢理查德·罗柏（Richard Robb）极其细致地阅读了我的手稿；感谢玛格丽特·威尔斯（Margaret Weyers），因为她不竭的兴趣和支持；感谢朱丽叶·卡尔森（Julie Carlson）细致的编辑；感谢切尔西·埃宾（Chelsea Ebin）与我的许多次交谈，以及她对细节的注意；感谢唐·费尔（Don Fehr），即便我已经有些动摇，但他对这本书仍然一直保持信心；感谢詹妮弗·班克斯（Jennifer Banks）和约翰·多娜蒂奇（John Donatich）对我工作的热情回应；感谢杰克·迈尔斯（Jack Miles）多年的友谊；感谢约翰·钱德勒（John Chandler），没有他，我无法成为如今这样的老师和作者。最后，我想感谢我的家庭，丁尼（Dinny）用她的耐心包容了我们都无法理解的这种痴迷，亚伦（Aaron）、弗里达（Frida）、克里斯汀（Kirsten）和乔纳森（Jonathan）的日渐成长使我重新思考了许多我曾经以为我已理解的事情，塞尔玛（Selma）、艾尔萨（Elsa）和杰克逊（Jackson）教会了我，绝望并不值得选择。

2013 年 12 月 13 日

目 录

导　言
速度的陷阱

　　呼叫等待……无休止的电话会议……完全不顾时间地点的强制性视频会议（Skype meetings）……周末紧急出差，只为了一些本可以等到周一再处理的公务……每一件事情都是正好赶上……睡觉时床头也得放着一台 iphone……整晚整晚地刷邮件……坐在出租车上正准备与朋友约个晚饭时又因为收到邮件而返回办公室……越来越长的工作日……70、80、90 个小时没有休息。在"真实"的时间中，所有的事情都在加速，直到时间本身似乎消失。没有最快，只有更快，所有的事情都必须在当下这一刻完成。犹豫、延迟或暂停，都可能意味着错过一次机会并给了竞争对手以可乘之机。速度已成为成功的衡量尺度，更快的食物，更快的电脑，更快的网络，更快的连通性（connectivity），更快的交易，更快的快递，更快的产品周期，更快的头脑风暴，更快的成长，更快的生命。根据速度的福音，快速植根于大地。

　　这样一个速度新世界是怎样诞生的呢？为什么这一切看起来似乎都无可避免？最明显的答案是：技术。信息、交流和网络技术正在创造一个新世界，而这个新世界转手就把人类生活转变成了自己的模样。根据摩尔定律，电脑芯片的速度每 18

个月就会翻倍，现在，这一定律似乎同样适用于人类生活。我的生活节奏比我父亲要快，我孩子的生活节奏比我快，而我的孙子们，他们的生活已经被 iphone 和 ipad 包围，又比他们的父辈更快。这种情况并不是无根据的推测，而是事实。作为我反思出发点的这些关于速度的例子，都来源于我的孩子们以及他们真实的家庭生活。他们都是年轻的专业人士，两位是律师，一位是财务顾问，以及一位销售经理，他们的生活都陷入了这种速度的陷阱中。重要的事情在于，这种速度革命，对不同的人而言，影响的方式也不同；速度成为区分社会经济地位的工具，虽然并不一定是最重要的工具。有些人生活加速了，另外一些则是放缓了；有些人做的比他想做的要多，而另一些则做的不如他想做的多甚至无事可做；有些人"领先"了，有些人则"落后"了。在这样一个快节奏的经济中，"赢家"和"输家"所共享的只有这种速度所创造的不安、焦虑和不满。

高速连接的无所不在改变了我们的生活，但技术并不是凭空产生的；不如说，技术被社会、政治以及经济和金融（这是最重要的）的力量驱动，同时，技术也被特殊的价值观塑造，这种特殊的价值观拥有一个漫长但却常常隐匿的历史。21 世纪日新月异的世界与一种新形式的资本主义——金融资本主义——是分不开的，这种资本主义在 20 世纪后半叶逐渐发展成熟。更进一步，当我们溯源历史的脉络，我们会清楚地看到，新教的幽灵仍然飘荡在我们这个世界的上空。今天高速发展的金融资本主义，实际上是宗教改革以来新教的救赎经世论（Protestant economy of salvation）世俗化的顶点。如同我们将要看到的一样，约翰·加尔文神意论的上帝（providential God）的看不见的手在亚当·斯密那里，变成了市场经济里看不见的手。如同上帝在恶中创造善、在罪里施拯救一样，市场将人们对私欲的追求转化成了共同善（common good）。货币符号改变了，投资策略也多样化了，但几个世纪以来贸易体系却始终如一。在最初的资本主义形式中，财富要通过出卖劳动力和产品来创造，但在金融资本主义中，财富则通过货币符号的交换和虚拟资产在全球网络中以光速来流通被创造。传统的实体经济和这种新的虚拟经济的区别就在于速度。由于虚拟资产的整合速度远超实体资产，贫富差距实际上就是速度的差距，而这种差距还会以越来越快的速度拉大。与期待的相反，高速连接加深了传统的不平等，并且还在不断创造新的不平等。

　　限制速度不可避免，因为虚拟总是以现实为界。生活的不断加速很快就要接近引爆点，在此之后不可避免地会发生社会、政治、经济、金融、健康、心理和生态等各方面的灾难。也许是我一厢情愿，但我觉得，越来越多的人开始认识到，当下的道路已经难以为继，他们现在的生活也愈发难以忍受。速度的代价就是时间，而时间就是生命本身。当所有的事情都开动起来，所有的人都忙得停不下来，就永远没有足够的时间去完成任何一件事。我们走得越快，我们越没有时间，我们越没有时间，我们就越觉得我们需要走得更快。我们越是努力去节约时间，我们就越是浪费了我们仅剩的一点空闲。伴随着时间的加快，损失也在不断增加，直到我们认识到，一旦时间流逝，它就再难复返。我们作为个体和社会所面临的最紧迫的问题在于，当大难即将临头时，我们是否还有足够的时间去做出改变。如果做出改变还来得及，那我们就必须充分地放慢速度来反思，各种价值如何或隐或显地统治了我们现在的生活？为了人类的生活能够得以幸存，我们必须如何转化这些价值？如果我们子孙后代的生活想要比我们的更好，那他们必须学会一个我们似乎早已遗忘的道理——少即是多，慢一点更好。

1

对速度的迷恋

农场，矿山，火车，电脑

快餐 4

快时尚

闪电约会

闪电信仰（Speed faithing）

即时通讯

高速网络

高频交易

快闪交易

闪电暴跌

迷幻药

利他林

快捷广告招牌

世界 90 秒（CBS《早安》节目）

60 秒遍览一周犯罪（CNN）

快速网络（Fox）

你的世界尽在 140 字符间（推特）

更时髦，更快速，更直观（纽约时报）

欢迎来到速度即是一切的世界（威瑞森光纤）

速度就是上帝，时间则是魔鬼（日立公司）

5 米兰·昆德拉在他的小说《慢》中写道，"速度是迷狂的形式，这是技术革命送给人的礼物。"[1]我们沉迷于速度。在一个信仰荒芜的世界，速度成为了人们的精神鸦片。它是令我们上瘾的毒品。伴随着速度的一再加快，延期和推迟变得越来越难以忍受，更快的才是更好的。速度的迷狂许诺实现一个关于同时性的古老梦想，当下变成了普遍存在（omnipresent）。不久之前，这种无边的当下被称为永恒；今天则成了真实的时间——24/7/365。在真实的时间中，所有的时间，所有的地点，都是当下和此刻。然而这个普遍存在的梦想，如同全知全能（omniscience and omnipotence）的梦想一样，都只是幻觉。当所有地方都变得一模一样，当下的在场也就成为了所有地方的不在场。急于跟上这一速度，我们就会失去我们自身，并且也丧失掉对于支撑着我们的自然世界的触感。

速度总是与时间相关，不过也越来越跟时间没什么关系了。生命就是一场豪赌，但并不是帕斯卡那种是否要去信仰的赌博，而是一个不同的赌博。赌的是未来到底依靠什么：依靠金钱还是生活？然而生命不是时间又是什么呢？人生而已（lifetime）。这场豪赌现在转变成我们如何投资，如何使用我们贷出来的这一点点时间。我们如何估算这场赌注？我们又如何衡量投资人生的回报？生命的账本可有结余？只有一件事是确定的——天下没有免费的午餐；所有的事情都有代价，这代价甚至可以用金钱衡量。没有人会在金钱和时间上感到满足，而在一个极端金融的新世界中，金钱的代价就是时间。账本已经倒转：你拥有的时间越少，你拥有的金钱就越多，而你拥有的金钱越少，你拥有的时间则会越多。赌注已经改变了。不是你的金钱和人生，而是你的金钱和时间。

提升起速度的是什么？最明显的答案似乎是技术与经济。迈克尔·克莱顿（Michael Crichton）有一部颇具前瞻性的小说叫做《猎物》（*Prey*），它描写了一个能够自我复制并且自我管理的微型机器人如何逃跑的故事，在这部小说中，他写道，"硅谷这些公司之间的竞争惨烈程度，在这个星球的历史上也是世所仅见。每个人一周都工作一百个小时。每个人都在赶超各种里程碑。每个人都在缩短研发周期。一开始研发新产品的周期是 3 年，然后是 2 年，然后是 18 个月。现在则是 12 个月，也就是每年出一个新产品。如果一个老司机调试测试版（beta）需要 4 个月，那么留给实际工作的时间就只有 8 个月。8 个月要写上千万行代码，并且确保它们都能管用。"[2] 速度创造了一个新世界，这个新世界改变了我们所做的，我们所珍视的，以及最重要的，改变了我们之所是。当速度不断提升，我们对于实在的感知也在变化。在这个新时代里，无可置疑的信念在于，更快就是更好，快植根于大地。

但事情并非一直都是如此。对速度的顶礼膜拜是现代的发明。对速度的崇拜产生了两个副作用：一个是长远规划的消失，另一个是长期记忆的瓦解。要理解我们这个时代对于速度的迷恋，就必须让我们的眼光超出当下时刻而回到西方现代性的开端。从一个更长远的视角出发，我们就会发现，速度的故事以及它与时间的关系，与那些塑造了现代和后现代世界的宗教、政治、技术以及经济的力量分不开。沿着宗教改革以来的轨迹，我们会发现，越是切近终点，改变的节奏就越快，直到生活似乎也失去了控制。萦绕着本书的主要问题就在于，当越来越快的速度已经威胁到我们的生活所依赖的社会、文化、政治、经济、技术以及自然的完整架构时，我们是否还有足够的时间来缓解这一进程？

今天的人们总是被日新月异的事物包围，以致人们都已经慢慢忘记了，如今的高速世界其实是非常晚近的产物。本书中所描述的大部分决定性变革都在晚近两三代人之间才发生。我的父亲于 1907 年出生于葛底斯堡附近的一个农场，并在那里长大；他的母亲艾玛生于 1869 年，而他的父亲加尔文，则在内战结束之后的 1871 年出生。我的祖母去世于 1925 年，因此我没有见过她，但我的祖父直到 1964 年才去世。我和我的祖父很亲近，我与他之间有许多温暖的回忆，我帮他除掉花园里的杂草，帮他照顾蜂箱，在他用来扶养家庭的农场里和他一起打猎，与此同时，我也从他那里听来了许多 19 世纪末人们生活的故事。在我父亲去世后，我的兄弟和我发现了一本父亲自 1922 年就开始使用的日记本，那时他还只有 15 岁。

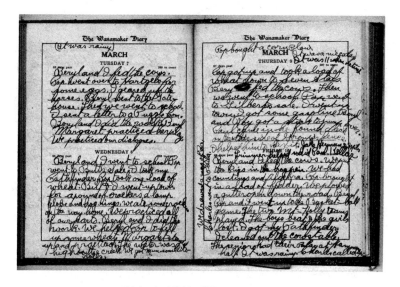

诺伊尔·A. 泰勒少年时期的日记本，1922 年

　　我父亲的记述提供了一个非常迷人的窗口，让我们得以一窥 20 世纪早期美国的乡村生活。他在里面写道，每天早晨 4 点他就会起来做农活，此后他要走 3 英里到一个只有一间房的学校，而当他坐在马拉的犁后边长途跋涉回到家的时候，已经是晚上了；他会杀鸡，猎鹿，抓山鸡、兔子回来做饭吃，会杀猪卖给镇上的人，苹果和桃子丰收的时候他会带到市场上去卖；在大雪纷飞的时候乘着马拉雪橇出行，砍柴过冬；每天工作结束后，借着煤油灯在晚上学习几个小时。他日记本背后皱巴巴的缝隙里印着 1922 年 4 月 15 日的期末考试试题，这些试题在本书附录里可以看到。其中的主题包括算术、拼写、语法、历史、写作、生理学、地理学以及阅读。这些问题出乎意料得难，我敢打赌，现在的大部分高中生甚至大学生都通不过

8

考试。

　　我的父亲从来没有把他的青春理想化，他总是说，他的生活相比其他人而言要困难得多，因为他的父亲落后时代一百年。没有电话，没有电力，没有自来水，没有机械化工具，只有人工和动物提供劳力来发展农场。在他去世前一年，他在他的《自传反思》（1991）中回顾了这些早年岁月。我仍然想知道的是，他是否明白了自己大限将至，并因此选择了以写作作为完成他一生故事的方式。

　　　学期在三月结束了。在农场，春天是一个忙碌的时节。我们必须及早翻耕土地，这样才能种植玉米。而要翻耕25英亩土地则是一项艰巨的任务。当我还只有八九岁的时候，我就在耕地了。我为我能耕地而骄傲。我很喜欢赶骡子。在父亲买骡子之前，贝丽尔和我曾经还挽过马。尽管他们高大而笨重，但当你日复一日地和它们一块工作，就算整天看着它们的屁股，也难免会与它们产生感情。我们每次大概只能翻耕8-10英尺的土地，不用学太多数学也能知道，按这个速度要翻25英亩的土地需要很长的时间。当我们翻耕之后，我们还必须把松翻滚土地，好让它能够种植玉米和燕麦。我们一般在五月中旬种下玉米，在三四月份播种燕麦，并且会尽早种植土豆。有时候早在三月就开始种，但一般是在四月。这就要看天气了。

　　在这段对于艰难岁月的描绘中——这段岁月被自然节律统

治，并且与土地血肉相连——最让人印象深刻的是，其中对于动物和土地的热爱。今天，当我们坐在被屏幕包围的虚幻空间中时，我们应该回想起，即便是这个虚拟的现代世界，也依赖于气候，虽然气候也被我们改变了。

从我的祖父到父亲再到儿子，这让我的儿子甚至都能与内战直接联系起来。这其中发生的变革实在太多太快了！在我父亲生命的最后几年，他和我经常争论，谁在其一生中经历的变革更伟大。他经常说，他经历了"从怀特兄弟到人类登上月球"，并以此表明，我绝不可能再经历他所曾经历过的巨变。很长一段时间我都同意他所说的。但是，在他去世后的几年，我开始改变了我的想法。我很好奇，当我的父亲看到他两岁的重孙女在她父亲的 iPad 和 iPhone 上玩游戏时，他是否还会这么想。

我越是思考我父亲的世界和现在这个已经不属于我的世界，就越是意识到这两个世界之间的相互交错。现在有许多对于所谓的破坏性技术的变革效应的描述。很明显，特定的技术对于我们是谁以及我们如何生活都会带来有意义的影响，但夸大这些破坏通常都来自于记忆的失效，而记忆的失效则是当前这种过分迷恋速度的文化的特定症状。现在通常都将工业社会和我们所处的后工业或者信息社会区分为两个时期。这一区分虽然并没有错，但不宜过分夸大。毕竟，后工业社会也是工业的，工业革命已然是信息、交通、通信和管理的革命。 10

与其以二元对立的方式思考工业化和信息化，不如思考资本主义不断改变的模式更有启发。资本主义经历了五种主要形式：农业、商业、工业、消费和金融。在每个发展进程中，之前的阶段都没有简单地被放弃而是被后一个阶段转化吸收了。工业化和信息化时代总是相互交错，并非简单的线性叙事就能阐明。工业革命就已经是一场信息革命，而信息革命也在持续地转变工业化进程。在天真的眼光看来，难以预料的实际上是这样一种辩证的翻转，古老的事物引发了新的事物并不可避免地形塑了新事物。历史就像人生一样，各种记录难以被抹除干净，因此历史并没有一个绝对的开端。在一个模式里我们会发现重复一再发生，每一种系统、结构或者网络都有使其自身得以可能的条件，这一条件最终也会消解它们。当把一个模式推至极限，一个新的形态就会产生，这个新形态并不会完全取代之前的模式，而是使其瓦解。尽管这种改变既无法期待也无法预测，但它们还是能被理解性地回顾。

当我写下这些文字时，我外祖父的工作台就放在我的书桌旁。我的外祖父叫马克·H. 库珀（1883－1969），我的名字就是随他。他是宾夕法尼亚州一个采矿小镇上的商人，好玩的是，这个小镇跟我住过四十年的小镇名字一样，它们都叫威廉姆斯镇。他是一个钟表商（jeweler），或者像其他人说的，他是一个钟表匠（watchmaker），虽然他并没有制作过手表，而只是修修手表。

早年经商时，我外公在他的橱窗里放了一个巨大的时钟，这个时钟的时间非常准。小镇里大部分的人都靠马克·库珀的时钟来校正自己的手表。他的父亲，阿隆（1853－1916），是11他们家第一个离开家族农场去采矿公司工作的，他的工作不像那些要移民到宾州大山里的东欧移民一样在地下，而是在地上管理机器，好让矿井里的空气和水能够不断循环。我的父亲和我的母亲1929年相遇，当时我父亲刚找到第一份工作，在一所高中里教所有的理科，并且给所有运动队当教练，而我的母亲当时则在那里教英语。他们结婚几年后，学校董事会要求我母亲辞职；她拒绝了并且赢得了官司。我父亲则很快发现，对于矿工的儿子们来说，足球比科学重要得多，因为这是他们在矿山中期待的逃离生活的方式。

马克·H. 库珀的钟表店，1930 年代

　　我外公的工作台展现了一个转型世界的痕迹。上面放着他用来维修机械钟表的手工工具，以及画着他精心制作的手工雕塑草图的写生簿。在他去世前，他送给我一块刻着他姓名首字母的怀表。我有很多到他店里玩耍的美好回忆，我坐在凳子上看着他在他的工作台上工作。他的一个抽屉里藏着一个账本，里边记载着他的顾客的姓名、生日、表的样式、表的识别号，以及修表的记录，他优雅而精确地手写记录了这些信息。还有

12

另一个手工与机器的交汇点：我记得在店里的另外两件机器，一件是一个宝来计算器，另外一件则是来打印防伪标识的机器。我现在仍然能够回忆起，当我外公用计算器加减数字然后工整地记在账本上时，计算器滴答滴答的声音。

阿隆·库珀正在宾夕法尼亚的矿山工作，**19** 世纪末

尽管我的外公一年最多也就挣 3500 美元，但他仍然被认为是他那个镇上最成功的商人。甚至有很多年，他还是教育委员会的主席，以及当地银行董事会的董事长。当我住在我外公家时，每天早上我都能在门口看到一份华尔街日报。我对这个出版物是什么完全没有概念，但我还是每天勤快地送给外公，他每天的工作就是从看这份报纸开始。那些年，总有一个神秘的陌生人会定期拜访外公。他们会在客厅里休息然后一起研究文章，并且热烈地讨论。很多年后我才知道，这个人是我外公

的股票经纪人。在我还只有 10 岁的时候，我外公就认为，是时候让我了解金融点金术了。他试图让我理解股市是什么，并且向我解释华尔街日报如何报道企业的表现。不用说，我对这些完全一头雾水，但我仍然记住了，那些年他一遍又一遍地跟我说，他持有的最可靠的股票是宾尼法尼亚铁路公司的。

马克·H. 库珀的怀表

马、犁，以及煤气灯、矿山、钟表、铁路和股市……就像我建议的一样，为了理解现在正在发生的变革，有必要回到现代性的开端来追溯这段历史。如同我们将要看到的一样，这段历史从宗教改革发端，在极端金融化的今天，正越来越快地走向终点。理解这一轨迹的关键就是速度。对速度的经验是现代世界创造的；实际上，现代化就是加速。速度带来的第一个后果之一就是，越来越难以忍受慢。昨天还快得令人发指的事，今天就慢得让人无法忍受。马之所以看起来很慢，完全是因为发明了火车和汽车；在以太网发明之前，拨号调制解调器看起来一点都不慢。从老到新，从前现代到现代，从前工业化到工

14

业化，趋势一开始是从慢到快，现在则是从快到更快。

马克·H. 库珀的账本，1913 年

　　为了避免混淆，有必要区分一下现代性、现代化和现代主义。现代性，像速度一样，是现代的发明。Modern 这个词来自于拉丁语的 modo，modo 的意思是"此刻"（just now）。现代性是关于现在、当下而不是过去，并且，现代性也是关于新的。在西方思想中，现代性这个概念的形成，并不是通过将现代（当下）和非－现代（过去）简单对立起来而定义的，而是通过一个植根于基督教神学传统的复杂三元结构形成的，这个三元结构是：古代（ancient）、中世纪（medieval）、现代（modern）。现代哲学家和艺术家将中世纪叙事当中的圣父、圣子、圣灵三个时代（three ages）改写成为古代、中世纪和现代时期三部分。这一改写里仍然不变的是对于在第三个时代人性终将达到完满实现的信念。只有在当代视野下艺术和技术的乌托邦里，此岸或者彼岸的上帝之城才能够实现。不论就宗教还是世俗而言，这类故事都只是幻想，因为这样的梦想最终会无可避免地成为噩梦。现代性因此一般指向的是一个历史阶段，而现代主义关涉的则是文化发展，这种文化发展通常与艺术、建筑和文艺相联系。与此相反，现代化则是超过两百年的经济、社会、政治和技术发展变化的结果。因此，现代化是与工业化相联系的，而这又是通过一种新型的资本主义才得以可能的。

网络的国度

我们通常将工业革命的开端追溯到 18 世纪的英格兰。历史学家一般认为，工业革命有两个或三个阶段，这些不同的阶段是与不同的能源和技术相关联的。在工业化之前的欧洲，最主要的能源是人力、动物和自然（风、水、火）。在 18 世纪中期，大部分欧洲人采伐森林来获得木材以供家庭和工业消耗。[16] J. R. 麦克尼尔指出，能源、机械和生成组织方式的联合，形成了决定工业化进程的"集群"（clusters），并且进一步塑造了经济和社会的发展。后来的集群并不会立即取代它的前辈，不如说，不同的组织方式相互重叠，尽管通常它们很难形成一个整体。然而，伴随着每一种新的集群，生产的速度都在不断增加，生产效率也在不断上到新的台阶。工业革命的第一阶段始于大约 1750 年，与之相伴的是从人工和动物的劳动力转向基于机器的生产。这场变革是由水力和其后在大不列颠的纺织厂中对蒸汽机的使用引起的。第二阶段则可以追溯到 1820 年代，其标志则是化石燃料的出现，主要是煤炭。到了 19 世纪中叶，另外一个集群从煤、铁、钢和铁道运输的整合中产生了。化石燃料的领域显然不仅限于煤炭。埃德温·L. 德雷克 1859 年在宾夕法尼亚的泰特斯维尔第一次在商业上成功地钻出一口油井，大喷油井第一次喷发是在 1870 年里海的巴库，稍后又有德克萨斯的炼油厂（1901）。不过，石油要取代煤炭成为交通运输中的主要能源，还要到 1930 年代。[3] 当然，煤炭直到今天仍在制造业中被广泛使用，因为它仍然是最廉价的资源。尽管全球煤炭消耗量自 2000 年后已经逐步下滑，但在中国仍然逐年增加。事实上，中国的煤炭消耗量比世界上其他国家的总和还要多，并且据消息可靠人士预测，这种状况要持续到 2017 年，之后中国的"地位"将被印度取代。[4]

工业革命的第三阶段开始于 19 世纪的最后十年。用于生产和分配电力的技术的发展，低成本且高效地进一步改变了工业过程，并且创造了新的通信系统的可能性，以及前所未有的生产和传播新形式的娱乐、媒体和信息的能力。电气化的影响可以在四个主要领域内看到。首先，电力的有效性使得流水线作业和大规模生产得以可能。当亨利·福特把在芝加哥的肉类加工厂所使用的技术用来生产汽车（1913），他所发起的变革之影响延续至今。其次，日光灯（1881）的使用改变了私人和公共空间。早在 1880 年代，电灯就已经在家庭、工厂和街道上被使用。流水线和电灯不可避免地带动了城市化的加速。再次，电报（约1840）和电话（1876）的发明使得信息交流和传播以前所未有的快速跨越遥远的地域。最后，赫尔曼·何乐礼（Herman Hollerith）于 1889 年发明的电子制表机，使收集和管理数据的新方式得以可能。尽管何乐礼的贡献并未被广泛承认，但他实际上为工业革命和所谓的后工业信息化时代架起了一座桥梁。作为德国移民的后代，何乐礼毕业于哥伦比亚大学的矿业学院，之后创办了制表机器公司（Tabulating Machine Company）（1896）。他创造了第一台自动读卡器（automatic cardfeed machanism）和打孔系统，有了这些，操作员使用键盘每小时可以处理三百张卡片。1911 年，在托马斯·J. 沃森的引导下，何乐礼的公司与另外三家公司合并组成了计算机制表记录公司（CTR）。1924 年，公司更名为国际商业机器公司（IBM）。

从这些历史时期中，我们可以学到很多，但他们也有严重的局限性。我所辨认的这些发展，其重叠和相互影响的方式推翻了所有简单的线性叙事。从资源、产品和历史时期的方面来思考当然重要，但同样重要的是，要从网络和流量方面来思考。今天这个互联世界的基础早在两个世纪之前就已确立。自19 世纪早期开始，先是社区，然后是州和国家，直到最后，全世界都被联系了起来。尽管时移世易，但它们都不过是以两种主要的网络形式在变：一种是直接的物质流动（燃料、商品、产品和人口），另一种是非物质的流动（通信、信息、数据、图像和货币）。从发展的起始阶段，这些网络就难分难解地联系在一起。没有铁路就没有电报，没有电报网络也就没有铁路，而如果没有煤和钢铁，这些都不可能存在。换言之，网络从不分离，而是形成了物质和非物质循环流动网络的网络。伴随着网络的不断扩展，并且变得越来越复杂，非物质流动的

18

重要性也在稳步增加，即便对于物质流动来说也是如此。联系的日益扩大，和信息技术重要性的日益增长，带来了物质和非物质流动的不断增速。这种新兴网络的网络（This emerging network of networks）创造了积极的反馈循环，这一循环反过来又促使这一网络的速率不断增加。

尽管在交通、通讯、信息和管理等方面的发展都很重要，但如我们所知，工业化和由火车所创造的交通革命是分不开的。在阿兰·特拉登堡（Alan Trachtenberg）为沃尔夫冈·施威布施（Wolfgang Schivelbusch）颇有教益的研究成果《铁道旅程：19世纪时间和空间的工业化》一书所写的导言中，他写道，"在19世纪，没有什么东西能比铁路更鲜活和生动地作为现代性的标志。科学家和政治家都加入到资本家的行列中，来推销火车头作为'进步'的发动机，承诺一个即将到来的乌托邦。"[5] 在英格兰，铁路技术是作为煤矿开采的延伸而发展起来的。从人力和自然资源向化石燃料的转变催生了对煤炭持续不断的需求。蒸汽机自 18 世纪下半叶就在英国的矿山里被使用，就像我曾祖母在宾夕法尼亚煤矿里操作的那些风扇和泵，但直到 1801（译者注：原书为 1901，应为 1801）年，当奥利弗·埃文斯（Oliver Evans）发明了一种高压移动蒸汽发动机，火车头才被生产出来。到 19 世纪初，在纽卡斯尔地区开采的煤炭就通过铁路线路被运送到英格兰各地。这个新的快速交通系统发展并不需要很长时间——到了 1820 年代，铁路已经开始运送旅客，半个世纪后，铁道网络就已经覆盖了整个欧洲。

这个交通运输网络中让人印象最深刻的就是其速度。在英国，早期铁路的平均速度是 20 – 30 英里每小时，这已经比公共马车的速度快了近3倍。速度的加快改变了对时间和空间的经验。这个时代的许多作家，就像马克思描述新兴的全球金融市场一样，将铁路运输描写为"用时间消灭空间"。来自德国的诗人、记者和文学批评家海因里希·海涅，在1843年乘坐了当时刚刚开通的巴黎－鲁昂－奥尔良线路的火车之后写道，"在我们看待事物的方式和观念中，正在发生的是多么翻天覆地的变化啊！即便是最基本的时间和空间概念，也开始动摇了。空间被铁路杀死了，我们现在只剩下时间。现在旅行到奥尔良只要四个半小时，到鲁昂也差不多。想象一下，当比利时和德国的铁路修好并且彼此联系起来之后，会发生些什么吧！我觉得所有的群山和森林都在向巴黎靠近。我现在似乎还能闻到德国椴树的味道，北海的浪花似乎正在拍打着我的大门。"[6]速度带来的对于空间和时间崭新的体验，对我之后将要论述的心理效应影响深远。

贯穿整个19世纪，美国在工业生产能力方面都要落后于英国：在1869年，英国生产了世界上20%的工业产品，而美国只贡献了7%。不过到了第一次世界大战之前，美国的工业生产能力便超过了英国：到1913年，天平已经倾斜了，美国的工业生产占比达到了32%，而英国只有14%。英国在工业革命之前还有一段很长的历史，而美利坚合众国真正的历史则是伴随着工业革命开始的。此外，还有一些重要的不同。在英国，交通运输革命主要是从纺织厂一样的工业化生产当中诞生的，但在美国，机械化从农业开始并且在改革制造业之前就已经覆盖了交通运输业。换言之，在英国，先有了生产制造业的工业革命，然后才有交通运输业的革命，而在美国，这个顺序是颠倒过来的。

当美国的工业革命刚开始时，东海岸的大部分农村都很落后。要在这些地图上都没标明的地区定居，需要交通网络的广泛发展。经过 19 世纪早期几十年交通系统的发展，这些地区初步建成了一个连接起各个乡镇农村的交通网络。新英格兰、波士顿、纽约、费城、巴尔的摩和华盛顿被适合公共马车行走的公路联系了起来。内陆旅行则还是主要限制于河运和水运。伊利运河（The Erie Canal, 1817－25）的竣工，标志着一个连接起河流、湖泊、运河和水道的庞大交通网络发展的第一步，沿着这一网络，物产和人群都可以自由流动。像美国许多其他事物的发展一样，铁道系统始于波士顿。到 1840 年，还只铺设了 18 181 英里的铁轨。然而，接下来的十年，由于美国和伦敦金融市场上证券和债券融资的支持，国家铁路系统出现了爆炸性的扩张。到 1860 年代，密西西比河以东的铁路网络所使用的线路就已经跟今天大致相似了。

有些人看到坏处，就会有人看到好处。1844 年，又臭又硬的新英格兰人拉尔夫·瓦尔多·爱默生（Ralph Waldo Emerson）把纺织机和铁路联系起来反思道，"不只是距离被消除了，而且，当火车和汽船像巨大的梭子一样，每天上千次地穿梭在这个国家不同血统和不同行业的人之间，将他们迅速联结进一个网络，同化就频繁地发生了，即便本地的习俗和敌意应该被保存，也会变得无害了。"[7]凝望着远方逐渐消失的铁道，爱默生看到新世界的大门在慢慢被打开，他相信，这个新世界将会克服过去的狭隘观念（parochialism）。对于许多生活在 19 世纪的人们而言，美国西部的新世界，许诺了无限的资源和数不尽的

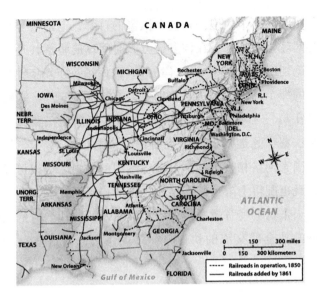

在运行的美国铁路，1850，1861. 经过 James A. Henrietta, David Brody, and Lynn Dumenil 授权，见 *America: A Concise History*, vol. 1: *To 1877*, 3rd ed. (New York: Bedford/St. Martin's, 2006), map10 – 3.

机会。一条横贯大陆的铁路在 1820 年被提上日程，虽然它直到 1869 年才完工。

1869 年 5 月 10 日，利兰·斯坦福，后来的加州州长和斯坦福大学的创始人，钉上了连接东西部的铁路上的最后一颗钉子。沧海桑田，如爱默生所料，这一事件并不仅仅是地方性的，而是全球性的。如同斯坦福用铁路运输加利福尼亚的黄金和内华达的银钉（silver spike）所展现的一样，物资运输网络和非物质交流网络的交织，在那个时刻创造了一个被丽贝卡·索尔尼（Rebecca Solnit）认定为"第一次全国性的媒体现场直播事件"。银钉"将电报线连接了起来，沿着铁路向四面八方展开。斯坦福敲下钉子的瞬间，电报就传遍了全国……信号在旧金山和纽约发射了大炮。在这个国家的首都，电报信号会造成一个时间球坠落下来，在许多地方，时间球的坠落，是这些地方观测确切时间的可见标志（纽约时代广场每年新年钟声敲响时落下的那个球，成为了这些时间球的最后遗迹）。铁路联通的消息在每一个有火警电报的城市迅速传播，在费城、奥马哈、布法罗、芝加哥以及萨克拉门托。举国欢腾"。[8] 只有当众多的国家网络相交织，这个精心编织的景观才得以可能，而这一景观也配得上未来好莱坞和硅谷的技术天才们，斯坦福的大学在未来将会哺育越来越多的残酷的发明。让当时的人们最为惊讶的是全球交流的快速——而现在人们对这些已经习以为常。

闪烁的画面——观念转变

工业化不仅改变了生产和商品、产品分配系统，同时它还给身体和心灵强加了新的规训措施。火车旅行刚开始兴起的时候，身体的加速带给了许多人巨大的心理震撼，有些人感到很迷茫，而另外一些人则觉得很兴奋。机械化的运动创造了一个被安·弗莱堡（Ann Friedberg）称为"移动的目光"的东西，这个移动的目光转变了人们的周围环境，改变了知觉的内容，并且，最为重要的是，改变了知觉的结构。移动的目光有两种形式：一种是人在动，但环境没变，比如火车、自行车、汽车、飞机、电梯；另一种是人没动，但环境一直在变，比如三维全景、早期的活动电影放映机、电影。

当我们考察火车对于移动的目光的影响时，一定要记住，不同设计的客运列车，其感觉和心理影响也是不同的。早期欧洲的客运列车模仿的是公共马车，在这些车上，每个人都坐在不同的隔间里；与之相反的是，早期美国的客运列车模仿的是汽船，在这些车上所有的空间都是公共的，人们可以随意活动。欧洲的设计倾向于体现社会和经济等级，而美国的设计则希望打破这些等级。最后，美国火车采用了欧洲固定每个人座位的模式，但美国的火车把这些座位分成一排一排朝向同一个方向，而不是固定在不同的隔间里。如我们将要看到的，由此产生的感觉的分割，预言了注意力的细胞化（cellularization of attention），与之相伴随的是今天的分布式高速数字网络（distributed high-speed digital networks）。

早年间有许多关于铁路旅行体验的报道，这些报道的作者有普通人、杰出的作家，甚至医生，在这些报道中，有一些特定的主题一再重复。这其中最常见的抱怨，是由空前的速度体验所带来的迷失感。有许多关于注意力分散和不集中的报道看起来就像是当今对于注意障碍性多动症（ADHD）的临床描述。[9] 窗外的风景一闪而过，快得旅客都来不及看，人们因此遭受了刺激，造成了一种心理上的疲惫感和生理上的紧张。有些医生甚至夸张地认为，这种快速的体验导致了"神经衰弱、神经痛、神经性消化不良、早期蛀牙，甚至婴儿早产"。1892年，詹姆斯·克里顿布朗爵士将1859年到1888年明显增长的死亡率归结为"紧张、兴奋和不断运动的现代生活"。在评论这些数据时，马克思·诺尔道（Max Nordau）就像在描述今天生活的繁忙节奏："我们写下或读到的每一行文字，我们看到的每一张脸，我们参与的每一次谈话，我们在飞驰的列车上透过车窗看到的每一幅景象，都让我们的感觉神经和大脑中心高速运转。即便是没有被意识感觉到的火车旅行的一点震动，或者大城市街道上永远持续的噪音和斑斓的街景，一些尚未决断的事件的悬念，对报纸、邮递员、旅客的一些持续期待，都在损耗我们的大脑。"〔10〕在 20 世纪初，一种被斯蒂芬·科恩（Stephen·Kern）恰切地描述为"文化忧郁症"（cultural hypochondria）的气氛弥漫着整个社会。就像今天的父母担心他们的儿女玩电子游戏可能会带来心理和生理影响一样，19 世纪的医生也在担忧人们长期乘坐火车所造成的后果，旅客们看着窗外的世界一闪而过，似乎已经脱离了真实的人和物。

除了种种迷失、疏离、碎片化和疲乏的体验，快速的火车旅行还制造了一种焦虑感。人们害怕当速度越来越快，机器会失去控制，导致一系列的事故。一则 1829 年的火车旅行报道表达了人们对于速度的忧虑，"它真的是在飞，而这也让人无法放弃这样的想法，即便最小的事故发生，也会迅速导致死亡"。十五年后，一个不知名的德国人解释了这种焦虑的原因，人们之所以焦虑，是因为"发生事故的极大可能性，以及对疾驰的列车无法施加影响的无力感"。〔11〕当事故真的发生几次之后，这种焦虑就像病毒一样蔓延开。不过，焦虑这种奇怪的体验不仅只会让人厌恶，同时也能吸引人，速度所带来的危险和焦虑常常只是它的一部分。

25　　也许这就是为什么并不是每个人都认为乘坐火车让人焦虑的原因。对有些人而言，这种速度的体验简直就是"梦幻般"地让他们着迷。爱默生在他的《日记》中曾写道，"梦幻般的火车旅行。我分不清在费城和纽约之间经过了多少个城镇，他们就像挂在墙上的画一样。"飞驰的火车让人难以聚焦，因此模糊了视线。在这之前几年，维克多·雨果也描述了他的火车旅行，这番描述听起来更像是吃了迷幻药之后产生的幻觉。这些描述中的关键当然都是速度。"路边的野花不再是花而成了一些斑点，或者是一些白色、红色的条纹；没有焦点，所有的事物都成了一些条纹；农田就像起伏的金发；大片大片的苜蓿，像是绿色的长发；那些城镇，教堂尖顶和路边的大树全都混在一起疯狂地舞蹈；一道阴影，一个幻影，一个幽灵光速般在车窗后闪现；那是列车员。"[12]闪现的画面快速地经过车窗，就像电影胶卷放得太快以至于无法理解。

交通并不是 19 世纪唯一加速了的事物，人们的生活节奏在 19 世纪也快得前所未有。当梭罗在他瓦尔登湖旁的小木屋里听到开往波士顿的火车的汽笛声时，他沉思着，"列车的出站到站现在成了村里的大事了。它们这样精确又有规律地来来往往，而它们的汽笛声老远就能听见，以至于农夫们都根据它来校正钟表，于是一个管理严密的机构调整了整个村镇的时间。自从发明了火车，人们不是变得更遵守时间了吗？比起以前在驿站，在火车站上他们不是说话更快、思想更敏捷了吗？火车站上的氛围似乎通上了电流。我对它创造的奇迹感到惊讶"[13]不过相比于其他人，只有梭罗觉察到了这些改变的黑暗面。

从农业到工业资本主义的转变，带来了巨大的人口迁移，这些人口从生活节奏缓慢、遵循自然节律的农村，迁移到生活节奏快速，遵循机械化、标准化时间生活的城市。工业化、电

26

气化和交通运输的结合使得城市化不可避免。城市扩张得越快，就会有越来越多的作家和诗人把乡村生活理想化。没有其他作品比英国浪漫主义对乡村生活的美化更为明显的了。人、机器和商品的快速旋涡（swirl）创造了一种眩晕感，就像火车旅行让人们迷失了一样。就像华兹华斯在《序曲》中所写的一样：

> 哦，一片混乱！真实的缩影，
>
> 代表着千千万万巨城之子
>
> 眼中的伦敦本身，因为他们
>
> 也生活在同一种无休无止、光怪陆离的
>
> 琐事旋流中，被那些无规律、
>
> 无意义、无尽头的差异与花样搅拌
>
> 在一起，反而具有同一种身份——[14]

到 1850 年，美国已经有 15 个城市的人口超过了 5 万。纽约的人口是最多的（1 080 330），后边依次是费城（565 529），巴尔的摩（212 418）和波士顿（177 840）。铁路导致国内贸易的不断增长，而伴随着远洋航行的不断改善，国际贸易也相应提升，这些因素使城市的人口增长显著。随着商贸在早期城市中的流行，制造业也在 18 世纪下半叶快速扩展。对 19 世纪的城市化做出最大贡献的，则是货币经济的快速发展。值得一再强调的是，重要的并不只是人口的流动，同时也包括商品的不断循环。货币和城市构成了一个积极的反馈循环，随着货币供应的增长，城市不断扩张，而伴随着城市的进一步扩张，货币的供应也在进一步增长。

对许多人而言，城市生活的快节奏就像火车的快速一样让人迷失其中。格奥尔格·西美尔在他的《大都市与精神生活》中曾经有一个观察，"都市人的个性得以建立的心理基础是感情生活的强化，这种强化是由于内外刺激迅速而连续的转变。²⁷人是一种有赖于差异而生存的生物，也就是说，他的头脑受到的刺激来自当前的印象和之前的印象之间的差异……大都会以其街道的纵横交错以及经济、职业和社会生活的迅速发展和形态多样，造成了它的心理境况，从这个意义上来说，它在精神生活的感官基础方面，在作为有赖于差异的造物的我们的有机体所需的知觉量度方面，与小城镇和乡村生活的感官—精神状态那种更加缓慢、更加熟悉、更加平稳流畅的韵律形成了深刻的对比。"货币经济的扩张在都市生活的核心处制造了一个基础性的矛盾。一方面，城市将来自不同背景、不同阶层的人们聚集到了一起；另一方面，新兴的工业资本主义通过对肉体的规训和对精神的控制将这些差异抹平。西美尔说到，"金钱只关心为一切所共有的东西，那就是交换价值，它把所有性质和个性都化约到了纯粹的数量层面。"[15]伴随着农业转向工业资本主义，人口也从农村向城市迁移，这其中还包含了同质性的社区转变为不同人员异质性的聚集，评估和估价方式从定性转向定量，商品交易和服务网络从具体转变为抽象，以及生活节奏的由慢变快。我会在第三章中讨论这些不同方面的规训实践；目前最重要的还是理解感觉的机械化或工业化的含义。

我已经提到了，在飞驰的火车上透过车窗往外看，就像观看一部播放速度过快的电影。在19世纪后半叶期间，有一系列出色的发明，不仅改变了人们在世界上经验到的内容，并且改变了他们的经验方式：摄影（雅克·曼德·达盖尔，约1837）、电报（萨缪尔·F. B. 莫尔斯，约1840）、股票行情自动收录器（托马斯·阿尔瓦·爱迪生，1869）、电话（亚历山大·格拉汉姆·贝尔，1876）、连续摄影枪（艾蒂安－朱尔·马雷，1882）、活动电影放映机（爱迪生，1894）、动物实验镜（爱德华·迈布里奇，1893）、放映机万花筒（查尔斯·詹金斯，1894）、电影摄影（卢米埃尔兄弟，1895）。人们感知和思考这个世界的方式不是固定在脑中的，而是随着技术的生产和再生产不断改变的。就像今天的电视屏幕、电脑、电子游戏机和移动设备重建了我们处理经验的方式一样，19世纪末的那些新技术同样也通过转变人们理解世界的方式来改变世界。每一个创新都有清晰可辨的影响，同样，这些创新的发展也有一个总体清晰的脉络。生产和再生产的工业技术扩大了非物质化的进程，这最终首先导致了消费资本主义，进而带来了今天的金融资本主义。这些发展中最关键的变异在于，物质和非物质网络的交叉，将影响、表象、信息和数据从具体对象和实在事件中逐渐分离了出来。奥利弗·温德尔·霍尔姆斯就因为对照片这种他一直认为是奇技淫巧的东西感到太惊讶而评论道，"影像自此以后从物质中分离了出来。实际上，物质作为可见的物体，除了作为形成影像的载体以外，没什么其他用。给我们一些值得看的底片，让我们从不同的角度去看，这就是我们能够得到的一切了。只要愿意，你可以破坏它或者烧了它……大量的物质必然是坚固亲切的，而影像则是廉价便携的。我们现在已经尝到了创造的果实，并且无需再为其核心而烦恼。"[16]

再生产以及图像和信息传送技术壮大了抽象的进程，这种抽象进程由货币经济开始，货币经济创造了一个自由漂浮的符号构成的游戏，没有任何东西为其奠基，也没有任何东西为其担保和证明。随着电气化和电报、电话以及股票行情自动收录器文明相结合，新的网络得以可能，交流从物理运输方式的束缚中解放了出来。在之前的系统中，信息的传送速度取决于人、马、马车、火车、轮船或者汽车的速度。相反，非物质化的语言、声音、信息以及图像，则可以高速穿越遥远的距离。伴随着这种非物质化和加速度，马克思的预言——"一切坚固的东西都烟消云散了"——实现了。但这还只是个开始。还要超过一个世纪的时间，电流才能变成虚拟货币，其速度才会达到极限。[17]

29

速度的美学

技术和经济的发展也离不开社会的其他流通体系。文化进程在塑造了技术发明的同时，也被技术发明塑造。贯穿整个现代，现代化和现代主义都紧密相关。在 19 世纪下半叶以及 20 世纪的头十年，艺术创造力井喷式地爆发。艺术史家长期以来都把艺术想象力从表象中的解放归功于摄影的发明。这个观点不可谓不正确，但其他一些事实也同样重要。新技术改变了艺术和艺术家，反过来，被创造的作品又进一步改变了人们的感觉，并且为技术发明和经济扩张提供观念上的辩护。这个时期的许多艺术家都着迷于速度。他们所面对的挑战在于，如何唤起那些基本处于静态的图形和样式，让它们动起来。

1909 年的 2 月 20 日，菲利普·马里内蒂（Filippo Marinetti）和翁贝托·博乔尼（Umberto Boccioni）在他们的《未来主义宣言》中宣布了一个新的速度的美学，"我们认为，宏伟的世界被一种新的美赋予了更多色彩，这就是速度之美。一辆汽车吼叫着，就像踏在机关枪上奔跑，它们比色雷斯的胜利女神更美。我们要与机器合作，将那些对距离和孤独的歌颂、那些精致的乡愁都摧毁，代之以普遍存在的速度。"[18]对于 20 世纪初那些像未来主义者一样的艺术家而言，速度就像宗教体验一样改变了人们的视野和心志。由机械技术所创造的速度在两个矛盾的方向上影响着人们：它在使人们的感觉碎片化的同时，也让感觉变得模糊。一方面，加速可以将分离的物体和事件消融在急速的旋涡中，使得所有事物都变得难以分辨；另一方面，矛盾的是，加速度太快，有可能导致时间减慢到瓦解成分离的瞬间，这些瞬间必须重新组合以构成连贯的经验。

当埃德沃德·迈布里奇（Eadweard Muybridge）在延时影像中捕捉到奔跑着的马时，他通过冻结运动有效地停止了时间。这组影响了众多艺术家的相片，正是新式照相技术的产物，而这种照相技术，则是基于利兰·斯坦福的铁路工业所带来的利润。由路易·雅克·芒德·达盖尔（Daguerre）于 1837 年左右发明的第一种摄影方式——银版照相法（daguerreotype），是一种极其缓慢的摄影术，它只能拍摄固定的人物和景色。这种摄影需要一个像镜子一样的镀银铜盘曝光十分钟以上。三十五年后，所有的事情都提速了。迈布里奇的高速摄影可以让人们捕捉到那些在通常的感觉中难以感知的过隙白驹。[19]

迈布里奇停止和瓦解的东西同时也能重新活动和融合起来。1831 年，西洋镜问世，而到了 1834 年，迈布里奇通过让照片高速旋转创造出持续运动的现象，从而改进了西洋镜；再到了 19 世纪末，卢米埃尔兄弟和爱迪生已经发明了产生运动图像的机器。迈布里奇的照片揭示了一个以前隐蔽着的世界，在这个世界下面隐藏着早已存在的现实。人们发现的这个世界，其运行的速度超出了我们把握的能力。实际上，显现出来的现实，只是我们肉眼不可见的那些形态、形状和力的踪迹。通过对铁路和电影院的考察，1913 年，画家费尔南·莱热（Fernand Léger）评论道，生活"比以前的时代更加碎片化，节奏也更快……一个现代人比 18 世纪的艺术家所捕捉的感觉印象还要多出百倍"。对于莱热的观察，克恩解释道，"透过运行中的电车车门或者汽车挡风玻璃所看到的景象是片断的，虽然在高速下这些景象似乎也是连续的，但这种连续性其实是以类似电影中的一系列定格画面的方式产生的。"[20]瞬间/流动，分裂/整合，具体/抽象，分析/综合，迈布里奇的照片中蕴含着的这些对立暗示了 20 世纪的转折年代中生活节奏的鲜明对比，这种生活节奏引导着艺术家们尝试在作品中去把握它。

对于未来主义者贾科莫·巴拉（Giacomo Balla）而言，速度的体验在视觉狂潮中创造了一种足以消融一切分离形式的活力（a sense of dynamism）。他的早期画作《锁链上的动态》（*Dynamism on a Leash*）让人们回想起迈布里奇的照片，与之相似的还有马塞尔·杜尚（Marcel Duchamp）的《下楼梯的裸女》（*Nude Descending a Staircase*）。在巴拉的画中，对腿部的立体描绘让狗的腿似乎轻得足以漂浮在人行道上。在他一年后的画里，通过抽象速度和声音，形式进一步消融在交叉的形态和平面中，并使他的作品神似立体主义的画作。巴拉实际上是试图实现未来主义宣言中的梦想："去表达我们钢铁的、骄傲的、狂热和速度的眩晕般的生活。"按照克恩的阐释，在这些实验之后，巴拉"以一种难以识别的方式转而去画汽车。行进间的车窗就像被切割的宝石的切面，而转动的车轮则像是旋转的磁力线。其中一个标题表达了他的主题：《汽车、光影和噪音的速度》。到了 1913 年底，他已经完全放弃了具体的客观事物，而专注于**描绘抽象速度**。以前围绕着鸟类和汽车的力线（force lines），现在都来自于艺术家这里。力线在运动本身中结束；光线沿着被未知来源所激发的不可分离的物体的边缘反射"。[21]物体消融在光线和图片的相互游戏的画布中，就像电影屏幕或者电脑终端上闪烁的踪迹。

因此，速度同时模糊和分裂了感觉和注意力。由于新技术导致我们眼前的世界逐渐变化，心理学家、医生和艺术家就开始研究感觉的问题。[22]如果长久以来我们所熟悉的这个世界与其说是被发现的不如说是被建构的话，那么问题就在于，它是怎么被造成这样的？为了找寻答案，许多艺术家不再寻求呈现世界，而是尝试探索我们如何感知和理解世界的方式。而这一转变的结果，则是艺术革新的空前成功：印象派（impressionism）、新印象派（divisionism）、点彩画派（pointillism）、至上主义（suprematism）、立体主义（cubism）、旋涡主义（vorticism）。在所有这些潮流中，艺术家都着迷于那些在创造世界的过程中相互影响的碎片与整体、裂变与融汇或者分析与综合。

伴随着加速度，一方面将注意力分解成一系列孤立的瞬间，另一方面又把世界涂抹成一条没有任何差异的河流，艺术家们也在探索一种蕴含着感知装置的方式，这种感知装置能够分解并重新组合我们周围的世界。他们通过呈现制造世界的综合时刻而不是对分解瞬间的处理来发现自己。有一些人认为，无论世界和我们对它的经验如何一致，这种一致都主要是概念性的，另一些人则认为这种契合是感知性的，当然，还有些人则坚持认为是概念和感性相混杂的。乔治·布拉克简明扼要地表达了分裂和模糊之间的这种韵律，"感觉变形，而心灵构形（The senses deform, the mind forms）。工作是为了完善心灵。并没有确定性，有的只是心灵的构想"。[23]艺术的革新是对新技术的回应，但同时也被新技术塑造，知觉装置的改变正在改变对实在的感知。为了解释立体主义引入的变化的意义，阿尔伯特·格列兹（Albert Gleizes）和让·梅金杰区分了"肤浅的现实主义"和"深刻的现实主义"。在 1912 年出版的颇有影响的著作《立体主义》中，他们认为，如果没有保罗·塞尚，就不会有立体主义。他们还认为，相比于梵高和莫奈的"肤浅的现实主义"，塞尚的"深刻的现实主义"以及印象派，更加关注记录个人的主观体验，而不是去呈现客观世界。与迈布里奇的高速摄影相似，印象派试图在画布上捕捉那些转瞬即逝的瞬间。这些体验，如同它所记录下的那些时刻一样，时刻处于变化当中。似乎是为了强调变动不居的感觉的重要性，一些主要的印象派画家都试图呈现不同时刻的"相同"事物。这方面最为典型的代表，无疑是莫奈的《鲁昂大教堂》（1892 - 1894）系列画作，这些画看起来像是在配备了高速胶片的快速快门速度下拍摄的分离的慢动作照片。对瞬间的感觉印象的占有创造

33

了一种故意的肤浅的表象。伴随着物体融入飞逝的画面，深度也消失在表面，物不再存在，只有光的游戏。

为了从肤浅转向"深刻的现实主义"，有必要从感知和感觉开始，从表象之下重新开始一段旅程。根据塞尚的观点，印象主义者们往往屈服于这样一种观念，罗伯特·休斯（Robert Hughes）将其描述为"眼睛对于心灵的独裁"。塞尚的艺术就可以被理解为努力将心灵放回到眼睛中。在一封写给埃米尔·贝尔纳（Emile Bernard）的信中，塞尚反复坚持道，"你必须看到本质上的圆柱、球体、圆锥。"[24]对塞尚而言，表象并不是肤浅的印象，表象是深层的形式的踪迹，这些形式必须通过进一步的抽象过程才能被认识。

塞尚开启的潮流，被立体主义继承。在一个罕见的毕加索对他自己作品的评价中，他说道，"我画我所想，而非我所见。"[25]分析性立体主义则全方面地追随塞尚，由浅及深，由表及里。超现实主义诗人阿波利奈尔对此解释道，"立体主义这种艺术所描画的结构，其所借用的元素并非来自于外在视觉（sight）的真实，而是来自于内在洞见（insight）的真实。"在1908年至1911年间，乔治·布拉克和巴布罗·毕加索的画作达到了难以置信的抽象程度，以至于只剩下了一些画像的模糊踪迹。几何学的形式主义取代了模仿的表象和粗浅的感觉。随着图像越来越抽象，形式也越来越复杂。立体主义转变了视角，对象也随之不再仅仅是一个简单的事物。面对对立的批评者，格列兹和梅金杰为立体主义的实践辩护道，"客体并非只有一种绝对的形式；它有许多形式。它的形式与它在感觉领域中呈现的面相一样多。"[26]构成客观性观点的多样性使立体主义在画布上的形式永远不会完整。不过，这也并不意味着一个包罗万象的整体中的所有痕迹都在破碎的形式中被抹除了。不如说，结合的中心从单个的客体转变为不同实体和感觉之间的关系。曾经被认为是分散的事物，现在被显现为一个持续扩张的网络或者关系网中的节点。

其他艺术家尝试通过进一步沉浸在印象派的感性存在中，来处理瞬间/流动、分裂/整合、具体/抽象和分析/综合之间的相互作用。不同于一个与其他瞬间分裂的凝固瞬间，他们发现了一系列多孔的瞬间，这些瞬间的独特性是光线和颜色的差异化运作的结果。在被评论家们称为点彩派（dubbed pointillism）的作品中，乔治·修拉（Georges Seurat）和保罗·西涅克（Paul Signac）吸收了最新的关于颜色、光学效应和感觉的科学发现，这是由像赫尔曼·冯·亥姆霍兹（Hermann von Helmholtz）和米歇尔·尤金·谢伏费尔（Michel Eugene Chevreul）这样的科学家发现的，这些科学家们惊讶地发现，颜色并不是混合在调色板上，而是在眼睛里。而对某一种具体颜色的感觉，是由相邻颜色的交互影响产生的对比效应。谢伏费尔发明了一种颜色轮盘，其中包含了红黄蓝三原色和诸多中间色调，并以此证明，颜色依赖其环境。当两种颜色相互接近，就会产生第三种颜色，这第三种颜色与分开观察的前两种颜色都不一样。通过试验不同的组合，科学家和艺术家们认为，辨认出可以用来调节观者情绪的互补色（complementary colours）是可能的。"艺术是和谐，"修拉写道，"和谐是相反和相似的音调、颜色和线条元素的类比，根据主导以及影响它们的光线的不同，以鲜艳、安静或悲伤的方式组合。"[27]

修拉把这一理论运用到他的签名画的实践中，有效地把碎片化和综合整合了起来。他最著名的作品，《大碗岛的星期日下午》，从远处看，更像是一幅具象而非抽象的作品。但近距离一看，这些图像就消融成了一堆没有联系的点。就像查克·克罗兹（Chuck Close）的签名肖像画一样，伴随着观者逐渐远离作品，作品慢慢从周围环境中浮现出来，直到一个临界点到来，然后作品的形态突然窜入视野焦点之中。对于任何一个身处当今数码世界的人而言，这种体验都是很熟悉的。观看一幅点彩派的作品，完全就像是在荧屏或者电脑屏幕上观看图像像素一样。

顶尖艺术家们的艺术实验，反映并且扩展了感觉和概念上的改变，这些改变源自现代化和工业化。同时，对艺术和技术之间关系的理解，与现代经济的变革也是分不开的。就如安迪·沃霍尔（Andy Warhol）所坚持认为的那样，不可能割裂艺术和金融（finance）。新兴的资本主义形式使得改变艺术的工业化成为可能，新的艺术形式与资本主义生存所需的政策和实践不可分割。[28]货币经济的建立导致了一种货币交换越来越抽象和非物质化的体系。由于图像、数据和代码比人、材料和事物循环得更快，逐渐的非物质化导致了交换的日益加速。无论产品是物质的还是非物质的，交换的速度都必须增加，才能持续增长。这是现代主义对资本主义意识形态做出的最为伟大的贡献。如我们所见，现代主义，被它对新事物的献身定义，并且相应地，也被它对旧事物的厌恶定义。可以这样理解，现代主义就是那个当下与现在的时刻。因此，新事物在其产生的那一刹那就变成了旧的，并由此必须反复被更新。现代主义的座右铭正如埃兹拉·庞德（Ezra Pound）所言："日日新！"（Make it new!），以及更快、更好。献身于新的速度的美学实际上是计划报废（planned obsolescence）的美学，这对于保持生产发动机持续运行，以及新产品不断从工厂装配线上产出都是必需的。在21世纪之交随着数字技术和高速网络的交融而破灭了。

2
看不见的手

救赎之神

　　当1966年4月6日的《时代》杂志，它的封面上用醒目的红色字体问道"上帝死了吗？"的时候，还只有少数人意识到，已经被宣告死亡的新教上帝，在那一刻以一种新的方式重生了，它将在数十年内隐秘地主宰经济、社会和政治。20世纪下半叶，金钱成为了上帝，这并非调侃。自由主义和保守主义政治以及自由主义和新自由主义经济学之间的传统对抗，重复并扩大了在中世纪末期和现代早期发生的哲学和神学争论。就像现在一样，其中最紧迫的一个问题关心的是个人与群体的关系，或者部分与整体的关系。参与更大的社会整体是否能够使个体是其所是？或者是否社会群体不过就是独立个体们的集合？前一个立场在政治和经济上代表了一种自由主义的观点，而后者的立场在政治上是保守的，在经济上则是新自由主义。

　　贯穿整个战后岁月，这两种不同主张的最有影响力的代表
分别是约翰·梅纳德·凯恩斯（John Maynard Keynes）和米尔

顿·弗里德曼（Milton Friedman）。尽管凯恩斯经历了战争时期欧洲的各种困难，但他对人生的看法与其说受到经济理论的影响，不如说受到他所参加的布鲁斯伯里文化圈（Bloomsbury group）的影响更大。与他的许多同伴不同，融入伦敦的波西米亚文化并没有打消凯恩斯对资本主义的热情。在两次世界大战和全球萧条之后，相信自由市场自发调节的效果似乎已经不再可能。对凯恩斯而言，持久的金融不稳定，尤其是失业问题，都证明了看不见的手的失败。避免更大灾难的唯一办法，就是政府在管理经济时扮演更加主动的角色。听起来像是某种空洞的当代观察，他认为刺激经济复苏的最好办法是税收和支出。

凯恩斯和他的追随者们，比如颇有影响力的诺贝尔奖得主保罗·克鲁格曼，都坚持认为，经济问题最好通过管理需求来处理。为了增加需求，凯恩斯支持各种形式的刺激鼓励消费者支出的政策：根据这种逻辑，越多的钱处于流通中，就会有越多的人消费，也就会有越多雇佣人力的公司——越多的人工作，他们花出去的钱也越多。由此导致的生产需求增长将会降低失业率，而这将进一步刺激经济，既增加了可用于支出的资金，也会提高地方、州和联邦政府的税收。当这些政策起效时，它们创造了一种自我增强的交流渠道，以促进经济增长。增加消费需求最快捷和最有效的方式是政府支出。当政府花费或印发资金来资助各种计划时，它会将更多的资金直接投入该系统，而根据凯恩斯乘数效应（Keynesian multiplier effect），这应该导致国民收入的增加，并且，国民收入会超过原始支出。失业是这个方程中的一个关键变量。失业和通货膨胀反比相关：当就业率升高，工资增加，就会带来通货膨胀压力；相反地， 39

当失业率高涨，工资不断下降，物价不断下跌，或者至少不随着需求增加而上升，则将刺激经济。在肯尼迪和约翰逊政府期间，凯恩斯式的财政政策资助了许多社会事业以及越南战争。在20世纪60年代的大部分时候，这一政策都非常有效；经济扩张稳定，股票市场牛气冲天。然而，等到这个十年快要结束时，经济却开始衰退；支出超出控制，通货膨胀率上升，人群中日益增长这样一种感觉：我们需要新的政策。

在对凯恩斯及其追随者持批判态度的人当中，米尔顿·弗里德曼是最坚定的一个。1963年，他和安娜·施瓦茨出版了《美国货币史（1867－1960）》一书，在这本书中，他们所呈现的历史数据使他们坚定地支持一种不同的经济和财政政策。弗里德曼对流动性危机触发的衰退的解释对他对凯恩斯主义的评价至关重要。他认为，在20世纪20年代和30年代，经济中最关键的变量是货币供应而非利率。与凯恩斯相反，弗里德曼坚持认为，最重要的是货币政策而非财政政策。他著名的论断，"货币才是关键"（money matters），并不是忽视失业问题，而是强调，一个有秩序的经济的关键是控制通货膨胀。与凯恩斯主义的基本原理不同，弗里德曼认为，构建经济秩序最好通过调节货币供应，而不是操纵利率完成。对通货膨胀和货币供应的关注，导致弗里德曼抵制他认为不必要的政府开支。当凯恩斯主义者们专注于需求，弗里德曼及其追随者们则侧重方程式的供应这一方面。

凯恩斯和弗里德曼之间哲学上的差别，相比于其经济方面也不遑多让。凯恩斯允许政府更好地控制经济运行，这反映在他对国家赞助的社会福利计划的总体支持上。与此相反，弗里德曼则相信自由和自发的个体，并因此抵制中央权威和政府对社会和经济事务的干涉。而当这一经济上的愿景被政治化、通俗化后，就转换成现在人尽皆知的一句俗语：更小的政府，更少的税收。弗里德曼1946年进入芝加哥大学，并在此后的三十年里不断按照自己的蓝图改造经济系。在20世纪的最后几十年，他的理论和政见，成为了许多经济学家心目中新的正统。但他的影响实际上已经远远超出学术界的限制。通过成为世界各地政治领导人们的顾问，弗里德曼同时也变成了一个非常有影响力的公共知识分子，并且在各种媒体上不懈地普及和推广他的观点。过去二十年间，许多人对自由市场推崇备至，早已超出了经济理论的范围，而成为了一种类似宗教信仰的东西。市场就像上帝一样，总能知道什么是最好的，所有来自无知人类的介入都只能带来伤害。伴随着资本主义在全球的扩张，市场实际上成为了全知、全能、全在的存在。对于坚定的新自由主义经济学家和保守主义政治家而言，市场的持续扩张需要坚持三项基本原则不动摇：放松管制、权力分散和私有化。当然，这些发展是自1517年10月31日在德国维滕贝格开始的一段漫长过程的顶点。

救赎经世论

19世纪的苏格兰哲学家托马斯·卡莱尔（Thomas Carlyle）曾说，"如果路德没有在沃尔姆斯议会（the Diet of Worms）上坚持己见——当时他当着神圣罗马帝国皇帝的面拒绝放弃自己的主张（我站在这里）——那么也就不会有法国大革命和美国了，那些激发了这些巨变的原则就将被扼杀在摇篮之中。"[1] 卡莱尔回应了卡尔·马克思的先见之明：首先是神学上的革命，然后是哲学上的，接着是社会政治的革命，最后，经济上的革命持续地改变着当今世界。[2]一个世纪之后，马克思·韦伯在他影响力巨大的对于新教的经典分析中扩展了这些洞见，他认为现代世界有这些独特的制度：民主制、民族国家和自由市场的资本主义。[3]不过，我们现在有必要更新韦伯的判断，全球资本主义应该被纳入分析之中。尽管新教一开始只是一场宗教改革，但它同时也是一场信息和通信的革命，没有它，如今席卷世界的工业、信息、通信、网络和金融革命都是不可能的。

宗教改革实际上是作为一场经济争端开始的。1517 年 10 月 31 日，当路德将他的九十五条论纲——正式名称为《关于赎罪券的意义及效果的见解》——张贴在维滕贝格的诸圣堂大门上时，他所关心的既是此世的经济，也是彼世的经济。当教皇宣称自己才是真正的皇帝，其权力不依赖于世俗权威，天主教会的世俗和属灵的权力就在中世纪盛期达到了它的巅峰。通过主张大祭司（pontifex maximus）的头衔，罗马主教将帝国的权力追溯至奥古斯都。无论如何，世俗的权力要依赖于属灵的权力。教会的真正权力是"掌钥权"，根据马太福音 16：19，这一权力由基督交给圣彼得，并由那些担任教皇职位的继承人们掌控。掌钥权赋予教皇和他的代表以权力，可以将个人包括或排除出信仰的共同体。在中世纪，教会成员的身份是通过洗礼和参与圣餐来确认的。教会学和救赎的教义基于构成了天主教与新教根本区别的哲学原则。

约翰·加尔文在其不朽著作《基督教要义》的开篇写道，⁴²"我们所拥有的真的智慧，意思是，真正、确实的智慧，包括两部分：对上帝的认识和对我们自己的认识。"[4]贯穿整个西方神学史，上帝（神学）、自身（人类学）和世界（宇宙论）这几个概念都不可分地联系在一起。例如，一个人如何看待上帝会影响他如何解释自身，反之亦然。中世界晚期的哲学和神学革命，是从关于上帝和自身的新观念中诞生出来的，而这些新观念的影响远远地超出了教会的范围。路德对于信仰的探索，而不是笛卡尔对于知识的考察，孕育了现代主体，没有这种现代主体，我们如今所知的民主或者自由市场都是不可能的。新教当中出现的新的主体性概念，赋予了个体化、内在性和隐私以优先权，这导致了宗教的私人化、去中心化和自由化，而这又是直接与教会等级制在中世纪盛期所确立的中心化和普遍化的权威相对立的。反过来，这些发展又与信息和通信革命相互促进，这一革命开始于印刷技术的发明和遍布整个欧洲的新的分配网络的创造。

14 世纪，天主教会和欧洲同时陷入了危机。宗教改革之前，天主教会实际上重组了罗马所创造的帝国。由教皇、红衣主教、主教和牧师所构成的森严的教会等级制度，反映了封建制度下凝固的社会和经济等级，在这种等级制度下，农民和农奴们被束缚在贵族和领主的庄园中，强制为这些精英们劳动。在这种宗教、政治和经济结构中，秩序压倒自由，个体屈从于集体。教会和世界的秩序也就在这个时代占统治地位的神学中得到了反映。

托马斯·阿奎那通过将基督教神学和亚里士多德的哲学结
43 合在一起，创造了被称为中世纪综合的体系，这其中的亚里士
多德哲学，是十字军东征期间，教会扩张至穆斯林地区才重新
发现的。最重要的是，阿奎那的上帝是理性的，祂总是合理的
并且从不任意妄为；确实，对于阿奎那而言，上帝以非理性的
方式行动是无法想象的。他在其伟大的著作《神学大全》中
以简明扼要的方式表达了他的首要观点："上帝有意志，就如
祂有理智；而意志总是跟随理智。"正因为上帝的意志由祂的
理性（理智）所引导，世界才是合理的。阿奎那用一句话总
结构成了中世纪教会基石的基本神学信念："上帝就是神圣理
性本身，它是最高的统治者，处置万物。"[5] 由这样的上帝创
造和统治的世界，其秩序是理性的，其结构是等级森严的。而
依照上帝形象被创造的人，本质上也是理性的，并且只在对上
帝的认识中得到最终的完满。由于原罪削弱了人类的权能，在
自然世界中被发现的关于上帝的知识就必须以启示的知识作为
补充，而要获得启示的知识，则只有通过参加天主教的仪式。
更具体地说，救赎所需的恩典是通过教会的官方代表管理的圣
礼的渠道传递给个人的。因此，教会牢牢掌握着救赎的钥匙。
救赎所必需的圣礼是洗礼，洗掉原罪以为信徒参加圣餐做准
备，而这又允许信徒们参与到基督救赎性牺牲的仪式再现之
中。个人与上帝之间的关系不是直接的，而总是以教会的统治
阶层为中介。

在这一图景里，上帝和信徒们绑定在一种经济关系中：信
徒在上帝和祂的教会里投入时间和金钱，而上帝则以教士阶层
为中介，通过许诺永恒的生命而为他们的投资带来回报。面包

和葡萄酒就是这一交易的标志。在中世纪以及其后的几年间，
圣餐饼都被做成钱币的形式，它的功能就像是神父发行的法定
货币，这些神父的言辞可以神奇地将毫无价值的面包转变成基
督无价的肉和血。到了18世纪，圣餐饼变成了实际的标志，
在新教中被当作进入团契的许可证。尽管这种团契标志（com-
munion tokens）已经不再使用了，但今天的货币仍然承载着过去
宗教的印记。美元的标志"＄"就是来源于基督教的硬币上
所铭刻的"in hoc signo"（在这个迹象中）标志。

在中世纪盛期，教会成为了一个巨大的商业团体，其中的
世俗经济被救赎经济资助。教会的花销增长快于收入，因此忍
受紧缩，对新教改革者来说是神圣不可侵犯的，而教会领袖却
通过征缴新税收和创造新的收入来源，来满足他们的奢侈生活
方式。为了证明提高收入的计划是合理的，神学家们发展出了
功德库（Treasury of Merit）的观念，根据这一观念，耶稣在十字
架上的牺牲积累了大量的功德，这些功德可以以合适的价格借
取。这一学说，通过售卖赎罪券，将救赎的经济从此世扩大到
了彼世。赎罪券不能买到救赎，但可以全部或部分缓解时间性
的惩罚，这些惩罚针对的是教会可以宽恕的那些罪。当从生者
那里得到的收益已经无法充实教会的金库，赎罪券的买卖就扩
大到了死者。为已经死去的朋友和亲人购买赎罪券，被认为能
够减少他们在炼狱中的时间。但这一实践上的滥用最后使路德
出离了愤怒，他激烈反对这样的主张，"只要箱子里的钱叮当
作响，灵魂就能飞出炼狱"。他对教会行为的质疑既是个人
的，也是神学上的和制度上的。当路德质疑教会时，他也是在
为逐渐壮大的普通人发声，他质疑道，"为什么当教皇的财富

比最富有的克拉苏（Crassus，约公元前 115 年 – 前 53 年，古罗马军事家、政治家，罗马共和国末期声名显赫的罗马首富）还要庞大的时候，他修建圣彼得大教堂却还要从贫穷的信徒那里筹钱，而不是花自己的钱?"[6]路德的质疑所构成的威胁，既是经济上的，也是神学上的，因为在中世纪晚期，如果失去了买卖赎罪券所获得的收入，教会也难以存活。

　　阿奎那理性系统的神学，似乎完美契合于一个静止而有序的世界，因此，他的神学图景构建了一个稳定的框架，为中世纪的人们提供生活的意义与目的。然而，到了 14 世纪，自然、社会和宗教的因素相互交织，打乱了中世纪的平衡，将欧洲推入了混乱的边缘。在 14 世纪中叶，淋巴腺鼠疫（黑死病）横扫欧洲，导致了至少 2500 万人死亡，最乐观地估计，这也相当于当时总人口的四分之一。黑死病提供了关于气候变化在全球化时代影响的警示故事。这次瘟疫似乎起源于中亚的大草原，然后以出乎意料的速度扩散到欧洲。历史学家和科学家们现在相信，仅仅是温度升高了大约 1 摄氏度，就导致了"一系列生态剧变，暴风雨、洪水和地震，而这些骚乱迫使啮齿动物逃出他们的洞穴并与人类接触"。[7]瘟疫在陆地上沿商路传播，在海上则沿地中海的港口扩散。1348 年扩大到英格兰，一年之后更是扩散到斯堪的纳维亚，其所到之处带来了巨大的灾难。生机勃勃的城市瞬间就被毁灭，社会组织结构到处开始瓦解。农业、制造业和商业被摧毁，大学纷纷关门。因为劳动者数量下降，所以每一个劳动者的劳动价值上升。也就是说，瘟疫带来的劳动力短缺也加速了封建主义的崩溃。当庄园开始竞相追逐农奴时，劳动者们就可以把自己的劳动力卖给出价更高者。从领主和土地的束缚中解放了出来，人们就成为可流动的。个体不再是一个固定的阶级当中的一员，而以他们自身作为资源被抛到竞争性的市场当中。到了 14 世纪中叶，世界不再像阿奎那所曾相信的那样理性、稳定和秩序井然了。

随着社会和教会都陷入了危机，人们也变得不确定并且迷茫，没有地方可以求得保障。路德能够如此有影响的原因在于，他认识到时代的关键问题不仅仅是教会和政治，更重要的问题在于神学。对路德而言，神学教义一直都是深深关切每一个人而不仅是抽象的学术。他并没有试图推翻天主教会；相反，他实际上是一个极其虔诚的僧侣，执着于履行自己的宗教和道德义务。但是，路德越是热忱地跟随上帝的律法，他就越是对行事的能力感到不确定。伴随着怀疑日增，他的焦虑也在不断生长，直到他度过了圣十字约翰（Saint John of the Cross）所说的"灵魂的黑夜"（the dark night of the soul）。路德曾确信自己是不可救赎的罪人，他相信，他已经确实被判经受地狱之火。然而，就在他绝望的顶点，他通过圣保罗的话语经历了一场在他自己看来是上帝的启示："他必获得通过信心称义的生命。"[8]对路德来说，救赎既不能通过赎买也不能通过善工获得，它是上帝自由的恩典所赠予的礼物。尽管每个人都因他或她的自由行为而堕入罪中，但上帝还是可以通过他不可思议的意志自由选择去救赎一些人。为了对这种关于个体的困境的理解提供理由和解决办法，路德不得不发展出一整套新的关于上帝、自身和世界之间相互关系的解释。他崭新的视野颠倒了中世纪的神学综合，并且为现代世界铺平了道路。

宗教改革神学的核心一直是通过恩典而不是善工得救赎的

教义。路德在当时还未受充分重视的哲学家、神学家奥卡姆的威廉（1287－1347）的著作中，发现了发展自己的神学愿景所需要的哲学资源。通过转向奥卡姆并系统阐释他关于救赎的想法，路德被卷入了一场从牛津开始并席卷欧洲的哲学辩论。导致奥卡姆和他的前辈分道扬镳的，是一个看似无关紧要的问题，亦即共相或一般项的问题。在经院神学中，共相或者本质被认为比它的个体印象要更为真实，并且也比任何具体的经验要真。根据这一被称为实在论的学说，人性或者社会整体被认为比作为个体的人要更为真实，个体的存在完全依赖于其对更大的整体的参与。换言之，整体是本质的，而个体或者部分如果丧失了它在整体中的位置，就将不复存在。通过践行他著名的剃刀（译者注：奥卡姆在《箴言书注》2 卷 15 题说"切勿浪费较多东西，去做'用较少的东西，同样可以做好的事情'"。换言之，如果关于同一个问题有许多种理论，每一种都能作出同样准确的预言，那么应该挑选其中使用假定最少的），奥卡姆拒斥了实在论，并且认为，被作为本质和一般看待的整体，仅仅是一些名字，而不与任何真实事物相关。这种立场被称为唯名论（nominalism），其名称来源于拉丁文的"名字"（nomen）。对于唯名论者而言，只有个体事物是真实的，并且只有关于个体的经验才能够确证真实的知识。就人来说，个体就不再由他们对集体或者社会整体的参与来构造或者定义，不如说，人们通过他们的自由选择——他们要为其选择承担最终的责任——而历史性地构成了他们自身。从这一观点来看，所有的整体，不管是宗教、政治、社会还是经济，都是由个体部分的集合所构成的。

意志与个体性的概念是奥卡姆神学中的两大支柱。路德发现，唯名论关于上帝和人的观点，既强调个体，也强调意志的重要性。奥卡姆坚持认为，上帝是完全独一的个体，他全然不同于世界和人；换言之，上帝是彻底的他者，因此是神秘的。阿奎那认为上帝的意志总是被祂的理智引导，而与阿奎那相反，奥卡姆则认为上帝的意志先于并且决定了神圣理智。伴随着这种看起来简单的颠倒，奥卡姆带来了一场神学革命，这场神学革命反映并促使了中世纪社会的解体，标志着天主教会所声称的普遍性的终结。如果上帝是彻底任意的，或者以神学术语来说，如果上帝是无所不能的，那就没有任何东西能够束缚他，即便是他自身的神圣理智。因此，从人的观点来看，上帝的行为时常显得任意而无法理解，撇开信仰的话，生活就像是无法被计算预测的随机行为。

奥卡姆的人类学是他的神学的反映，因此，其人类学包含两条准则：其一，个体先于社会集体；其二，每个个体都有其自由和责任。他关于这些事务的立场，构成了路德对中世纪神学和教会学毁灭性批判的基础。首先也是最重要的一点在于，根据路德，信仰是个体自身与个体上帝之间私密、个人的关系。与上帝的关系不需要通过教皇、主教和牧师所构成的教阶制度的中介，而可以是直接的。用当今的商业术语来说，路德的救赎论去掉了中间人，或者消除了教会这一中间环节，由此截断了教会的权力和权威。不用再受教会的规矩和规则的管理，救赎成为了上帝绝对自由的意志的功能，上帝的意志不依赖其他事物，而完全被其自身奠基。上帝以言行事，而不再通过教会的权威和仪式，上帝的行事呈现在圣经和布道中，当然也不局限于此。与后来的新教原教旨主义者不同，路德从未通过将上帝的行为限制在圣经的书面文字中，来限制上帝的自由。既不受教会束缚，也不受圣经束缚，上帝如其所意愿的行事。作为神圣自由的结果，祭司不再受教会阶层的限制，而是向所有人开放。路德关于信徒皆祭司（priesthood of all believers）的教义通过对权威的去中心化，进一步蚕食了教会的权力。

49　　　路德神学对天主教会的挑战还带来了经济上的影响。当时，教会如果失去了税收和赎罪券的收入，将很难生存下去，而路德主张的就是个体不需要教会的救赎。以那个时代的哲学术语来说，天主教会更倾向于实在论，存在着一个普遍的教会，而个体想要被救赎，只有通过圣事圣礼，以及参加符合标准的代表主持的圣餐礼来实现。而对于路德和新教徒来说，情况恰好相反，原则上，每个个体无需通过教会和神职人员的中介，就能与上帝处于个别的关系中。不过这并不意味着，新教立刻抹去了宗教信仰和实践中所有的公共部分。路德所主张的信徒与上帝之间的私人关系，导致了对个体和共同体之间关系的新的理解，在这一对教会新的解释中，个体经验扮演着至关重要的角色。内在化信仰所播下的种子，最后收获了现代自治主体的果实。当然也有许多从加尔文教派派生出来的激进教派［如再洗礼派（Anabaptists），门诺派（Mennonites），以及震教徒（Shakers）］保留了很强的共同体意识，但加尔文也像路德一样重视个人主义。就算是在激进的改革者之间，与上帝的个人关系也仍然浸透在整个共同体中。[9]

　　这些高深的神学辩论和宗教纷争似乎与我们这个超高速连接的世界了无相关，但实际上，宗教改革为其后直到当代的金融资本主义的发展铺平了道路，这一资本主义将速度推到了极限。用米尔顿·弗里德曼著名的术语来说，路德非正统的救赎经济对宗教和教会起到的是私有化、解除管制和去中心化的作用。真正的信徒凭借着自由市场，通过将神学转译成经济学理论及其实践，不知不觉间反而救赎了新教的上帝。在路德神学和新自由主义的经济神学之间，有一条贯通的道路，这一道路 50 经过了加尔文和他的苏格拉门徒——亚当·斯密。

市场神正论

加尔文主义不仅为资本主义经济的繁荣铺垫了道路，同时也为理解和解释市场活动提供了原则。开始于16世纪的日内瓦和17世纪的阿姆斯特丹的历史进程，在20世纪末和21世纪初的新阿姆斯特丹（也就是纽约）到达其终点。虽然一般认为，亚当·斯密发展了现代市场理论，但第一个使用看不见的手这一意象的却并不是他，而是加尔文。对于加尔文来说，神意作为看不见的手维持着这个世界的秩序，虽然这对于终有一死的凡人来说并不是直接自明的。人们一般认为，新教对于资本主义最为持久的贡献在于其工作伦理，根据这种伦理，上帝会奖励那些工作努力、勤俭持家的人们。然而，这样一种对于源始的新教救赎观念的理解，却是完全错误的。加尔文赞同路德的主张，路德认为，改革最根本的原则在于，救赎来源于信仰而非工作。不论一个人多么努力地工作，他也不可能赚到救赎。但这种关于人的永恒命运的不确定性制造了巨大的焦虑，因此可以理解的是，人们想要寻找神的恩典的征兆。而随着新教的演变，世俗的成功成为一个人获得恩典的标志。然而，大多数信徒没有把握这一微妙的神学观点。更晚一辈的新教徒认为，世俗成功通向救赎，由此颠倒了路德和加尔文的观点。这种降格形式的教义导致了所谓的繁荣福音及其世俗化的版本，其中物质的善好是最高的善。在它的源初版本中，路德在对恩典的理解中并没有削弱努力工作的重要性，但他确实改变了对它们意义的理解。路德实际上扩大了世俗工作的重要性，他认为，宗教服务并不限于教会活动，而是可以通过任何世俗工作来实现。著名的被韦伯称为"入世苦行"的思想就认为，世俗工作可以满足宗教召唤，世俗的成功也可以成为救赎的标志。在加尔文主义看来，这种成功不能以浮夸的方式来炫耀财富，因为明智的节俭是宗教和道德纪律的标准。用最简单的经济术语来说，挥霍下地狱，节省得救赎。今天赤字鹰派（deficit hawks）的灵感仍然是彻底新教的，尽管他们不会这样承认。

　　加尔文以系统化、制度化和国家化新教原则的方式，小心翼翼地实现了路德的救赎解释所可能有的结果。塑造了他思想的语境和他所面对的人群，这都与路德的精神世界、智识世界以及面对的社会有着显著不同。路德对人的罪性的关注有时导致他以上帝和魔鬼之间的宇宙冲突来解释世界，魔鬼对他来说和上帝一样真实。魔鬼的狡猾，最明显地体现在他用金钱作为诱饵来引诱那些信仰不够坚定的人们。路德宣讲道，"金钱就是魔鬼的代名词，通过金钱，魔鬼创造了上帝通过真言创造的所有东西。"最为困扰路德的就是，他那个时代的教会对早期资本主义的腐蚀和物质主义的接受甚至共谋。他甚至指责"教皇的神是财神"。如果金钱是魔鬼的工具，那么教皇就是撒旦的代言人。[10]

路德从没有丢掉他农民的根，而加尔文则一直生活在城市的商业文化中，在城市里，不断增长的受教育程度导致了文化的不断繁荣。加尔文改变了他的思想，以求适应欧洲不断增长的商人阶级。由于加尔文是作为法学家而非僧侣接受的训练，因此相比路德，加尔文对法律更为尊重。当然加尔文绝没有降低神意的重要性，但他强调了奥卡姆的神学中被路德贬低的一面。奥卡姆认为，尽管上帝拥有绝对的权力，能够做任何事情且不会自相矛盾，但他仍然自由地通过为这个世界制定一套特殊的秩序，为这个世界的运转奠定原则、规则和法规来限制自身。一方面，存在着规律使这个世界是可理解的，但另一方面，这一规律是偶然的，因此不能用任何理性的原则加以证实。换言之，奥卡姆所提出的世界体系是从外部构建的，因此就算这一体系看起来是稳定的，但它也总是会受到意想不到的破坏。在这个世界中，黑天鹅和黑尾巴（black tails）都是难以预料且不可避免的。

通过接受奥卡姆的神的既定权力（ordained power），加尔文能够在经济、社会和政治领域中以路德所不能的方式发展出理性的计算。对于许多 16 世纪末 17 世纪初的北欧人来说，加尔文主义提供了一套有效的世界观，引导他们在混乱的变革中从中世纪转向早期的民族主义和资本主义。理性的计算不仅对于救赎经济的改变是决定性的，对于资本主义经济的产生也同样如此。尽管路德谴责重商主义是为恶魔工作，但加尔文对早期

52

现代的资本主义却更为开放。当理性主义和法律主义扩展到宗教生活，它们就为工具主义逻辑和纪律制度的出现创造了条件，而如果没有这两者，资本主义就不会有这样的繁荣。除了为理性和道德的生活提供框架，加尔文还做出一个重要的决断，他通过接受高利贷的做法——只要回报率不过分——而确实地改变了地球的面貌。在加尔文之前，不论是天主教还是新教，都谴责高利贷，并坚持认为赚钱的唯一合法途径是通过自己的劳动来出售产品和商品。再一次，问题的关键在于时间，或者更精确地说，时间和金钱。在希伯来圣经中（申命记23：19–20），高利贷是受到谴责的，第一次尼西亚大公会议（325）同样也禁止了高利贷。到了中世纪，对高利贷的禁止变得更为强制和广泛。第三次拉特朗大公会议（1179）宣布，那些收取贷款利息的人，不能够接受圣餐或拥有基督教葬礼。教皇克莱蒙五世使高利贷成为异端，并且颠覆了允许高利贷的世俗法（1311）。禁止高利贷的神学辩护认为，自从上帝统治了时间，人们就不能从时间中获利。作为曾经的实用主义者，加尔文认识到，商业资本主义的兴起需要高利贷，正如新教需要商人、银行家和实业家。由于接纳了这种实践，加尔文接受了钱能生钱的原则，从而为新的投资工具和金融机构做好了准备。

　　如果救赎是路德神学的核心教义，那么创造的学说就是加尔文神学的中心。依照加尔文的说法，相信救赎依赖恩典而不是工作，预设了一个全能的作为造物主的上帝，这个上帝是完全自由的，并且完全不受外部环境的限制。创造并不是一个一次性的事件，而是一个不间断的过程，在这个过程中，上帝持续地统治着世界。因此，创造学说必然会牵涉到神意的学说。"认为上帝是瞬间的创造者——祂一劳永逸地完成所有的工作——是冷酷和野蛮的，我们不应该与世俗之人一样，尤其当我们看到神的力量的闪现自宇宙之初就持续在场……除非我们能够转向神意，否则我们仍然无法恰当地理解这句话的意思：'上帝是创造者。'"对加尔文来说，神意并不仅仅是普遍的，它还同时达及每一件事、每一个人。在这一框架下，也就没有命运或者机会这样的事情存在，因为任何事情"都有赖于上帝无处不在的手（ever‑present hand）"。上帝的手当然并不总是可见的；相反，由于上帝的计划是"神秘的"，"事件的真实原因对我们往往是隐秘的"。[11]因此，神意之手是不可见的。由于这不可见的手一直活动，加尔文对神意的解释的逻辑后果就是预定论学说，根据这一学说，上帝选择了某些人得到永恒的救赎并将其他人定以永恒诅咒的罪。

　　神意和预定论学说中蕴含的两个结果对于资本主义的发展是至关重要的：个人主义和潜能论（dynamism）。第一，以一种并不明显的方式，预定论加强了处于路德救赎学说核心的个人主义。上帝是全能的，他与每一个个体都有或是积极或是消极的个人关系。第二，加尔文坚持认为神的旨意是无所不在的，而这导致了一种潜能论，这种潜能论打碎了中世纪静态等级秩序的宇宙。对一些激进的加尔文主义者来说，宗教改革如同创世行为一样，并不是一劳永逸的事件，而是持续不断的动态进程。这种不安定状态，既是创造性的又是毁灭性的，它不仅仅是精神上的，同时也扩展到社会、政治和经济关系中。被黑格尔称为"否定的不确定性"的行为只是神圣行为的世俗版本，此后又被马克思重新解释为资本主义不断的循环和扩张。内在于新教不断改革中的否定性，出人意料地在现代资本主义残酷的计划报废中（planned obsolescence）重新出现。

沟通加尔文主义和市场资本主义的是亚当·斯密，实际上，他通过有效地挪用加尔文的神意学说而神化了自由市场的诡计。如同其他许多18世纪杰出的道德哲学家和政治经济学家一样，亚当·斯密也是苏格兰人，而那个时代的苏格兰人多多少少都是加尔文主义者。斯密在格拉斯哥大学接受教育，并且参加了安东尼·阿什利，也就是第三代沙夫茨伯里伯爵和弗兰西斯·霍奇森的课程，他被教育不能仅从理性的角度，还要从美学角度出发来解释道德，就像当时杰出的德国哲学家们一样。美学的敏感性引导苏格兰的加尔文主义者们认识到加尔文神学中通常为人所忽略的许多方面。加尔文将这个世界看作是赞美上帝的剧场，在其中神的力量光辉闪耀；世界以及我们在世界中的活动都揭示了主的力量及其庄严宏伟。与通常清教对美的怀疑和对宝马香车的敌对观点相反，加尔文承认自然世界非功利的美的重要性。他说，"难道上帝没有区分出多种颜色，使得有一些比另一些更迷人？什么？难道祂没有赋予金和银、象牙和大理石以美好，让它们比其他的金属石头更加珍贵吗？简言之，难道祂没有赋予许多事物在其工具性用途之上以别样的吸引力吗？"[12]

斯密第一次阐述看不见的手这一隐喻，并不是在他的政治经济学著作《国富论》（1776）中，而是在他的道德和美学研究著作《道德情操论》（1759）中。在这本著作中，他使用了这一意象以功利主义经济的方式重新描述了加尔文关于美的非功利主义观念。相关的段落在名为"论效用的表现赋予一切艺术品的美，兼论这种美所具有的广泛影响"的章节中：

> 一只看不见的手引导他们对生活必需品作出几乎同土地在平均分配给全体居民的情况下所能作出的一样的分配，从而不知不觉地增进了社会利益，并为不断增多的人口提供生活资料。当神把土地分给少数地主时，他既没有忘记也没有遗弃那些在这种分配中似乎被忽略了的人。……人类相同的本性，对秩序的相同热爱，对条理美、艺术美和创造美的相同重视，常足以使人们喜欢那些有助于促进社会福利的制度。[13]

在"美的秩序"中，斯密领悟到个体之间的和谐，就算这些个体的意向看起来似乎是相互冲突的。在《国富论》中，斯密写道，"他追求自己的利益，往往使他能比在真正出于本意的情况下更有效地促进社会的利益。我从来没有听说过，那些假装为公众幸福而经营贸易的人做了多少好事。事实上，这种装模作样的神态在商人中并不普遍，用不着多费口舌去劝阻他们。"[14]强调这一点是很重要的，这套市场理论依赖于个体和自由选择的概念，这些概念首先由奥卡姆定义，然后被路德化用。市场，如同唯名论的社会整体一样，是由相互作用的个体的总和构成的。

随着新教神意和救赎的概念被化用到市场经济中，秩序的起源就不再是外在的（上帝的看不见的手），而成为内在的（市场的看不见的手）。市场被解释为自我组织和自我管理的系统或网络，而不再由外在的中介来指导和管理，不论这外在的中介是神还是人。这样被理解的市场，就像以往的神一样，总能知道什么是最好的。救赎的历史被重写为市场的历史，并由此创造了一个世俗版的神正论，对那些信徒而言，"所有事情都为善好而做"（罗马书8：68）。对虔诚的基督徒来说，这种堕落是幸运的，因为上帝总是从恶中带来善；而对那些虔诚的经济学家来说，贪婪是好的，因为全知、全能、全在的市场总能从自私中创造福利。

伴随着外在秩序转向内在，市场的象征也从机械设备（如代表工业资本主义的钟表）转变为信息设备（如代表金融资本主义的控制系统）。与安·兰德一起成为米尔顿·弗里德曼以及当今的保守主义政治家和新自由主义经济学家英雄的F. A. 哈耶克，甚至声称，实际上，市场是一个通过信息处理而运行的控制论系统。

57

20世纪下半叶，共产主义和新兴的资本主义重演了中世纪实在论和唯名论之间的争论。对共产主义来说，社会整体拥有相对于个体的优先性，因此，社会和经济结构应该中央集权、等级分明并受到管制；而对新自由主义的资本主义来说，个体拥有相对于社会整体的优先性，因此，社会和经济结构应该被去中心化、分散化和解除管制。共产主义政治体制对新的信息和交流技术的破坏性作用持质疑态度。伴随着世界的改变速度远远超过了共产主义体制能够适应的程度，苏联只好固执地坚持一种早已过时的工业化形式。相反，在美国，新保守主义的政治议程和新自由主义的经济政策推动着越来越快的技术革新，这被看作是经济持续增长的引擎。

3
时间至上

会计账簿

如果没有新教促进读写能力和计算能力的发展，资本主义 58
不会发展成如今这个样子。宗教改革和印刷技术相伴相生。如
果说天主教围绕着仪式和圣礼所组织，那么新教就是以圣经和
布道为中心的。中世纪期间，读写能力几乎只局限在僧侣之
间，圣经则是拉丁语的。这种情况在文艺复兴期间开始改变，
印刷术和宗教改革的同时出现，在早期现代时期，改变了信息
被产生、传播和消费的方式。这并不意味着印刷在这一时期天
主教的发展中没有扮演角色。实际上，印刷对导致了宗教改革
的那场危机做出了贡献。伴随着机械印刷的出现，相比于此前
需要手写的赎罪券，这时的赎罪券其生产和售卖速度都成倍加
快。随着越来越多的赎罪券被卖出，路德改革的热情也越发高
涨。在反宗教改革期间，天主教会借鉴了新教的做法，通过发
行基本信条和教理问答手册的印刷本，以指导信徒。需要着重 59
强调的一点是，对立的权威宗教观点决定了天主教徒和新教徒

对印刷品的不同编排。天主教坚持教会权威掌控理解圣经的方法，而新教则想把信息交到每个人手中。路德发起了西方世界的个人化印刷，没有路德，就不会有圣经的译本。

迈隆·吉尔摩尔（Myron Gilmore）认为，"活字印刷的发明和发展带来了西方文明史上智力生活条件最根本的转变。它为教育和观念交流打开了新的视域。所有人类活动的领域迟早都会感受到它的影响。"[1]中国早在此前的好几个世纪就发明了纸和印刷术，但是社会和文化氛围并未能为它们爆炸性的增长创造良好的条件，直到16世纪的欧洲，宗教改革才在它们的快速扩张中扮演了关键的角色。从一开始，印刷术和新教就绑在一起相辅相成：印刷术提供材料让信息可以传播，而信息的传播反过来进一步创造对材料的需求。亚瑟·狄更斯（Arthur Dickens）认为，路德主义"一开始就是印刷书籍的孩子，通过这一媒介，路德能够对整个欧洲的心灵产生精准、统一和根深蒂固的影响。历史上第一次，读者大众能够通过大众传媒工具来裁断革命观念的合法性，而这种大众传媒工具靠的是本地的方言以及记者和漫画家的技术"。[2]路德的抗议如果没有印刷机的话，绝不可能成为一场世界历史事件。路德可谓是西方第一位畅销作家以及大概第一位媒体名人；在1517年到1530年间，他的30部作品惊人地售出了30万本。[3]马克·爱德华斯在他富有教益的著作《印刷，宣传和马丁路德》中估算道，"如果我们保守估计路德的每一部作品出版了1000本的话，那在1515年到1546年间，路德一个人就产出了310万本书。"[4]

如此规模的产量和销量，需要创造一个史无前例的技术基础。印刷机是生产自动化和标准化的原型，并最终促使工业革命得以可能。古腾堡开发了一种冲模系统，其中可更换的活字排列在可用于批量生产印刷页的托盘中。显然，早期印刷厂的企业家渴望找到有利可图的产品，并为它们扩大市场。圣经、宗教小册子、祈祷书和自助书是 16 世纪大部分时间里最赚钱的印刷作品。为了推广自己的产品，印刷厂开发了新颖的广告策略，从传单和书籍插页到贸易和书展的海报。当改革传播到不同的城市和国家，企业家也同时开发了新的贸易路线和分销网络。随着市场在北部欧洲的增长和多样化，新的通信线路迅速开放，以传播信息和观念。观念扩散得越快，影响就越大。迅速发展的交通和通信网络，在宣传路德作品和提高其权威性和流行性方面扮演了主要角色。

1534 年，当路德的圣经译本的第一版发行时，已经有 18 种不同版本的德语圣经译本准备出版，这其中 14 种是高地德语，4 种是低地德语。路德译本的巨大成功不但归功于它的风格，而且也缘于它出版时的环境。路德在政治上取得的大部分成功都因为他与人民在一起，而这也反映在他的语言风格中。威廉·哈兹里特（William Hazlitt）在他 1821 年出版的著作《席间闲谈》（*Table - Talk*）中收录了许多路德的作品，这些作品十分清楚地显示了，路德的修辞非常接地气，有时还很低俗甚至下流。尽管教会阶层的代表批判他的风格，但普通人却对此颇有共鸣，并且这也有利于路德思想的流行。印刷技术的快速发展通过创造越来越多有文化的消费者，而为路德的福音迅速传播准备了条件。依照供给学派的原则，印刷材料供应的增长增加了对其的需求，反过来又导致供应进一步增加。文化水平的发展促使宗教越来越私人化和去中心化。家庭壁炉成为私人圣坛，一家人围绕在一起阅读和学习他们所信仰的福音。

打破教会对于文化的垄断所造成的重要影响远远超出了宗教生活。人们学会了阅读，也就更容易从农业社会过渡到商业社会，以及随后的工业社会。印刷品当然不会局限于宗教文本，它还包括地图、历法、日程表、商业文本，以及关于度量衡的表格和货币兑换的表格，所有这些都会促进商业和工业的发展和经济增长。通过鼓励阅读和计算，新教帮助培养了早期资本主义所需要的受教育的劳动力。

天主教会对这些发展的反应对此后的世世代代来说是决定性的。随着宗教改革的传播，对使用方言和文化水平增长的不安逐渐加深。1515 年的拉特朗大公会议（译者注：Lateran Council of 1515，历史上共有五次拉特朗大公会议，这次是第五次，拉特朗大公会议因其在罗马的拉特朗大殿召开而得名），利奥十世（Leo X）颁布了一项审查教令，"适用于从希伯来语、希腊语、阿拉伯语和古巴比伦语到拉丁语和从拉丁语到方言的所有翻译"。[5] 新教和文化水平的关系如此紧密，以至于天主教会认为想要控制新教，就必须限制文化。直接反对印刷圣经的附加敕令于 1520 年代颁布，并受到了宗教裁判所的支持。在 1546 年的特伦托大公会议（译者注：Council of Trent，指罗马教廷于 1545 至 1563 年期间在北意大利的特伦托城召开的大公会议，这次会议是罗马教廷的内部觉醒运动之一，也是天主教反改教运动中的重要工具，用以抗衡马丁·路德的宗教改革所带来的冲击）上，天主教会重新确认了公认的《圣经》的优先地位（也就是拉丁译文的圣经），从而确保无知和顺从，而不是促进识字和教育。教皇庇护四世（Pius IV）在他

1559 年的第一个教宗禁书目录中重申禁止印刷和阅读圣经，⁶²这也使得对圣经的其他翻译走到了尽头，同时还在两百年间大大限制了读写能力在天主教国家的推广。这些举动的最重要后果之一就是，减缓了工业主义和资本主义在天主教国家的发展。由于重商主义为工业主义提供了道路，资本主义在欧洲北部要远比欧洲南部强大。至少部分是由于这些宗教教义和政策的影响，南北分裂的后果，今天仍然可以在欧洲地图上以及居住在北部和南部的人们之间的文化差异中得到体现。

显然，这些发展对后来的历史来说是决定性的，但印刷的影响比这些评价更为复杂。印刷并不仅仅是个人化和自由化的，它还以一种潜移默化的效果，使得圣经、教义和规训措施标准化和条理化。个人化和标准化的相反倾向对应于加尔文主义中意志论的破坏稳定，以及理性主义的稳定的不同面向。印刷的标准化和规范化倾向带有经济、语言和政治上的影响。印刷在经济方面的影响可以在新的货币流通和规训实践与技术的最新发展中看到，没有这些发展，资本主义最近的发展也是不可能的。货币流动的改变总是以新技术为前提条件：如同没有必备的采矿业和冶金技术就没有金属货币一样，没有信息处理设备和网络就不会有虚拟货币，没有造纸术和印刷术也不会有纸币。从手写（手稿、羊皮书卷）到打印（小册子和书籍）的转变，成为从农业社会（手工）向工业社会（机械）转变的原型。可互换零件的机器的使用提高了生产速度并且创造了对新的分配网络的需求。机械化导致了印刷货币和材料的生产⁶³标准化，反过来，又通过促进本地市场和市集以外的贸易，大大地扩大了市场。

纸币于公元910年首先由中国人发明，中世纪期间被意大利的金匠使用，但它的快速推广有赖于印刷术的发明。虽然第一张纸币由斯德哥尔摩银行于1661年发行（英格兰银行1694年随之发行），但纸币和银行存款可以追溯到更古老的意大利金匠们的实践。在佛罗伦萨、热那亚和威尼斯，黄金存款的收据开始流通，而当这些收据被签名，就可以作为货币使用。金匠们（goldsmiths）很早就意识到，想要把所有存款在同一时间集中是不太可能的，因此他们开始准备超过自己黄金储备的有息贷款。在整个中世纪中后期，热那亚人开发了一个先进的银行系统，一个商业银行网络，作为结算所，用于增加国际交易。但到了16世纪末，欧洲——尤其是欠了热那亚一屁股债的西班牙——获得了大量来自美洲的银矿。随之而来的铸币供应的增长，使得热那亚的货币帝国崩溃了。

到了17、18世纪，中心转移到了阿姆斯特丹，商业资本主义在这里繁荣，阿姆斯特丹证券交易所也在此时开张。加尔文主义的阿姆斯特丹迅速成为投机金融之都，他们的证券市场统治了整个欧洲的贸易。印刷所带来的货币的标准化和规范化，进一步促进了全球交易网络的发展。但印刷术也给货币的性质（nature）带来了一个微妙但却重要的改变：纸币作为交换的标志，从一种有价值的材料转变成为一种没有内在价值的符号。如我们将要在第四章中看到的一样，一旦在物品和符号之间做出了区分，能指（符号）和所指（物品）最终就会不可避免地分离，经济活动也终将在某一时刻成为纯粹符号之间的游戏。费尔南·布罗代尔（Fernand Braudel）在描述21世纪金融市场的可能形态时写道，"阿姆斯特丹证券交易所的投机已经达到了一定程度的复杂性和抽象化，这使得它多年来成为欧洲一个非常特殊的交易中心，在这里，人们不仅仅是简单地买卖股票，揣测可能的上涨或下跌，还可以在没有投入任何钱或股份的情况下通过各种巧妙的组合进行投机……事实上，投机者卖的并不是他占有的东西，买的也不是他想要的东西：这被称为'空头'买卖。在收盘时结算盈亏。双方交割小笔差额后，游戏将继续进行。"[6] 伴随着商业资本主义的扩展和投机金融市场的出现，市场经济的复杂性达到了新的阶段。在 1750 年代的荷兰，不仅借钱比 1980 年代的纽约更容易，而且 18 世纪的阿姆斯特丹交易市场在许多方面都与 1980 年代到 1990 年代"新阿姆斯特丹"的金融市场惊人地相似。

发条宇宙

速度总是关乎时间，但也可以说，速度越来越成为无关时间的问题。时间和金钱。

> 时间：1936 年
> 地点：美国任意一家工厂

在查尔斯·卓别林的《摩登时代》一开始，当音乐响起，整个屏幕上是一个钟的镜头，钟面上的秒针缓缓地指向 6 点。当片头字幕滚动完，台词覆盖在钟上出现。

《摩登时代》，是一个关于工业时代的故事，其中讲述了企业与个人追求幸福的冲突。

65　　电影讲述了大萧条之后工业化美国工人们的痛苦。影片开始于一群猪涌入屠宰场，然后是一群从地铁冲到工厂的男子。如同露西和埃塞尔疯狂地试图将巧克力更快地包裹起来一样，工人们绝望地拼命赶上流水线的速度，而经理则在秘书和计算机包围的舒适的办公室里看着报纸，同时在车间下令他们的下属们继续加快生产。一个精心设计的由摄像机和屏幕监控组成的监视网络甚至在浴室休息期间也在监视工作人员。工人们的身体活动就像生产线一样自动化和机械化。每一天都开始和结束于打表。当流浪汉在转动齿轮时被逮捕，机器就真的开始吃人了。

　　我的祖父马克·H. 库珀——他是个钟表匠——的祖先来自于斯特拉斯堡。伴随着蓬勃发展的印刷业，著名的斯特拉斯堡时钟在这个城市被创造出来并不令人感到意外，加尔文为了躲避迫害也曾逃到这座城市。在机械时钟大规模使用之前，印刷日历和时刻表已经开启了人类行为的理性化过程，而这将改变工作方式，转变经济。如同印刷对路德而言是为福音做准备（preparatio Evangelica），生命的标准化和规范化也可以看作是为工业化做好了准备。工业资本主义的产生并不仅只依赖于新技术的发展和受教育的工人，同时也预设了人类行为的标准化和规范化，而这些，没有印刷和时钟是不可能的。

　　测量时间的设备与人类本身一样古老。在西方，记录时间一开始是一种宗教活动，此后才逐渐世俗化。最早的中世纪钟表匠是一些生活极为规律的僧侣，他们的祷告和仪式都遵循严格的时间表，需要准确的计时。在发明机械钟之前，通过诸如日晷和水钟（water clocks）之类的装置测量时间。当机械时钟刚被发明时，它们仅能测量小时，而没有分针或秒针。在特殊的场合，鸣钟、编钟和机械装置被用来向附近的村庄播放时间。慢慢地，钟楼从修道院、主教堂和教堂扩散到了市镇广场，但直到现代，测量时间才做到精确统一。在工业革命之前，日照和季节的自然节律调节着人们的生活，对时间的观测都是本土化的，因时因地而不同。因此，空间和地点比时间更重要。唯有伴随着现代性、现代化和现代主义，这些事情才得到了改变。虽然空间主宰了前现代经验，但时间控制着现代经验。实际上，时间随着现代性的变化而变化，它不再是外在和自然的，而变得内在和机械化。

如果说现代性始于路德将信仰的领域从外部和客观的仪式转移到内部和主观的经验，那么，现代哲学就是从勒内·笛卡尔的内在转向开始的。在笛卡尔这里，真理的场所从外部客观世界转向了内部和主观的经验和知识。笛卡尔在他著名的普遍怀疑中怀疑一切，直到发现正在怀疑的自我是无可置疑的。换句话说，真理和确定性与个人的自我意识密不可分。笛卡尔和他的继承者探索意识和自我意识越多，这些观念就越复杂。既然自我和世界密不可分，那么，关于自我意识的解释上的任何变化，都会导致对世界的理解的变化。

似乎没有什么东西能比空间和时间更外在和客观的了。然而，到18世纪末，自我反省已经以自己的形象重塑了世界。在康德的《纯粹理性批判》（1781）中，他认为，空间和时间是人类感性和认识形式的一部分，而不是外在世界的特征。心灵并非一块空白的石板，而是先天具有十二种知性的范畴（单一性、复多性、全体性、实在性、否定性、限定性、实体、因果性、协同性、可能性、现实性，和必然性），以及两种形式的直观（空间和时间）。这些直观和知性范畴的形式是我们得以看到世界的眼镜或护目镜。这些不同的术语的功能，就像处理经验数据的程序或者分离噪音与信息的过滤器一样，从一片混沌中创造秩序。这些形式和范畴并不依赖于经验，因此是普遍的。人们经验到的具体内容（what）因人而异，但他们组织经验的方式（how）却都是相同的。因此，空间和时间是均匀的，并因此是标准化的。

回溯既往，可以清楚地看到，康德所坚持的空间和时间的普遍性和同质性，在很大程度上是当时正在出现的新形式的工业生产的功能。通过预测将在一个世纪之后变得普遍的发展，康德有效地将感知和思考工业化了。在他的方案中，空间和时间不仅统一和均匀，而且是线性的：空间由连接离散点的直线网格组成，时间则由连接单独点的直线组成。其中值得强调的是，分割、分裂和分离（分析）并不阻碍集合、联合、整合（综合）。相反，通过首先打破流程和活动，然后重新连接各个点，分析和综合构成了产生均匀性和同质性的两个互补的过程。

随着创造的场所从天堂转向尘世，人类以自己的形象和眼界（world）创造了世界（world），并反过来重塑了人的形象。我认为，标准化的过程开始于印刷机的发明，而这又反过来规范了语言和法律。一方面是工业化，另一方面是标准化和程序化，这两者形成了一种相互交织的关系：工业化创造了标准化和程序化，而标准化和程序化又进一步促使工业化成为了可能。换句话说，工业化是标准化和程序化的原因和结果，反之 亦然。这就像是那个经典的"鸡生蛋还是蛋生鸡"的问题。为了工业化的扩散，必须将标准化和程序化扩展到生产、再生产和分销的一切模式中，并且散布到从重量单位、货币、度量衡、计价到信贷，甚至包装等方方面面。而没有空间和时间的标准化，这些都不可能。

导致了空间标准化的时间标准化，实际上是一种海陆运输新技术的结果。如同通常的情况一般，理性的东西似乎都有一个非理性的起源。空间和时间的理性化和标准化始于两场事故，在其中，速度扮演了关键的角色。时间标准化是从海陆空间的加速发展而来的。1707 年，由海军上将克劳兹利·肖威尔（Cloudesley Shovell）指挥的英国舰队遇到了大雾。爱德华·凯西（Edward Casey）报道说："十一天来，这个舰队越来越不确定，他们所在的地方是哪里。在第十二天，导航员认为舰队安全到达了布列塔尼以西，但这天夜里的晚些时候，船只就在英格兰西南方向的西西里岛失事。包括海军上将肖威尔在内的两千人丧生，四艘船沉没。今后避免这种灾难的唯一办法是管理时间。"[7]

英国议会花了七年时间建立了经度委员会，该委员会设立了"对发现经度的人的公开奖励"。[8]为了解决海军上将肖威尔的导航问题，需要发明一种精确测量经度的装置，这种装置通过确定英格兰格林威治原始子午线的东部或西部的确切位置，来测量经度。这一装置就是由英国人约翰·哈里森（John Harrison, 1693 - 1776）发明的经线仪（chronometer）。哈里森是一个自学成才的钟表匠，他认为应该用时间来确定空间位置。"经度并不仅仅是空间位置的问题。它还关系到一个人在某个特定时间（"太阳平均时"或"当地"时间）的位置，这个时间与此时子午线的时间是相对的。"〔9〕1735 年，哈里森发明了一个被证明对海运来说非常准确的经线仪。在经过至少五次海上计时和无数次的尝试后，经度委员会向当时 80 岁的哈里森颁奖。然而直到 1884 年，国际子午线会议才采用了格林威治子午线作为本初子午线，或经度零点。

在陆地上，火车时刻表的同步也需要时间的标准化。对于火车来说，就像对船只一样，事故被证明是决定性的。1841 年 10 月 5 日，两辆西部铁路公司（Western Railroad）的客运列车在纽约州奥尔巴尼与马萨诸塞州伍斯特之间的第一条交叉路口相撞。2 人遇难，8 人受伤，引起了公众的强烈抗议，并进一步导致马萨诸塞州议会展开调查。再一次地，速度被认为是罪魁祸首。詹姆斯·贝尼格（James R. Beniger）在《控制革命：信息社会的技术和经济起源》这本内容丰富的书中写道："人们还没有习惯依靠无生命的能量旅行，尤其不习惯西部铁路公司最高达到 30 英里每小时的运行速度。"该公司当时还曾试图在没有必要的安全信息的情况下，在一条 150 英里的轨道上同时管理 6 列正在运行的列车。随着铁路旅行越来越普遍，事故变得越来越频繁。贝尼格解释说："没有中枢控制系统的技术，没有电讯通信和铁路沿线的正式操作程序……也没有标准化的信号、时间表和同步的时钟，许多事故发生了。"〔10〕

在美国，直到 19 世纪末，所有的时间都是地方性的。相反，在英国，通过采用格林威治标准时间（GMT）作为国家标准，英国铁路在 1847 年 12 月 11 日进行了时间的标准化，这一标准时间在随后的几年一直被称为"铁路时间"。到 1855 年，英国所有的公共钟表都与格林威治标准时间同步，而在美国，铁路直到 1883 年还在自主确定时间。这种做法几乎不可能运行工业化所需的安全高效的国家铁路网。为了解决这个日益严重的问题，现在已经更名为斯基德莫尔学院（Skidmore College）的寺林女士神学院（Temple Grove Ladies Seminary）校长查尔斯·多德（Charles F. Dowd），以通过华盛顿特区的经度为基础，为美国铁路划分了四个国家时区。尽管标准化的需要是显而易见的，但不同铁路公司之间的争吵，以及认为新系统会伤害他们的业务，阻止了全国范围内统一制度的批准，直到 1918 年《标准时间法》的通过。[11]标准化促进了交通运输的合理化，但价格的中心化甚至国有化，也巩固加强了官僚主义的控制。

值得注意的是，空间和时间的标准化引起了一种相互抵触的趋势，这一趋势既反映又加强了工业和后工业社会的矛盾。从亚当·斯密的图钉厂到手机和无线网络，生产和复制的模式既分离又集成，既分裂又接合。与之相应，现代时空也是均匀又分裂，统一却又分散。我们将在第七章看到，这其中的张力，对社会、政治和经济都有重要的影响。

与标准化相伴随的是，交通运输以及其他一切事物的加速。正如标准化时间和时间表对于火车和船舶的安全平稳运行是必需的，标准化时间和时间表也是工厂有效运行的先决条件。随着铁路和工厂的普及扩散，时间即便没有个性化，也已经变得私有化。为了让火车按时运行，每一位火车站站长都必须有自己的怀表，以便与其他站长的时间同步。手表于 1900

年左右在英国推出，但当时仍然只是时尚配饰，直到在第二次布尔战争（1899 年至 1902 年）和接下来的第一次世界大战中，手表才被用来同步调动军队。时间的标准化和私有化协调了人们的活动并使人与机器能够同步。怀表和手表之于工业社会，就如同黑莓和 iPhone 之于信息社会——个人技术（personal technologies）将个人和导致生产再生产不断加速的引擎结合在了一起。

改变生活的，不仅是被测量的时间，还有测量时间的方式。我们已经看到，工业化是与线性知觉的出现相联系的，在这种知觉中，网格中的分离点相互联系形成空间感，连续的瞬间串联在一起创造出时间感。空间和时间转变成守时的问题。中西部农田和城镇的直线网格状布局以及敲钟的做法都是时空机械化和现代化的体现。工厂像火车一样要求准时。工人们不再能够遵循自然的循环和节律，而是要遵循机器的逻辑和步调。标准化所需要的是，抽象和量化的关联程序。随着质让位于数，那些不能被标准化程序、规范或价值观所衡量的东西，被认为是不重要，甚至是虚幻的。工作日的组织结构与工人们生产的产品和被支付的货币一样变得抽象、可量化和可重复。

标准化、抽象化和量化在冰冷的搜索效率方面以指数级方式提高了生产速度。丹尼尔·博尔斯廷（Daniel Boorstin）写道，"效率，20 世纪的美国福音，意味着将工作打包成单位时间。在那些劳动力稀缺因此费用昂贵的国家，效率是以完成工作可接受的速度来衡量，而不是'质量'或'能力'。时间被一再地精打细算。一个有效率的美国是一个快速的美国。时间成为一系列均匀精确测量和精确重复的单位。工作日不再仅以日光为标准，电灯使得工厂全天候不停地工作。制冷和集中供热以及空调机组俨然已经抹消了自然的季节。每一个单位时间（unit）的工作都变得跟其他单位时间别无二致。"[12]

随着工人从乡村迁移到城市，雇主为他们提供了一笔交易：用我们的钱来买你们的时间。在工业社会，时间就是金钱。工业界的领袖们将时间看得如此重要，好像一分一秒直接就能变成成百上千的美元。不占有生产资料的工人，能够出卖的只有他们的时间，实际上也就是他们的生命。如果时间并非免费地在市场上进行交易，那它们必然准确地被衡量并被高效使用。早期产业资本主义的批评家们，暴露了工厂是如何摧毁个人生活，破坏家庭和社会的。18 世纪末，德国哲学家和诗人弗里德里希·席勒（Friedrich Schiller）在他那篇成为现代先锋艺术宣言的《审美教育书简》中写道，"人永远被束缚在整体的一个孤零零的小碎片上，人自己也只好把自己造就成一个碎片。他耳朵里听到的永远只是他推动的那个齿轮发出的单调乏味的嘈杂声，他永远不能发展他本质的和谐。他不是把人性印在他的天性上，而是仅仅变成他的职业和他的专门知识的标志。"[13]但即便是席勒，也根本无法想象，一个世纪以后的个人和社会将会破碎成什么样。

说到加速和肢解人类的活动与生命，没有人比弗雷德里克·温斯洛·泰勒（Frederick Winslow Taylor）做得更多了。早在 1895 年，泰勒就在提交给美国机械工程师协会的一篇文章中发展了他后来称之为"科学管理原理"的理论，这一名称也是他 1911 年出版的著作的书名。在这篇文章中，他解释说，这次调查的目标是通过发展一种确立"最大效率"的程序来确保"最大的繁荣"。泰勒的分析基于他对速度在生产过程中的重要性的评估。他写道:"工人和管理工作最重要的目的应该是保证每一个人的培训和发展,使他能够(以最快的速度和最高的效率)完成与他的自然能力相匹配的最大的工作。"[14] 为了达到这个目标,泰勒开发了一种实际上与迈布里奇的延时摄影原理相同的方法,这种方法将个体工作者的活动分解为一系列的步骤或时刻。他的方法的关键是秒表。泰勒如此描述他的程序,他从不同的工厂找到 10 到 15 个不同的人,这些人对所要分析的工种具有特殊的专长。其中,第二、第三和第四步对于他的分析是决定性的。

> 第二,研究其中每个人在做被调查的工作时所应用的基本动作或意图的确切次序,以及他所使用的工具。
>
> 第三,用秒表去检查做这些基本动作的每一步所需要的时间,进而选择能用最快速度去干活的动作的每个组成部分。
>
> 第四,排除一切假动作、慢动作和无用的动作。[15]

科学管理原理的目标是制定一个纪律制度,对工人的身体进行重新规划,以符合机械设备的逻辑和节奏。

需要强调的一点是,泰勒对管理最感兴趣。他的科学管理方法实际上重新展现了自由的心灵与机械决定论的身体之间笛卡尔式的对立。在泰勒的体系中,工人代表身体,经理代表心灵。这种关系不是相互的,心灵控制身体但身体无法影响心灵。泰勒用被整理成理性规则、程序和准则的科学管理原理取代了笛卡尔蹩脚的松果腺，笛卡尔曾试图以之连接心灵和身体。既然时间就是金钱，那更快总是更好。"每个工人的工作至少在一天前就由资方完全计划好了，在大多数情况下，每个工人都会收到书面指示，其中详细说明他该完成的任务以及操作方法……载有预先计划任务的书面指示中详细说明要做的工作、怎样去做和做好所需的确切时间。无论如何，工人只要在规定的时限内正确完成任务，就能在通常的工资之外另加 30 - 100%。"泰勒在将工作原则应用于处理生铁的劳工时，毫不掩饰他对工人的鄙视，"这项工作的性质就是这样的原始和初步，作者甚至相信有可能把一头聪明的猩猩训练成生铁搬运工，它可能干得比人更有成效"。[16]

泰勒手书的教程取代了前工业社会中师傅向学徒传授经验法则和轶事传闻的口头传统。这种实践的形式化使得实践着的个体如他们所操作的机器部件一样可以被替代。博尔斯廷正确地指出，"科学管理使工人成为了一个劳动单位，它通过工人追赶技术潮流的能力来判断他的时效性，使得工人自己成为了一个可替代的部分。"[17]对于泰勒来说，机构记忆是非个性化的，能够下载在管理者管理的书面文件中。通过以非人格化替代人格化，泰勒赋予了系统相对于个人的优先性。如同查理·卓别林的经理们通过电视屏幕向员工传达消息，命令他们加速装配线，泰勒对速度的追求最终摆脱了控制，工人被机器消耗殆尽。

工业主义的"管理机制"像规训肉体一样规训心灵。当工业化同时分裂与整合劳动力和生产的时候，工业化的知觉也同时分散又集中了注意力。一方面，像火车、汽车、飞机这样的新型交通技术，以及全景图像、动画、电影等再现技术，在连续不断的表面图像通过模糊感觉造成了人们的注意力涣散。乔纳森·克拉里（Jonathan Crary）指出，这种凝聚力（gaze）的松动不是偶然的，而是资本主义逻辑所要求的。他写道："资本主义对转换和流通的加速，必然会产生这种人的感觉适应能力的问题，并制造出一种专注又分心的矛盾的制度。"另一方面，望远镜、显微镜和摄影器件通过将注意力集中在一个单独的对象或定格某一个特定的时刻，来集中注意力。这些技术的影响更多地体现在感觉发生的方式上，而不是感觉到的内容上。新的运输、生产和再生产技术带来的感觉和思想的工业化导致了一种矛盾的趋势，这一趋势通过当今的电子媒体和数字技术，会在感觉和心理之间产生张力。

尽管泰勒更强调对身体而不是精神的规训，但有效的科学管理需要重新安排人的注意力。工厂和装配线上的工人必须在不断重复同样的规定行动的同时，持续保持注意力集中。分心或者注意力不集中不仅会导致效率低下，而且可能导致事故并造成一系列严重的伤害甚至死亡。像莫奈画鲁昂大教堂（Rouen Cathedral）或者迈布里奇拍摄利兰·斯坦福的马一样，工厂工人不得不沉浸于无休止的流水生产线的零碎瞬间，而不去考虑它的整个过程。在克拉里贴切描述的"现代规训和景观文化"中，"自19世纪末以来，对制度权力来说重要的就只是感觉功能能在某种程度上确保了一个主体是有成效的、可管理的和可预期的，而且能够进行社会整合和适应"。[18]

对于工业社会来说，准时性在其他方面很重要。像火车、
工厂和装配线一样，工人必须按照严格规定的时间表来工作。

在工业革命早期，工厂工人经常每天工作10到16个小时，每周6天。工作时间的标准化和规范开始于19世纪初的劳工运动。1810年，罗伯特·欧文在英国提出了一个十小时工作制的要求。几年后，目标已经变成了8小时，工人们以"八小时劳动八小时休息八小时睡眠"的口号走上了街头。实际上在这方面美国落后于其他工业化国家。尽管工作时间过长在19世纪后半叶造成了劳资纠纷，但直到1884年，产业和劳工联合会（the Federation of Organized Trades and Labor Unions）才要求将八小时工作制合法化。这一运动在1915年1月5日得到了显著的推进，当时福特汽车公司将工作日的时间从9小时缩短为8小时，并且将每天的工资翻倍到5美元。一年之后，随着劳资纠纷的持续动荡，国会通过了《亚当姆森法案》（Adamson Act），该法案规定了八小时工作制，并为所有铁路工人的加班提供额外工资保证。这项法律是联邦政府第一次监管私营公司的工作时间，这证明了被组织起来的劳工日益增长的力量。1917年，美国最高法院维护了原判，从而保证了将这一法案扩大到了所有工人。[19]为了考虑后续章节的需要，必须强调与这些发展有关的两点：第一，时间私有化使个人生活日益规范化的同时，八小时工作制的建立限制了管理者对工人的要求。工厂老板和管理人员可能会坚持让员工在工作中提高效率，但是如果不付出额外的代价，他们无法合法要求工人们工作更长时间。第二，将一天的时间标准化地划分为劳动、休息、睡眠三部分，从法律上确认了休闲对于全民的重要性。在今天的后工业24/7/365社会，工作时间的限制和对休闲重要性的认可都已经消失了。

我注意到，工业化的不同阶段与不同的能源有关。从人力、动物和自然能源向化石燃料的转变导致了生活前所未有的加速。从 12 世纪到 19 世纪，加工率和生产率一直相当缓慢。但随着煤、蒸汽和铁的使用，速度迅速提升。而生产和生活速度的下一个转变加速，则是伴随着电力的广泛使用。不过电力再有用，也必须有效地生产和分配。即使在今天，大多数电力仍然是由化石燃料所驱动的电磁发电机产生的，这些发电机是在 19 世纪后期引进的。在接下来的几年中，电力变压器的发展使得以较少电流传输更多电压变得可能。当爱迪生推动直流电（DC）时，欧洲工程师更中意交流电（AC）。但人们关注交流电，则要到塞尔维亚裔美国籍电气工程师、物理学家、未来主义者和表演者（showman）尼古拉·特斯拉（Nikola Tesla）在 1893 年芝加哥世界博览会上推出交流发电机时。在 1880 年代末期，英国电气公司费伦蒂（Ferranti）在伦敦安装了一个交流发电站，并成功地向巴黎发电。乔治·威斯丁豪斯（George Westinghouse）在 1885 年访问伦敦时对这项技术印象深刻，他把发展交流电技术作为他自己公司的重中之重。一年以后，在马萨诸塞州的大巴林顿，距离我写下这些话的地方几英里远处，安装了一个交流配电系统，所有用于建立电网的部件都已到位，一开始只是建立起一个地方性的电网，很快它就变成了全国性的："通过允许多个发电厂在广泛的地区相互连接，发电成本得到了降低。最有效用的发电厂可用于在白天提供变动负荷（varying loads）。由于备用发电容量（stand‑by generating capacity）可以分享给更多的客户和更广泛的地理区域，因此可靠性得到了改善，资本投资成本降低。"1905 年，家庭电气化开始于电力铁路服务的城市和地区。到了 1930 年，约有 70% 的家庭有电；但在农村地区，情况却有所不同，农场的通电率只有 10%。[20]

不论是现代化的生产流水线还是后现代金融市场，没有电力都是不可能的。亨利·福特（Henry Ford）于 1913 年在密歇根州的高地公园（Highland Park）推出了他的生产流水线。虽然这种新形式的批量生产来自古斯塔夫斯·斯威夫特（Gustavus Swift）在芝加哥的肉类加工厂，这个工厂在厄普顿·辛克莱（Upton Sinclair）1906 年的小说《屠宰场》（The Jungle）中爆得大名，或者说，臭名昭著。但福特在 1930 年的评论里清楚地表明，他的灵感的最终来源是亚当·斯密的大头针工厂。他说："制造汽车，就是要把后一辆汽车造得跟前一辆一样，就是要把所有的汽车都造得一样，就是要让那些从一个工厂里造出来的汽车都一模一样；这就像一个大头针工厂里造出来的大头针都一模一样，或者一个火柴厂生产的火柴也都一模一样。"[21]福特认识到，规模经济使得控制有必要超出工厂车间范围。也就是说，"如同斯威夫特，菲利普·阿莫（Philip Armour）和其他肉类经销商试图通过铁路、流水线、冷藏车和仓库将肉类流通一体化一样，亨利·福特也梦想着从原材料到成品的一体化，虽然这从来没有完全实现。"[22]他将他的生产网络从密歇根州扩大到巴西的橡胶园。虽然橡胶生产的实验最终失败了，但密歇根州的努力被证明是一次惊人的成功。福特的创新取决于标准化和不断流动的生产线上可互换部件的合作，而这些生产线也是标准化的，并由遵循科学管理原理的可替代的工人们操作。到 1927 年，公路上行驶着 130 万辆 T 型车，流水线上则有 1500 万辆汽车源源不断地被生产出来。而每辆车的生产需要工人们完成 7882 次独立任务。[23]我有一张我父亲的祖父和祖母的照片，这张照片摄于 1912 年 6 月 23 日，他们当时在葛底斯堡战场的魔鬼穴（Devil's Den），正坐在一辆福特 T 型车上。这张照片是我最珍贵的宝物。

加尔文和艾玛泰勒在他们的福特 T 型车上，葛底斯堡战场魔鬼穴，1912 年 6 月 23 日

控制技术

生产方式的日益复杂和生产速度的日渐加快之间的联合，要求开发更有效和高效的技术和控制策略。从这一需求出发所发展起来的工业化和标准化的组织及运作原则涉及一系列转变，这些转变对所有其后的发展都起到了决定性作用：

从人到机器

从个人到系统

从口头到书面

从临时到标准化

从分散到集中

从分布到等级

从个人记忆到组织记忆

贝尼格令人信服地表明，传统上一直所认为的"工业革命"，实际上是一场"控制革命"（control revolution）。虽然他的做法是历史的而不是哲学的，但他所描绘出来的发展，就是对尼采所描述的权力意志（will to power）的转译。在整个工业革命中，物质和非物质流动依然是不可分割的。随着通信和信息技术的发展越来越复杂，生产过程也开始加快。19 世纪后半叶，一连串的新技术改变了人们从事商业和生活的方式。这些发明包括吸墨纸（1856），铅笔和橡皮擦以及钢笔（1858）、电报机（1867）、复写纸（1869）、股票行情自动收录器（1870）、现代键盘打字机（1873）、现代计算机（1887）和打卡制表机（1889）。贝尼格指出，"现代办公室和新兴的官僚结构所需要的一般性信息处理装置的主要组成部分，在工业化的最初几十年就出现了。录音或信息存储的能力随着速记法的系统化而增加，这体现在第一个专业的速记法杂志（1848）、办公室记录的系统化（1870 年代早期）和录音机（1885）。"[24]总而言之，这些技术创造了数据和信息生产、再现、存储以及搜索方面的革命，如同在车间和工厂中发生的变革一样。

将印刷革命从印刷机延伸到桌面，导致了信息生产和处理的新的可能。1827 年至 1893 年间，"印刷速度提高了 300 倍……哥伦布印刷机（Columbian press）于 1816 年在费城制造……与 3 世纪以前古登堡使用的手摇印刷机不同……到 1893 年，八色轮转印刷机（octuplet rotary power presses）可以每小时打印 96 000 份 8 页的副本"。[25]虽然打字机是手动操作的，但实际上仍是数字桌面出版的重大创新。克里斯托夫·拉森·肖尔斯（Christopher Latham Sholes）、卡洛斯·格里登（Carlos Glidden）和萨缪尔·苏尔（Samuel Soule）在 1868 年获得了打字机的专利，但直到曾制造过缝纫机和火器的雷明顿（Remingtons）进入了这个行业，这些产品才在商业上变得可行。1874 年至 1878 年间，只售出了 4000 台机器；然而，到了 1900 年，当其他像安德伍德（Underwood）这样的公司出现时，已经有 144 873 台打字机被购买。[26]新技术创造了对新工人的需求。从 1880 年到 1900 年，成千上万的速记员和打字员，其中许多是女性，进入了劳动力队伍。随着键盘计算器和打卡机的引入，对一类称为"计算员"（computers）的新类型工人的需求应运而生。另一个容易被忽视的发明使得信息再生产变得快速、容易和准确，这就是复写纸。在机械复制之前，文件必须手工复制，而手工复制非常缓慢，并缺乏一致性，且错误百出。当打字机和复写纸使得人手对于文件制作过程不再必要时，速度和准确性就大大提高了。到 1887 年，爱迪生发明了旋转式油印机（rotary mimeograph machine），十多年后，第一台复印机出现了，这台复印机就是施乐复印机（Xerox machine, 1960）的原型机。

　　由于文件累积速度已经超出了以往的任何时候，这也就需要新的存储和检索信息的方法。琼安·耶茨（JoAnne Yates）在她内容丰富的研究《通过交流来控制：美国管理系统的兴起》中指出，"世纪之交在文件储存系统方面的创新，其意义远没有得到如打印机、复写纸和复印机一样的承认。20世纪初，信件和其他文件在企业管理中起着越来越重要的作用。因为在19世纪后半叶，书面文件的获取远非易事……随着其他技术所支持的企业增长和系统化引发的内部和外部通信的增长，这一情况还在恶化。"[27]虽然这些数据以今天的标准来看似乎微不足道，但对于20世纪之交的人们来说，这样速率的信息流就如从乡村飞奔而过的火车一样让人目眩神迷。如果没有新的搜索引擎，能够让管理者们从海量的数据和信息所带来的混乱中理清脉络，迅速找到自己所需要的东西，那么工业就无法持续保持增长。在此期间的众多发明中，有两个脱颖而出，显得如此重要，这就是杜威十进制系统（Dewey Decimal System）和直立式档案（vertical files）。

杜威十进制系统是由美国的图书馆员、教育家和企业家梅尔维尔·杜威（Melvil Dewey）发明的。杜威毕业于阿姆赫斯特学院（Amherst College），他于1888年至1906年间任哥伦比亚大学的图书馆馆长。还在大学期间，他就创立了图书馆局（Library Bureau），"出售高质量的索引卡和档案柜，并建立了目录卡的标准尺寸"。[28]杜威建立的代码是基于十进制，由十个分类组成，每个分为十个分区，依次再往下分。该系统是分级的，书籍按升序排列，进一步细分按字母顺序排列。这种方法需要垂直的卡片文件。杜威还发明了悬挂的垂直档案，这是1893年在芝加哥世界博览会上首次推出的，也被称为世界哥伦布博览会（World's Columbian Exhibition）。

今天的人们已经很难理解，19世纪90年代用直立式档案取代平面档案的重要性。以前的文件系统占用了大量的空间，并且不容易管理。随着新的搜索方式的发明，抽屉和文件柜的发明占用的空间比箱子少，并且可以存储比以前的水平系统多10倍的文件。最重要的是，这种新的搜索技术可以快速地累积信息以备快速取得。虽然有多种排序原则可供选择，但只有三种被广泛使用：字母、时序和主题。新的复制和归档技术的结合，使得生产倍数的数据和文档副本得以可能，这些文档可以以不同的方式被存档。带有标签和分隔卡的卡片以及文件夹使获得文件更方便，也便于重新排列。信息的扩散清楚地表明，科学管理需要控制和分配信息，管理原则被整合组织进系统化的理论之中。正如管理工业生产流程的经理正式确定以书面规则将工厂工作的口头经验标准化一样，人们也努力发展一套书面程序来管理信息流，以使办公室工作标准化。这些规则编纂在从日历、时间表、表格、备忘录、通知到宣传册、手册和书籍的任何形式中，所有这些规则都是为了让部门、公司、企业甚至行业的生产和管理能够有序化。这些发展实际上导致了工业劳工和信息流程的程序化。标准化的规则和程序如同起到算法作用的代码一样，用于管理材料、劳动力、数据和信息。因此，并不意外的是，当计算从大型电脑转移到桌面电脑时，文件夹成为了信息组织的隐喻。

84

如今，更复杂的代码和新的搜索引擎创造了对新形式教育的需求。从19世纪40年代开始，商学院从职业和技术学校中兴起，正是在这一过程中，沃顿商学院于1881年建立，这是大学第一次兴办商学院。我们再一次发现，印刷革命和工业革命对于指导物质和非物质流动的作用是密不可分的。随着体力劳动者和信息工作者之间日益扩大的差距，笛卡尔的心物二元论被重新叙述。对系统管理工作和工作场所的信念，扩大了个人与制度之间的现代斗争，这一斗争开始于路德对天主教会的改革。

无论是用于控制工业生产还是再生产信息，系统、科学的管理都是基于亨利·梅特卡夫（Henry Metcalfe）于 1885 年在题为《商店订单系统》的文章中总结的原则。

其所建议的商店账户系统基于两个补偿原则：

第一，有一个权力的辐射中心，我们可以称之为办公室，由它来支配所有劳动或物质支出，不论是不是伪装的。这也是所有内部支出的基本形式。

第二，凭借这一权力，由办公室向周围网点传达所完成的工作的独立记录和产生的费用。[29]

在这种制度下，物质和非物质流动的工业管理包含一个通过反馈机制来管理的中枢等级式的指挥和控制系统。动力从中心流向外围，从上层流向下层。这种对管理结构的理解，揭示了一个意想不到的相似之处，这个相似之处存在于天主教会、产业资本主义、社会主义甚至共产主义的官僚系统之间。考虑到后续章节的分析，重要的是要注意到，这种集中式、自上而下的系统结构随着去中心化的分布式技术在后现代网络文化的消费和金融资本主义中的出现而逐渐崩溃，这让人想起新教的组织结构。

在整个工业革命期间，甚至到今天，驱动生产和再生产的动力都是不断寻求效率。耶茨认为，至少从 1910 年起，"系统、效率和科学就成为了商业世界的流行语……到了第一次世界大战之初，效率已然是一个被广泛认可的目标，而商业系统则被认为是实现这一目标的方法"。[30]效率不仅仅是私营企业的关注点，而且成为从市县到联邦层面各级政府的当务之急。1910年，总统威廉·霍华德·塔夫脱（William Howard Taft）任命经济与效率委员会筹划改革，以提高政府的效率。该委员会由弗雷德里克·克利夫兰（Frederick Cleveland）领导，他创建了纽约市的首批市政预算之一。克利夫兰和他的同事们研究了从纸夹、信封、文件夹和复印到打印、复制和分发文件的机械模式等所有内容。到那时为止，信息技术还包括窃听器、计算器、电话、电报甚至气动管道系统（pneumatic tube systems），这种气动管道系统是用于在办公室快速分发备忘录和指令，以及在商店中发放信用和销售收据。[31]委员会关于建立国家预算的建议被忽视了，但报告总结了新兴技术对于管理程序合理化和标准化的重要性，这起到了持久的效果。

86　　　　对效率的特别关注实际上是痴迷速度的表现。泰勒认为，他的研究的主要目的是，"通过一系列简单的例证指出，几乎所有日常行为中存在的低效活动，使整个国家遭遇了巨大的损失"。科学管理承诺通过减少生产时间以提高效率。为了赚更多的钱，有必要通过规划员工更快工作来节省时间。按照这样的逻辑，"最大生产力"就等于"最大繁荣"，泰勒总结说："如果上述推理是正确的，那么工人和管理层最重要的任务应该是培训和发展公司中的每个人，使他能够（以最快的速度和最高的效率）做与他自己能力相适应的最高级的工作。"[32]这么多年来，泰勒的制度的影响力并没有下降；事实上，如果真有科学和系统的生产管理，那么它在今天比以往任何时候都更强大。更快的总是更好，那么提高效率、加快速度的最好办法就是削减"冗余"。

4

网络购物

简约轻薄

87　　缓慢……快速。乡村……城市。我住在乡村和城市。在城市里，我的十三楼公寓俯瞰着圣约翰大教堂。我的公寓位于百老汇和保障性住宅区之间一个小街区的中间。在百老汇和103街的拐角处，有一个星巴克咖啡馆，依照最新统计，百老汇有10个星巴克，曼哈顿有255个，美国有12 781个，而全球58个国家则有19 435个。人们不会团聚在星巴克；按照雪莉·特克尔（Sherry Turkle）精妙的短语，他们"孤独地在一起"（alone together），只是没有沟通地凑到了一块而已。虽然这里距离保障住宅区只有一个街区之隔，除了很少的例外，我在这里见过的唯一一个有色人种是在柜台后面。这里很少有人交谈或者讲笑话；没有笑容；大多数时候放着重复的音乐。最常听到的声音是无休止的商业噪音和不间断的键盘点击。每个人都锁在一个高速无线网络上的快速电脑或iPad上，耳塞阻隔了所有不是来自他或她的个性化播放列表的声音。仅有的说着话的人

也只是对着空气说话。每个人都切断了与周围世界的联系，切断了同他人的联系，甚至切断了与自身的联系。病毒伴随着病毒，飘散到大地之上漂浮着的云中，变成了致命的毒药。我每天经过星巴克，但从不进去。⁸⁸

在百老汇和106街交界处以北三个街区的地方，有一个肯德基炸鸡店，这是曼哈顿仅有的九个分店之一，也是全球120个国家的18 000个分店之一。我经常去这个肯德基，而且我一般是那里唯一的白人。这个店里的人们几乎从来不在电脑上工作或玩耍，也很少在手机上聊天。大多数人都是小团体，他们在吃饭或等待订单时相互交谈。柜台上方，布隆伯格市长力推的卡路里表用大数字标明了出来，但却常常被忽略。在颠倒的食物经济中，你出的钱越多，得到的食物越少，而出的钱越少，你得到的食物就越多。一位同事曾经带我去 Per Se（译者注：纽约的一家米其林三星餐厅）吃午饭。十二道菜加上葡萄酒总共花费了980美元，但当我们离开餐厅时，我还饿着。而在肯德基，我用20块就买到一大桶十二块鸡肉、带奶酪的通心粉和四块饼干。店里几乎所有的人都超重。当我向朋友和同事坦承我经常去肯德基时，他们都惊呆了，但我告诉他们不用担心，因为我每天都在跑步。

瘦……胖。瘦很酷，胖则不好。但情况并不总是如此；想想彼得·保罗·鲁本斯（Peter Paul Rubens）笔下撩人的裸体。不久以前，胖还是成功、奢侈和闲暇自由的标志，但现在对许多人来说却是失败、贫困、被迫失业或就业不足的标志。胖早已经不是什么好名声，而成为一种流行的疾病或肥胖症。但也不是所有的胖都是一样的，有各种不同种类的胖：橄榄球运动员的胖，农民的胖，乡下人的胖，建筑工人的胖，白领的胖，食品券的胖，懒人的胖（couch‐potato fat），相扑的胖，佛像的胖，视频游戏的胖，快餐的胖。简言之，生活方式就体现在肉体中。运动员增加体重是为了获得力量优势；建筑工人的紧身衣是为了显得有男子汉气概；办公室工作人员和管理人员腰上松弛的肚子则是一种尴尬，必须隐藏在宽松的衬衫和上衣之下；

农民们强壮的胳膊和胸腔显示着他们的力量；肥胖的手臂、腿和躯干却是穷人们高碳水化合物饮食的代价；卷形布丁的胖是快乐的享受；喝太多啤酒，吃太多鸡翅，还要躺在沙发上看NFL，则会导致嗜睡症的胖。

瘦……胖。瘦很酷，胖则不好。但瘦也可以是平均值。不是所有的瘦都是一样的，有各种不同种类的瘦。有时尚的瘦，流线型的瘦，运动的瘦，模特的瘦，病态的瘦，厌食的瘦，致命的瘦。当史蒂夫·乔布斯不幸逝世的时候，苹果已经成为科技界的 CK（Calvin Klein），他的瘦则如同凯特·莫斯（译者注：Kate Moss，著名模特）一样。苹果令人惊讶的流行既是一种风格的流行，也是一种本质的流行。没有任何公司做得比苹果更薄（thin），也没有企业家能比乔布斯有更好的风格和表现感。他的时尚总是一样的：黑色高领、牛仔裤、跑步鞋和无框眼镜。这对于一个去 Atari（译者注：美国游戏机产商）进行自己第一次求职面试就穿着拖鞋的人来说，不大像是在扭曲他的形象。当他的老板阿尔科恩（Al Alcorn）把年轻的乔布斯派到慕尼黑来解决一个早期电脑的问题时，沃尔特·艾萨克森（Walter Isaacson）报道说："他让西装革履的德国经理很不爽。他们向阿尔科恩抱怨说，他穿得像一个乞丐，行为举止也很糟糕。"[1]

但是隐藏在衣衫褴褛的衣服和攻击性的气场之下的乔布斯，总是带有一种特别的风格，或者说是一种颇有智慧的审美，这种审美一度是非常现代主义但又精神肤浅的。这种审美是形式和极简主义的——剥离过多的装饰品以显露出纯粹的形式。平整，细长，流线型。不繁琐（heavy）而非常轻松（light），纯粹的轻松。乔布斯的审美实际上满是他青春期精神追求的痕迹；在他年轻时，他的精神憧憬引导着他去了印度，在那里他学习印度教和禅宗佛教。在回到帕拉奥图（译者注：Palo Alto，斯坦福大学和硅谷所在地）之后，他对自己在东方的生活反思道，"自那以后，禅就对我的生命有深刻的影响。有一阵我一直在考虑去日本，试图进入永平寺（译者注：Eihei - ji monastery，日本曹洞宗总寺），但我的精神导师力劝我留在这里。他说那里有的这里也都有，他是对的。我由此学到了禅宗的真理，禅宗认为，如果你希望环游世界以寻找一位导师，那么这位导师下一秒就会出现。"[2] 从机械到数字：禅和 iPhone 的艺术。

90

不过，虽然乔布斯是禅宗的信徒，但他也是安迪·沃霍尔（Andy Warhol）的追随者。安迪·沃霍尔的哲学与史蒂夫·乔布斯的哲学几乎相同。沃霍尔写道，"艺术之后就是商业的艺术。我始于商业广告艺术家（commercial artist），我也想终于商业艺术家（business artist）。在我做了一件所谓'艺术'的事情之后，我就进入了商业艺术。我想成为一名艺术商人或商业艺术家。在商业中获得成功是最迷人的艺术。在嬉皮士的时代，人们贬低商业理念，他们说：'钱不好'，'工作不好'，但是，赚钱是艺术，工作是艺术，好的生意就是最好的艺术。"[3]而嬉皮士乔布斯显然已经同时注意到了风格和金钱。在他的商业审美中，更薄的总是好过更肥的，而且更快的也总是好过更慢的。最成功的企业家是风格化和时尚的人，他们知道穿着修身的价值。市场增长总是伴随着更快的芯片，更快的处理器，更快的机器，更快的网络，更快的工人和更快的经理。对速度的关注导致痴迷于轻薄。

厌食症是一个被速度消耗，并且瘦身成为大产业的社会才有的症状。确实，瘦身已经变得如此时尚，以至于瑞典模特机构已经从全国最大的饮食失调恢复诊所招募新人才。该机构的首席医生阿娜－玛利亚·阿芙·桑德堡（Ana－Maria af Sandeberg）报告说，星探"一直站在我们诊所外边，试图挑选我们的女孩，因为她们很瘦。当这些女孩需要的是治疗时，这么做绝对是在发出错误的信号"。[4]厌食症在女孩和年轻女性中最常见，这些女生整天被苗条女性的美丽照片轰炸，以至于她们挣扎着努力改变抵触的身体。这种情况在女子长跑运动员中尤其普遍，她们减去过多的体重可以跑得更快。这导致了一个破坏性的反馈循环——她们减掉的体重越多，跑的速度越快，跑的速度越快，她们减掉的体重越多。随着加速度的提升，美好的身段几乎消失了。

有些人越来越瘦、越来越快的同时，另外一些人则越来越胖、越来越慢。产生过度苗条的速度文化也会产生过度的肥胖。似乎并非巧合的是，世界上肥胖问题最严重的两个国家，恰好是对新自由主义经济学原理贡献最多的两个国家——美国和英国。根据疾病控制和预防中心的数据，美国 35.7% 的成年人是肥胖的。与墨西哥裔（40.4%），西班牙裔（39.1%）和非西班牙裔白人（34.3%）相比，非西班牙裔黑人（49.5%）的比例最高。美国6－11岁儿童的肥胖百分比从1980年的7%上升到2010年的近18%。同样，12－19岁的青少年肥胖百分比从5%上升到最近的18%。[5]美国在工业化世界中的肥胖率一直领先，但最近英国已经赶上来了。一篇题为"英国体重危机几乎触及美国比例"的文章报道，"最新数据显示，三分之二的英国成年人超重，四分之一肥胖。三分之一的英国儿童肥胖。超过一百万是病态肥胖的，基本上，他们已经胖到可以爆炸出一阵脂肪球和苏打水了。"[6]多么滑稽的想法！

想要找出导致肥胖症流行的单一原因是不可能的，不过可以确定的是，最重要的因素之一是速度文化导致的静态生活方式。饮食习惯的改变加剧了这个问题。随着人们工作时间的增加，人们变得越来越忙碌，他们在家里准备饭菜的时间就会更短。今天，即使在经济困难时期，美国人平均每周也要出去吃四到八次。[7]虽然不是每个人都在快餐店吃饭，但是许多成年人和太多的孩子都吃得太随便。不出去吃饭时，他们也只是在微波炉中加热一些含有太多糖和盐的食物，因为这样做轻松便捷。儿童和青少年特别容易受到快餐食物短期或长期的健康影响。然而，无处不在的运行着视频游戏的电脑，以及装载了无数程序的无线电话，不断地巩固着这种食物的吸引力。玩魔兽世界、愤怒的小鸟或开心农场，同时吃着薯条和披萨，喝着超级含糖苏打水是诱人的，在文化上是可被接受的，但同时也是处方的灾难。快速电脑和快餐导致了另一个破坏性的反馈循环——孩子们越是坐在电脑屏幕前吃着垃圾食品，他们增长的体

92

重就越多，跑得也就越慢；他们跑得越慢，他们的体重就越多，他们就越是倾向于玩电子游戏，他们就变得更重。

胖……瘦，瘦……胖，慢……快，快……慢。更进一步的速度悖论在于：非物质化导致物质化——更薄、更快的机器产生更胖、更慢的身体，以及可能是更慢的心灵。

部门化

没有平板玻璃和窗户的现代性与现代主义是不可想象的，这两样东西预示着现在包围着我们的屏幕和 Windows。从玻璃火车站和百货商店的窗户到玻璃纤维电缆，现代建筑始于 1851 年在伦敦海德公园举办的万国展览会上，由约翰·帕克斯顿（John Paxton）设计的水晶宫。表现主义建筑师保罗·希尔巴特（Paul Scheerbart）在他写于 20 世纪之交的诗中阐述了许多艺术家和建筑师的观点，他们将玻璃视为新时代的象征：

> 没有玻璃的幸福——
> 多么荒谬！
> 石砖终消逝
> 玻璃恒永久。
> 颜色带来的喜悦
> 只在玻璃文化中才有。
> 比钻石还要大的
> 是玻璃房屋的双层墙。
> 玻璃带来了新的时代——

93

石砖的建筑物则令人沮丧。[8]

人们都被玻璃建筑（Glasarchitektur）吸引，因为它的薄、轻、透明度和泡腾现象。1907 年，阿尔弗雷德·戈特霍尔德·迈耶（Alfred Gotthold Meyer）宣告了通向新建筑的野心："追求轻盈是室内空间发展史上的主要推动力之一。"正如任何看过路德维希·米斯·范德罗（Ludwig Mies van der Rohe）的巴塞罗那德国馆（Barcelona Pavilion）或他的追随者菲利普·约翰森（Philip Johnson）在康涅狄格州新迦南市创造的玻璃屋的人所知道的一样，这样的玻璃建筑似乎在人们的眼前消失了，消失在光影游戏中，只留下映射的空间。

帕克斯顿没有那么雄心勃勃，而是更为低调。在设计水晶宫之前，他的专业是建造温室，但当被委托建造 1851 年伦敦万国博览会展览大厅的建筑师们未能完成任务时，当局委托了帕克斯顿挽救大局。结果就是一栋改变了世界的建筑。运输革命和商业革命以一种意想不到的方式，在铁、钢和玻璃中与帕克斯顿所带来的现代建筑联系了起来。其他建筑师和建筑行业从业者迅速借鉴他的设计为三种建筑创造了变革型结构：火车站、拱廊街和百货公司。火车站重新设置了城市规划，并且重新连接了人类的感知。沃尔夫冈·施韦尔布什（Wolfgang Schivel-busch）记录了德国移民洛萨·布歇尔（Lothar Bucher）对帕克斯顿玻璃建筑惊奇效应的回应："如果我们的目光慢慢向下移动，我们会先看到画成蓝色、相互分离的华丽的梁柱，之后慢慢靠近会发现，它们都叠加在了一起，然后我们的目光会被一条闪亮的光环打断，最后溶解在一个遥远而有形的背景中，在其中线条本身慢慢消失，只剩下颜色。"[9] 火车站在光影中的

94

消失，延展了现象淹没的感觉，这就像火车乘客们透过车窗看到飞驰而过的村庄和稍纵即逝的景色一样。

在水晶宫完成之前的几年中，黑暗蜿蜒的城市街道中，已经有越来越多的商店开始使用平板玻璃来展示商品。玻璃潜移默化地改变了交换关系。在早期的市场经济中，生产地点和销售地点往往是一样的。交易需要面对面的关系，通过面对面，生产者和消费者可以就商品的价格讨价还价。然而，平板玻璃使得商家甚至能在关门期间也可以通过精心布置的商品来吸引客户。布满了商品的窗口早在19世纪40年代就开始在美国出现，但直到世纪之交，窗口展台才成为一种艺术。从1897年到1902年，《绿野仙踪》的作者弗兰克·鲍默（L. Frank Baum）编辑了一本非常有影响力的月刊，叫作《展示窗》（*The Show Window*），其主要目的是推进"装饰和展示艺术"。通过使用机械设备和电子技术，鲍默寻求创造引人入胜的展示台，以他自己的话来说，"激发起观者拥有货品的贪婪和渴望"。[10]正如火车窗口中转瞬即逝的景象将真实的乡村消散进这瞬间的图像中一样，商店橱窗中的广告也将真实的产品融入了一个设计的场景中。窗口购物开始了一个漫长的过程，使图像脱离产品，最终成为在线"Windows"购物。

95　　　一面是火车站和商店橱窗之间的桥，一面是百货公司，这之间就是拱廊街了。将拱廊街的玻璃钢结构所包围的商店集群转变为百货公司，创造了那个在路易·菲利普（Louis Philippe）之后的瓦尔特·本雅明（Walter Benjamin）所称的"商品资本主义的神庙"（temples of commodity capital）。对本雅明而言，这些拱廊街之于现代性，就如同教堂之于中世纪——"梦幻之屋：拱廊街作为带有礼拜堂的教堂"。[11]1852 年，由 L. C. 布鲁伊（L. C. Boileu）和古斯塔夫·埃菲尔（Gustave Eiffel）设计的蓬·马歇尔商场（Bon Marché）在巴黎的开张仪式，标志着西方经济史上的新篇章。五年后，梅西百货（Macy's）在纽约开业，其他地方迅速跟进，其中最引人注目的是在费城（1861）和纽芬兰（1887）以及纽约（1887）的沃纳梅克（Wanamaker's）。由于邮购业务对于百货公司至关重要，所以约翰·沃纳梅克从 1889 年至 1893 年担任邮政署长看起来并不是没有意义的。1856 年，马歇尔·菲尔德（Marshall Field）离开了他的家乡马萨诸塞州皮茨菲尔德，搬到了芝加哥，在那里他找到了一份纺织品公司的工作。作为一个充满活力的企业家，他谈下了一系列交易，使得他的马歇尔菲尔德百货能够顺利开业，这家百货在 1868 年又被称为大理石宫。

回顾第一章关于工业化与现代主义关系的讨论，以及后面章节将要讨论的后工业主义与后现代主义之间的关系，值得重视的一点是，从沃纳梅克百货到巴尼百货商店（Barneys），在百货商店和现代艺术以及雕塑之间一直存在着密切的关系。安迪·沃霍尔的第一份正经工作就是橱窗设计师，他的第一次真正的展览也是 1961 年在邦威特·特勒百货公司（Bonwit Teller）的展示橱窗完成的，这次展览预言了"所有的百货商店都将成为博物馆，所有的博物馆都将成为百货商店"。[12]不过威廉·里奇（William Leach）的购物调查表明，沃霍尔的评论实际上更像是一个历史观察，而不是一个预测："不是博物馆，而是百货商店，成为了现代艺术和美国艺术第一个真正的赞助人。"他还说道："吉姆贝尔（Gimbel）兄弟，被 1913 年的军械库艺

96

术博览会鼓舞，成为了现代艺术最热心的支持者之一，他们购买了塞尚、毕加索和巴尔克斯的作品，并在辛辛那提、纽约、克利夫兰和费城的商店画廊里展出……而约翰·沃纳梅克，这个最会将他的商店作为'公共机构'做广告的人，毫不奇怪，也是艺术展览中最具创意的商人。他对博物馆混乱地把画作堆在墙上的方式感到遗憾，'这破坏了最好的事物能够带来的影响'，为了持续维持客户的兴趣，他经常把他在费城一个'工作室'里的个人收藏品拿到纽约门店展出，不用说这也包括他最喜欢的提香和透纳的作品，为了这些作品，他专门雇佣一个叫雷诺兹的警卫。"[13]这一持续关系的最新变化是，许多今天的博物馆正在通过使用可以买到的最时尚的建筑来完成沃霍尔的预期，也就是将博物馆变成百货公司和网上购物中心。

百货公司的发明是对工业化产生的需求的回应。为了销售大批量生产的商品，营销人员不得不刺激大量的消费。生产速度和生产效率的提高造成了供应过剩的问题。百货公司的设计是流水线结构的反映。正如大规模生产将机器分解为可互换部件一样，系统管理将劳动分解为均质单位，百货公司的科学营销也将产品分开销售到具有同质产品和固定价格的不同部门。换句话说，生产专业化导致消费部门化（departmentalization）。当这种部门化与固定价格的引入相结合时，结果就是交易的进一步抽象、量化和去人格化。生产者和消费者不再进行面对面的讨价还价，消费场所与生产场所分离，价格和商品一样标准化。虽然拱廊街和百货公司创造了一种新的公共空间，在其中特别是妇女可以自由地逛街，但她们几乎没有机会进行个人互动。在这种标准化的空间中，交易与生产产品和建筑空间的机

97

器一样机械化。当然，这些空间的效果仍然令人眼花缭乱。在 1883 年的小说《贵妇乐园》（*Au Bonheur des Dames*）中，埃米尔·左拉（émile Zola）捕捉到了百货商店里商品激增所产生的视觉效果，这无疑是 1960 年代时人们所描绘的"景观社会"（the society of the spectacle）的黎明。"德福尔热（Desforges）夫人看到到处都是伴着巨大数字的标志，其艳丽的颜色与鲜艳的印花棉布、明亮的丝绸以及柔软的羊毛材料形成了鲜明的对比。人们的头几乎消失在一堆丝带之中；法兰绒墙像岬角一样突出；各个角落的镜子映照着展台和摩肩接踵的顾客，使得营业厅看起来更加巨大；至于右边和左边，靠边的走廊让人瞥见堆积着白色货物的白色海湾，玻璃屋顶透进来的光线照进了那些来自遥远世界的针织物斑驳的深处，在这里，人群微小得仿佛仅仅是一些尘埃。"[14]

如果人们只购买他们所需要的东西，生产的齿轮就会停滞。刺激大众消费以吸收大规模生产的过剩产品，导致产生了一个新的行业——广告业。广告最重要的目的之一是创造出并非必需的欲望。1841 年，沃尔尼·B. 帕尔默（Volney B. Palmer）在费城开设了第一家广告公司。到 1849 年，他的美国报纸订阅和广告代理公司（American Newspaper Subscription and Advertising agency）声称代理了当时出版的 2000 份报纸中的 1300 份。[15]从它们产生的早期一直到最近的消亡，报纸和广告一直处于一种共生关系中。通过利用更快的打印技术，广告将商品推广到展示橱窗之外。吊诡的是，大量生产的商品的均质化导致了对产品差异化的需求。直到 20 世纪初，诸如薄饼、饼干、面粉和面包等大量销售的消费品，不会单独包装，也没有品牌

98

识别。虽然一些商人试用了标签包装，但情况一直没有改变，直到 1899 年，国家饼干公司（the National Biscuit Company）"发起了第一个百万美元的广告活动，旨在建立一个新的品牌标签的消费品——纳贝斯克饼干（the Uneeda Biscuit）。到 1913 年，国家饼干在美国工业中排名第 76 位……它还为其他公司提供了一个早期的榜样，即商标、消费者包装和国家广告如何可以用来实现对市场的完全控制，即使是处于危机中的行业"。纳斯贝克饼干的促销活动开启了广告业。1880 年全年广告支出总额为 2 亿美元，到 1904 年，这一数额已经上升到 8.21 亿美元，到 1917 年达到 16 亿美元。到目前为止，大多数广告已经交由专门机构来处理。[16]

随着品牌和广告传播的成功，百货商店试图通过打印商品目录来推广他们的产品。早在 1894 年，西尔斯罗巴克百货公司（Sears Roebuck）就已经开始分发 500 多页的商品目录；到 1897 年，商品目录的流通量达到 31.8 万。十年后，流通量是惊人的 300 万。西尔斯的主要竞争对手蒙哥马利沃德（Montgomery Ward），生产了一个 540 页的目录，促销 24 000 种商品。到 1927 年，西尔斯邮寄了 7500 万册目录，这相当于全国人手一本。[17]当然不是所有的营销活动都是如此雄心勃勃，有许多公司和商店开发了邮购项目，将业务拓展到实体店之外。显然，这整个分销网络依赖于可靠的铁路和公路运输系统，以及美国邮政局效率的提高。第一张邮票是在 1847 年发行的，但一个真正的国家邮政网络还要等到 1898 年推出乡村地区免费邮递。国会于 1901 年正式批准这一系统，到 1910 年，乡村免费邮递地区覆盖了 993 068 英里，包括 40 997 名邮递员。邮政包裹开始于 1913 年，12 个月后，年出货量就达到了 3 亿件。生产、营销、销售和分销网络的整合点燃了邮政业务的爆炸式增长，直到大萧条时期突然结束。[18]

这一时期开始发展的另外两件事造成了我们今天面临的许多问题：消费者研究和消费者债务。像现在一样，广告商会想尽一切办法往消费者头脑里塞东西。20 世纪初开发的新技术使我们有可能收集和处理有关客户偏好和选择的数据。早在 1879 年，贝尼格报道："艾耶尔（N. W. Ayer&Son）广告公司有一个潜在客户要求进行市场研究……在三天的时间里，艾耶尔根据打给整个谷物地带的政府官员和出版商的电报，汇编了一个关于打谷机市场的调查报告，他用这个跟尼古拉斯·谢泼德（Nichols - Shepard）免费换取了广告业务。"在接下来的二十年中，反馈技术发展了起来，使得广告商可以搜集数据以便客户在其营销活动中使用。现在喧嚣尘上的"大数据"——我们将在第七章中讨论——其起源可以追溯到 1910 年，当时哈佛商业研究所和全国零售干货协会开始尝试搜集销售统计数据。六年后，《芝加哥论坛报》开始挨家挨户地调查，这不仅使自己的销售受益，同时也使其潜在的广告客户受益。[19]有了这些数据，广告商就可以尝试说服消费者，通过花他们没有的钱，来购买他们不需要的东西。

为了花他们没有的钱，消费者需要信用。信用可以追溯到古代。在现代初期，本地商人和公司商店的信贷使用非常普遍，而工业化则给信贷和金钱带来了彻底的变化。如我们所知，今天我们所使用的信用卡直到 20 世纪 50 年代才出现，当时是以收费卡形式出现的，如大来卡（Diners Club）、美国运通卡（American Express）和布兰奇（Carte Blanche）。它们迅速成为了民族工业。到 1970 年，主要有两种信用卡：美国国家银行（后来的 visa 卡）和万事达/同业银行（后来的万事达卡）。直到 1980 年《货币管制法》（Monetary Control Act）和 1982 年的《加恩－圣杰曼存款机构法》（Garn－St. Germaine Depository Institutions Act）放宽了对信用卡的限制，信用卡才在美国变得普遍起来。

然而，早在 19 世纪，商人和消费者就以信用硬币和赊账卡作为货币，开发了特殊形式的信贷。到 1900 年，石油公司和一些百货公司已经开始使用专有信用卡从指定的公司或发卡的商店进行采购。[20]商店还推出了分期（lay－away）采购计划，通过将付款分割为几期，减轻了购买昂贵物品的负担。随着信贷方式的推广，金融公司逐渐出现以满足日益增长的需求。1904 年，富达信贷公司（Fidelity Credit Company）以购买公司和商店的分期付款合同为基础成立。信贷业务是由大型家电，特别是购买汽车推动的。"1917 年，有 40 家相当大的汽车财务公司，而到了 1923 年，数量增加到 1000 家，到 1925 年，这样的公司的数量超过了 17 000。"[21]通用汽车在 1919 年进入信贷业务，随后福特在 1925 年成立了环球信贷公司。在 1929 年的大萧条前夕，汽车贷款共计 13 亿美元，占所有消费债务的 20%。[22]

住房抵押贷款的发展则比较缓慢。"抵押"一词来源于法语短语"mort gage"，即"死亡合同"。这种协议在贷款已偿还或者财产通过止赎权被扣押的情况下终止。早期定居者从英国引进了这种抵押贷款的方式，这在英国可以追溯到 12 世纪。

不过清教徒们一直对借款和支出很谨慎。这种谨慎导致了整个国家早期对贷款的限制，一个五年期的贷款要求50%的首付在当时是很常见的。即使在大萧条时期，房主仍然不得不为一个只有五到十年的贷款支付30%的首付，以及8%的年率。在大萧条期间，住房市场和其他一切一样崩溃了，直到罗斯福总统和国会在1933年通过了《业主贷款法案》（Home Owners' Loan Act）才开始恢复。房主贷款公司（Home Owners' Loan Corporation）的建立为贷款提供了更为慷慨的条件：房价的百80%可以以5%的利息分二十五年还清。

尽管借贷的历史悠久，但工业化和大规模生产所创造的经济快速增长，才将这一实践带到了一个完全不同的层次。对于经历过大萧条的一代人来说，他们对债务避之唯恐不及；事实上，对许多以前的新教徒来说，债务是一个道义甚至宗教问题。德语词Schuld表明了债务的伦理重负，这个词同时意味着债务和罪行。[23]在今天，这样的信仰和实践已经成为了遥远的记忆。仅就当今如此过度的消费和金融资本主义而言，没有什么比改变对债务的态度起到的作用更大了。这一问题不仅限于个人财务，还涉及整体的经济体制。下至公司机构和个人，上至省市和国家，如果不超出自己的财力借贷消费，经济就会受到损害。然而，一旦这一刺激经济增长的过程到达某个临界点，就会反过来导致经济崩溃。

减负

在20世纪上半叶，不只是对金钱的态度在改变，随着信贷和债务的普及，货币本身也在经历着转型。20 世纪 80 年代和 90 年代，我与一群领先的建筑师弗兰克·盖里（Frank Gehry）、雷姆·库哈斯（Rem Koolhaas）、皮特·艾森曼（Peter Eisenman）、丹尼尔·里伯斯金（Daniel Libeskind）、斯蒂文·霍尔（Steven Holl）和伯纳德·屈米（Bernard Tschumi）等人进行了对话。这是一段建筑理论与实践特别活跃的时期。这些对话让我看到了一个崭新的世界，从中我学到了很多关于富有创造力的建筑师如何运用哲学思想的知识，以及他们如何处理艺术与金钱之间的复杂关系。到 20 世纪 70 年代和 80 年代初，电子和数字通信技术创造了一种被称为后现代主义（postmodernism）或简称为"pomo"的图像文化。与反映和表现了工业社会的现代主义相对，后现代主义从后工业的消费和信息社会中成长起来，并且形塑了它。后现代主义作为一个严格意义上的术语，来自于建筑界，它源于耶鲁建筑学院 1968 年召开的一个研讨会，以及随后基于罗伯特·文丘里（Robert Venturi）、丹尼斯·斯科特·布朗（Denise Scott Brown），以及史蒂文·伊泽尔（Steven Izenour）等人的课程所出版的著作《向拉斯维加斯学习》。但人们很快发现，这些专家的见解并不局限于建筑界，而是揭示了战后美国社会和文化的许多重要方面。文丘里和他的同事们已经看到新媒体和通信技术转变工业社会的方式。他们认为，拉斯维加斯大道正是现代工业的汽车文化与后现代后工业的媒体和信息文化相融合的地方。这一融合带来的结果，不仅是一个新的社会和经济制度，而且也体现在我们对现实感知的转变中。

1948 年，拉斯维加斯的人口还只有 4800 人；而到了 20 世纪后期，它成了全国人口增长最快的城市。曾在巴黎拱廊街和纽约百货公司发生过的事情开始在拉斯维加斯大街上实现。沿着这条大道，你可以看到眼前光怪陆离的现实。曾经以为是物质的东西，现在被揭示为不断流动的图像，是在赌场资本主义的大道上不断循环播放的符号。尽管文丘里的兴趣很广泛，但他的重点始终放在建筑上。沿着拉斯维加斯大道，建筑地基和结构消失在图像和符号中，这些图像和符号创造了让我们无法自拔的场所。文丘里调查了拉斯维加斯大道之后认为："符号103统治了空间。建筑则远远不如。相比于形式来说，空间关系更多地是由符号构成的，因此这种景观中的建筑变成了空间中的符号，而不是空间中的形式。建筑能规定的东西很少：在66号公路沿线，大大的标志和小建筑才是标准。符号比建筑重要得多。"[24]尽管现代主义将装饰品看作是一种愚蠢的行为，并且发展出一种似乎形式非常纯粹的建筑，但文丘里和他的同事们仍然提倡一种包含大量符号的建筑，这种建筑的装饰性表面吸收了其本质的结构。符号之于后现代主义者的重要性并不在于它们是原初的，而是因为它们是往昔岁月以及早期建筑的再生；换句话说，它们是符号的符号。在20世纪70年代出现的后现代世界中，想要从符号再生的死循环中逃脱似乎已然是不可能的了。

1966年，罗伯特·文丘里高调回应了玻璃建筑的核心命题，与米斯（Mies）的基础判断"少即是多"相反，他认为，"少即是无聊"。在一本名为《建筑的复杂性与矛盾》的书中，文丘里通过回顾新教的清教徒写道："建筑师不能再受到正统现代建筑的新教道德语言的威胁了。我喜欢的元素是混合而不是'纯粹',是折中而不是'彻底',是曲折而不是'直接',是含混而不是'明确',是偏执但又客观,是无聊但又'有趣',是传统而不是'新意',是包容而不是排除,是冗余而不是简单,是退化也是创新,是前后矛盾模棱两可而不是简单明了。我喜欢混乱蓬勃的生命力而不是整齐划一……多并不是少。"[25]文图里的宣言正中要害,其影响迅速超出建筑界。他抓住了时代的脉搏,跟上了时代涨落不定的节奏。其他建筑师——罗伯特·斯特恩(Robert Stern)、查尔斯·摩尔(Charles Moore)、迈克尔·格雷夫斯(Michael Graves)、詹姆斯·斯特林(James Stirling)、斯坦利·蒂格曼(Stanley Tigerman)很快开始跟随他,并开始创造出比功能网格和透明结构更像广告牌或沃霍尔丝网印刷品的建筑。后现代的建筑师们放弃了现代主义的创意梦想,把他们在任何地方找到的标语和图像都撕下来,贴在那些建造起来似乎就是为了被拆的建筑物外墙上。由于标志堆在标志上,图像叠在图像上,清晰让位于模糊,秩序落入了混沌。

我越是沉浸于这些辩论之中,就越是相信,现代工业主义与现代建筑有着密不可分的关系,同样,一方面后现代媒体与信息社会之间存在着密切的关系,另一方面这样的密切关系也存在于后现代艺术与建筑学之间。当股市在1987年10月19日崩溃时,我认为这些猜测已经得到证实。近年来,金融市场的频繁回暖使我们免于经受市场震荡的影响,但是在1987年,市场的急剧下跌使人们意识到,事情真的起了变化。在那个令人印象深刻的一天——自那以后,它被称为黑色星期一,回应了1929年的黑色星期二——道琼斯工业平均指数令人震惊地直降 508 点，下跌到 1738.74 点（下降了 22.61%）。崩溃的连锁反应（中国香港地区市场下跌 45.5%，澳大利亚 41.8%，西班牙 31%，英国 26.45%）显示，由于全球金融网络变得更加紧密，这一网络也更加不稳定。在崩溃的那一天，我在餐桌上对我的儿子亚伦说（他当时 15 岁，现在在金融界工作），"昨天是令人震惊的一天。""为什么？"他问。"因为数十亿美元在一瞬间就消失了。"他回答说："它们去哪儿了？"就像这样的情况一样，似乎简单的问题才是最困难的。停顿了一会儿，我意识到我没有答案。犹豫了一阵儿，我结结巴巴地回答说："嗯，我猜他们一开始就不在那里。""那问题是什么呢？"[105] 亚伦回答。

　　恰好两个月后，当奥利弗·斯通的电影《华尔街》上映时，我更加困惑了。虽然迈克尔·道格拉斯（Michael Douglas）一般会因为他对贪婪的赞美而被记住（"贪婪是好的，贪婪是正确的，贪婪是有效的"），但他在电影中扮演的角色，戈登·盖柯（Gordon Gekko），在一个影射的场景中展示了 20 世纪 80 年代疯狂的市场。两个沉默的演员构成了这个场景：建筑与艺术。盖柯的办公室和房子，布满了五颜六色的画作，看起来像经典的理查德·迈尔（Richard Meier）白色派的建筑结构。这部电影的经典桥段是查理·辛（Charlie Sheen）饰演的盖柯的年轻跟班巴德·福克斯（Bud Fox）与盖柯的一次冲突。巴德得知盖柯计划接管他父亲长期工作的航空公司，然后再解散并卖掉这个公司。在他不顾一切地努力跻身上层社会的过程中，他不得不背叛他的蓝领父亲，暗中告诉了盖柯一些内幕消息，使得盖柯可以操纵航空公司的股价。然而出于对背叛父亲的愧疚以及对盖柯两面三刀的愤怒，巴德闯入他老板的办公室，并打断了与日本投资者的重要会议。在一番激烈的争执之后，盖柯以如下这番话回应了巴德的质疑，揭示了他和那些所谓的大玩家们（master of the universe）攫取这个世界的方法。

"说来说去都是向钱看齐，其他的都只是些题外话。老兄，你还是总裁，好吗？时间一到，你靠着保障条款就等着发财吧。照你所能赚的钱来看，你父亲这辈子都不用再工作了。"

"你告诉我，戈登，这一切何时才会结束？你一次能坐几艘游艇？你要赚多少钱才够？"

"这不是够不够的问题，这是场非赢即输的游戏。金钱本身并没有输赢，只是转手了而已，就像魔术一样。十年前我以6万美元买下这幅画，今天我可以60万卖出。幻觉变成了现实。而越是现实，他们就越是爱得死去活来，这就是资本主义的美妙之处。"

"你要赚多少钱才够，戈登？"

"国内前百分之一的富翁，拥有这国家一半的财富。5 000 000 000 000美元。三分之一来自卖命工作，三分之二来自继承遗产。在利滚利之下，就连寡妇和白痴儿子都能发财。我是做什么的呢？炒房地产，投机股票。这是胡说八道。百分之九十的美国人，不负债就已经偷着笑了。我是不创造任何东西，但我拥有。朋友，我们是制定规则的；新闻、战争、和平、饥荒、动乱、回纹针的价格。我们从帽子里变出兔子，而大家只会坐着惊讶发生了什么。你不会天真到以为，我们是生活在民主国家吧，小朋友？这是个自由市场，而你也置身其中。"[26]

在一个多并不是少的世界里，"足够"永远达不到。1987年的自由市场所经历的这些，对于20世纪初的工业巨子们来说是难以想象的。

误读了十月这一天决定性意义的人并不只有我一个。在崩溃之后的一周，来自不同国家的33位著名经济学家聚集在华盛顿，自信地预测，"未来几年可能是20世纪30年代以来最萧条的。"[27]但是，正当我认为世界的轴心已经转换了的时候，一切事物都以意想不到的速度恢复了正常。道琼斯指数虽然两年内都没有再达到8月份2722点的高位，但在1987年的开年是1897点，到了年末上涨到了1939点。事实证明，亚伦是正确的，专家和我错了——没有什么值得担心的。我对这些令人不安的发展思考的时间越长，我越信服真正重要的不是什么事情必将发生，而是事实上似乎并没有什么事情发生。亚伦的问题使我陷入深思，我意识到我既不知道金钱到底是什么，也不知道它存在于经济的何处。我所知道的是，如今连金钱也是非物质化的；它也正在减肥，并且越来越透明。

然而事实上，货币在其漫长而令人惊讶的历史中一直是非物质化的，这一历史始于希腊神庙，结束于今天的金融神庙，在这个神庙中，全知、全能、全善的市场的信徒崇拜着他们的虚拟货币。这段历史轨迹的特点是货币交换的逐步去物质化：人→动物 →商品→贵金属→纸→电流→数据，信息→电子货币→虚拟货币。"钱"这个词来源于朱庇特（Jupiter）的姐姐和妻子朱诺·莫内塔（Juno Moneta，亦即赫拉）的绰号，她以其

107

警示（monitory）（警示者）的故事而闻名。罗马硬币就是在朱诺·莫内塔的神庙里铸造，也是从此开始，铸币就经常在神庙里进行。其他词源学线索还表明了金钱与牺牲仪式之间的联系。霍斯特·库涅茨基（Horst Kurnitzky）指出，"德语的 Geld（钱）意味着或多或少的'牺牲'[牺牲（Opfer），源于英语]……在8世纪，这个词语的动词 gelten 意味着牺牲。"[28]希腊语的 drachma，这是一个常用的硬币的名字，曾经用来指定少量献祭的肉（oblos），拉丁语 pecunia（英文，"金钱"，pecuniary），源自于 pecus，这个词在拉丁文中是牛的意思，指的是献祭给神的牛。这些语言线索表明，在许多形式中，宗教涉及牺牲的经济、信徒与神的关系是由他们交换的货币建立起来的。

在这个牺牲的经济中，货币有两个流动方向：从信徒到神，以及从神到信徒。宗教仪式建立了一种交流制度，在这个制度中，奉献者通过提供献祭以从神那里获得保护和利益。在宗教发展的早期阶段，这些奉献往往是以人类或动物作为牺牲的。不过最后还是引入了替代物。一开始通常是由贵重金属制成的牺牲动物的小仿制品，随后则是将带有动物图像的硬币献祭给神。随着仪式的正式化，祭司和其他宗教政治领导人逐步规定了交换物品。第二章讨论的形状像硬币并且刻有铭文的团契标志（communion tokens），就来源于这些早期的做法。

将金银当作货币使用在美索不达米亚地区最早可以追溯到公元前24世纪，当时国王和宗教当局统一了度量衡，并确定了白银商品的价值。贸易记录提供了埃及也有类似制度的证据。但贵金属的稀缺导致了一系列替代品的使用，这些替代品变得越来越非物质化。从当今电子货币的角度回顾，一个颇有启发意义的发现是，从很早的时候起，金钱和电之间就有一种奇怪的关联。最常见的替代品是金和银的合金再加上一些微量的铜，被称为银金矿（electrum）。银金矿的颜色是淡黄色，其名称是希腊语 electron（天然金银合金）的拉丁文翻译，由于颜色相似，这个词也被用于称呼琥珀。英语单词"电子"和"电"就来源于"electrum"。Electrum 通常被称为白金，早在公元前 3000 年就被用来制造硬币。[29]

最早将贵金属当作金钱使用的时候，其价值是以重量来衡量的。但这种做法被证明并不切合实际，因为保护和运输大量的金属太过困难。因此，它最终被印有符号和印章的硬币取代，这种硬币通过发行机构的权威性以确保价值。价值由此不再取决于物体实际的量，而是由象征和符号决定。虽然这种做法在今天得到了延续，但金属货币的其他一些缺点导致了纸币的使用。我注意到，纸币起源于公元 7 世纪中国的唐朝，但直到 14 世纪才出现在欧洲，当时意大利商人采用了汇票以促进日益增长的国际贸易。在热那亚和威尼斯，黄金存款的收据开始流通，而当这种收据被签名，就起到了货币的作用。大约 14 世纪左右，佛罗伦萨的银行和信贷发生了爆炸式的扩张。随着贸易的扩大，汇票的使用也逐渐流行，从而形成了日益一体化的国际市场。在中世纪，汇票被用来提前购买当天的期货和期权。在最基本的交易中，例如，商人也许会在农产品丰收之前就购买农民的农产品，然后在其他的市场上向其他商家出售汇票。卖方，比如农民，能够马上收到货款，买方则会在合同到期时以其市场价格收到产品的付款。随着欧洲市场和定期

109

集市的发展越来越集中，汇票促成了日益融合的欧洲市场的国际金融支付。随着货币的重量下降，交易的速度在上升。

美国的货币历史很复杂。马萨诸塞湾殖民地是第一个在15世纪90年代初发行纸币的地区，在18世纪的大部分时间里，13个殖民地都各自发行自己的钞票。纸币的发明并没有使贵金属的使用消失；相反，纸币的价值取决于它与黄金和白银的关系。1792年的《铸币法案》（Coinage Act）授权发行美元，并以精确数量的黄金确定美元的价值。与美元所模仿的西班牙银元不同，国会建立了十进制的货币单位。正如我们将在第八章中看到的那样，西班牙货币是基于八进制所建立的，这个系统直到几年前，还被像纽约证券交易所这样的金融交易所使用。在新的美国货币体系中，纸币的作用就像一种语言符号或能指（signifier），其价值取决于其与实体或所指（signified）（某物）的关系。然而，任何标志与其所指物之间的关系总是脆弱的，在整个历史上，一旦急需更多的钱，这种联系就会被削弱或者破坏了。比如，战争是非常昂贵的，为了打仗就需要通过借贷或者通过鼓励金银的生产，让印钞机运行得更快。当资助革命战争需要更多的钱时，大陆会议就开始发行纸币，这就是所谓的大陆币（Continental currency）。而最近伊拉克和阿富汗战争的经费，则是这个漫长故事的最新一章。

美国的国家银行体系建立得也很缓慢。国会在1791年授权建立美国银行，并授予其营业权，其营业权延续到1811年美国第二银行成立。虽然这些银行是私人的，但政府授权他们发行纸币。联邦银行被证明非常不受欢迎，出于对西部和土地利益集团的顺从，安德鲁·杰克逊（Andrew Jackson）于1832年撤销了该银行的联邦特许状。这一行动导致了"自由银行时代"，到1860年，约有8000家州立银行正在发行"野猫"（wildcat）或"破产"（broken）纸币，面额从半分到两万元不等。当内战爆发时，国会再次授权印刷没有金或银支撑的货币。这些货币被称为绿背美钞（greenbacks）。同时，南部联邦也在发行自己的货币。以经济战争推动军事事业，联邦政府试图通过发行假币来削弱南部联邦的货币。国家银行体系直到1863年才得以建立，当时林肯总统劝说国会通过了《国家银行法》（National Banking Act），建立了新的国家银行发行统一的国家货币。正如金本位制在独立战争后重新确立一样，纸币和贵金属之间的联系也在内战后重新确立。

今天的纸币采取联邦储备券（Federal Reserve Notes）的形式。1913年，《联邦储备法》（Federal Reserve Act）"创建了联邦储备系统（Federal Reserve System）作为国家中央银行，以规范货币和 信贷流动，保持经济稳定和增长。1914年，联邦储备银行以发行联邦储备券作为联邦储备系统的直接义务。他们取代了国家银行券作为纸币的主要形式"。[30]纸币再一次与黄金联系了起来，但是这种联系随后也再一次被两次世界大战摧毁。

无论是在办公室管理还是在银行交易中，纸币都是工业和后工业时代之间的桥梁。位于马萨诸塞州道尔顿市（Dalton）的克兰公司（Crane & Company），两个多世纪以来都在为美元提供印钞纸。史蒂芬·克兰（Stephen Crane）于1770年创办了这间公司，并向革命战争时期的保罗·列维尔（Paul Revere）出售了纸张，保罗·列维尔是一位雕刻家，印制独立战争期间美国殖民地的第一批纸币。1806年，克兰开始为本地和地区的银行印制纸币，并最终成为了联邦政府的纸币印刷商。美国雕刻与印刷局于 1879 年奖励了克兰公司生产印钞纸的合同，该公司自那以来一直是印钞纸张的唯一提供者。[31]2002 年，克兰公司从瑞典银行收购了瑞典雕刻印刷局。瑞典雕刻印刷局成立于 1755 年，负责印制瑞典纸币，时至今日这仍然是其主要业务。第一张欧洲纸币就是由瑞典银行的前身斯德哥尔摩银行（Stockholms Banco）于 1661 年发行的。

革命复革命，革命何其多。所有这些革命，从保罗·列维尔到卡尔·马克思到亚伯拉罕·林肯到杰克·肯普（Jack Kemp）再到罗纳德·里根，都是以纸币的形式发生的。很难想象肯普、里根和马克思会有什么共同点，但他们都对不兑现货币（fiat money）感到担忧，被黄金吸引。他们都认为，黄金是一个安全锚点，可以作为稳定经济的基础。马克思总是担心黄金的消失和金钱的损失会对经济产生不稳定的影响。他指出，"流通过程的自然倾向是要把铸币的金存在变为金假象，或把铸币变为它的法定金属含量的象征。这种倾向甚至为现代的法律所承认，这些法律规定，金币磨损到一定程度，便不能通用，失去通货资格。"名义价值和实际重量的分离区分了两种金币，"使铸币的金属存在同它的职能存在分离"。这个发展，马克思警告说，"可以用其他材料做的记号或用象征来代替金属货币执行铸币的职能"。[32]而当黄金都兑现成货币符号时，没有什么可以阻止货币当局任意打印纸币，直到它变得像打印的纸一样毫无价值。

尼采与马克思一样关注货币重量的丧失，但他还认识到，无实体的符号带来的影响远远超出了经济领域。没有什么比真理在货币交换时所冒的危险更大了。"那么，什么是真理呢？"尼采问，"一个由隐喻、转喻词和神人同形论所组成的机动军队——简而言之，就是一系列人与人之间关系的集合，这些关系已经诗意地、修辞地得到了改进，转换和修饰……；真理就是一些关于人们早已忘记了是什么的东西的幻象；隐喻已经耗尽，没有了感性的力量；金币也丧失了它所依托的环境，仅仅作为金属还能值点钱，早已不再是金币。"[33]尼采来自一个世代皆是路德教牧师的家族，他之所以如此有名当然是因为他关于"上帝死了"的宣告。然而，人们往往没有注意到的是，"上帝自己已经死了，多么悲伤，多么恐惧"这一说法最早出自约翰·冯·里斯特（Johann von Rist, 1607 – 1667）所撰写的路德宗的耶稣受难日赞美诗，黑格尔在他的巨著《精神现象学》（*Phenomenology of Spirit*, 1807）也引用了这一说法。尼采对真理和金钱的嘲笑表明，他对上帝之死的理解可以转化为经济学概念。对于真正的信徒来说，金本位制的崩溃就相当于经济领域的上帝之死。黄金如同上帝一样，是在一个确定性和安全感逐渐消失的世界中被创造出来提供确定性和安全感的幻象。就语言学术语来说，黄金和上帝是这样一种符号，它们被构造出来就是为了否认它们作为符号的地位，以此来为所有其他的符号奠定意义和价值的基础。然而，这些基础是可疑的，因为附着于黄金和上帝的价值才真的仅仅是信仰行为的表达。上帝和黄金就算是有价值的，也仅仅是因为人们关于它们的一些不牢靠的信心。对于经济和宗教事务，最重要的就是信仰。这是一个骗取信任的游戏。

　　内战爆发后几年间的标志性事件，就是在黄金支持者（被称为金本位制）和白银支持者（金银复本位制）之间展开的激烈争议。这场争论，在威廉·詹宁斯·布莱恩（William Jennings Bryan）和威廉·麦金利（William McKinley）1896 年的选举竞争中达到了顶点，直到 1900 年《金本位法案》（Gold Standard Act）决定支持金本位制，才得以平息。金本位制一旦建立起来，直到 1973 年才永久崩溃。第一次世界大战造成的财政困难迫使大多数国家暂停金本位制——而在 1931 年，英国央行因为没有足够的黄金储备来维持兑换，被迫让英镑浮动，造成了国际金融市场的动荡。但美国一直坚持金本位制，直到 1933 年罗斯福总统被迫停止金本位制至二战结束。

第二次世界大战结束之前，国际货币体系已经非常明显地陷入了无望的混乱当中。从 1941 年开始，盟国举行了一系列会议，为战后制定经济计划。这些讨论最终以 1944 年布雷顿森林协议的签署告终，这一协议由代表英国的约翰·梅纳德·凯恩斯和来自美国的哈里·德克斯特·怀特（Harry Dexter White）所构思。除了建立国际货币基金组织和世界银行之外，布雷顿森林协定还重新修改并恢复了金本位制。参与国承诺以协定的比例确定同美元的汇率，美元的价格则被确定为每盎司黄金 35 美元（今天的黄金价格已经超过了每盎司 1000 美元）。美国有义务在任何一个国家需要的时候，以固定的价格兑换黄金。

这一体系维持了全球市场三十年的相对稳定。然而，到 20 世纪 60 年代后期，随着美国的经济和政治问题以及国际形势的不断变化，美元已无力承担世界经济的支柱角色。虽然欧洲经济正在蓬勃发展，但美国由于在越战中陷入僵局，以及林登·约翰逊总统的"伟大的社会"计划需要资金，正面临着越来越多的经济问题。20世纪70年代初石油危机不断加剧又进一步激化了这些困难。数十亿美元——又被称为欧洲美元（译者注：指那些在欧洲各国商业银行的美元存款）——积累在海外，并迅速成为全球市场投资资金的来源。到1971年，外国机构持有的美元价值超过美国可用黄金储备的两倍。此时，在布雷顿森林建立的国际经济所依赖的金本位制彻底失效。1971年8月15日，尼克松总统暂停金本位制，美元贬值。财政部长约翰·康纳利（John Connally）和负责货币政策的副部长保罗·沃尔克（Paul Volcker）设计了管理汇率的计划。到1973年，美国再次贬值美元，固定汇率制度崩溃。货币被允许自由浮动，历史上第一次，世界上的所有货币都成为了法定货币。

正如马克思和尼采所预期的那样，这种经济发展对于如何确定意义和价值有重要的意义。正如我所说，金本位预设了一种价值的指示关系，货币价值或货币符号的价值都取决于它们与实体黄金的关系。一旦货币或者符号丧失了与黄金的联系，符号就不再代表任何实质的或现实的东西。通过暂停固定汇率和金本位制，尼克松制定了一种允许货币浮动的新制度。随着这种制度的发展，货币符号的价值取决于与其他货币符号的关系。换句话说，符号并不代表任何真实的东西，而只是其他符号的符号。在这一点上，经济就像后现代建筑和艺术一样，成为了一种仅仅围绕着自身的无止境的符号游戏。1973年，金本位制终于中止，提供新闻和财务数据的路透社，安装了第一个国际外汇交易电子系统。货币彻底的去物质化，成为了实在的电流，也就是变成电荷在流动。随着金本位制的停止和国际交易电子系统的引入，时代适时地进入了下一个资本主义阶段——金融资本主义。但在这之前，世界必须先接入网络。

5

网络化

连接全球

今天的网络革命始于 19 世纪发明的电报和遍布世界的电
报线。我的妻子丁尼（Dinny）和我在丹麦哥本哈根度过了
1971－1972 学年，在那里我写了关于索伦·克尔凯郭尔（Søren
Kierkegaard）的博士论文。我用了一台小型便携式打字机和复写
纸，因为我们付不起打印 500 页手稿的费用。在这一年中，我
们通过信件与美国的家人沟通。我们写的内容要适合蓝色轻型
航空邮件（blue lightweight aerograms），这种邮件通常需要大约一
个星期才能到达。但这相对于 19 世纪的邮寄服务已经是一大
进步，当时邮寄海外的船只一般需要六个星期或更长时间才能
到达目的地。那一年我只与在家里的父母通过两次电话，一次
是我父亲打来电话告诉我，我母亲身患中风，另一次是我打电
话给我父亲，告诉他回家的航班信息。我们没有私人电话，所
以要打电话我们只能去当地的邮局，在那里把号码给管理电话
的人，然后等电话接通后，他再通知我们去一个小电话亭通话。

70 年代初的世界正处于网络革命的边缘，虽然这在当时还并不明显。此后这场革命将以惊人的速度传播，并迅速改变一切。

理查德·约翰在他透彻而翔实的著作《网络国家：美国电信的发明》中，记录了国家连接的早期历史。他解释说："美国长久以来一直拥有一套足以令它自豪的完整设施，这些设施可以远距离、高速度地稳定有效地传递信息。1840 年，邮政将数千个地方联系在一个全国性的网络中，而光学瞄准线（line-of-sight optical）或者光学电报加强了这个国家里最大的几个港口的船岸联系。到 1920 年，美国已经融入了全球电报网络，并以自己拥有世界上最大和最密集的电话交流系统为荣。"[1]但并不是每个人都认为国家网络是进步的标志。正如梭罗对速度在人类交流中起到的效果抱有怀疑，他也担心电报的影响。梭罗的担忧听起来就像一个担忧儿女沉迷于推特的父母一样，他观察到："我们的发明通常只是漂亮的玩具，它只会分散我们关于严肃事情的注意力。它们对毫无改进的目标提供一些改进过的方法……我们急匆匆地从缅因州修一条磁力电报线到德克萨斯州；可是从缅因州到德克萨斯州可能根本就没有什么重要的电讯要拍发。仿佛主要的问题是要说得快，而不是说得有道理。"[2]

沿着火车轨道架设的电报线用于传输消息和信息，使火车能够以最快的速度按计划运行。威廉·库克（William Cooke）和查尔斯·惠斯通（Charles Wheatstone）于 1837 年 5 月获得了第一批商业电报的专利权，并且于一个月后在伦敦成功地展示。一年前，塞缪尔·莫尔斯（Samuel Morse）和阿尔弗雷德·维尔

（Alfred Vail）开发了电报，这种电报被证明优于五针式设备
（five – needle device），这种五针式设备只能使用 20 个字幕，因此
不得不去除 6 个字母。为了克服这个限制，莫尔斯设计了一个
由点和破折号组成的代码，旨在实现最大的效率和传输速度。
1842 年，莫尔斯劝说国会拨款 30 000 美元资助从华盛顿特区 ¹¹⁸
到巴尔的摩的实验电报线。两年后，他从美国最高法院向巴尔
的摩与俄亥俄州发电站发送了一条消息："神所造的！"（民数
记 23:23），这便是电报的第一次公开展示。最初，一些人认
为电报似乎只是一个无用的玩具，而另外一些人则认为电报是
魔鬼的黑魔法。但它的实践价值很快就彰显了出来，它不仅改变
了运输和通信，而且革新了新闻采集和传播、商业和金融。

电报系统在欧洲的发展不同于美国。在欧洲，电报更像今
天的社交网络。它被认为是公用设施而在 1869 年被并入邮政
系统。相比之下，在美国，西联（Western Union）在 1870 年之
前就对电报业务进行了事实上的垄断。汤姆·斯丹迪奇（Tom
Standage）引用了一位 19 世纪的评论员的话，这位评论员将美
国电报系统描述为"主要是商业系统；百分之八十的消息都是
商业事务……电报经理知道他们的企业客户想要最快速和最好
的服务，并且更关心速度而不是费用。因此，欧洲和美国在电
报系统上的巨大差异体现在，［在欧洲］电报主要用于社会通
讯，而在美国则由商人用于商业目的"。[3]无论是用于个人还
是商业目的，电报启发了很多人的乌托邦梦想。当时的技术爱
好者就像马歇尔·麦克卢汉（Marshall McLuhan）一样，宣布电
子技术的传播将带来地球村。1858 年，后来的英国驻美国大
使爱德华·桑顿（Edward Thornton）口若悬河地谈论着电报所可

能带来的太平盛世，"当世界各国的人们都能不断充分的交流，和平不是水到渠成吗？……蒸汽〔动力〕是科学给我们提供的第一根橄榄枝。然后出现一根更有效的橄榄枝——这神奇的电报，它使任何一个可以接触到电线的人，都能与世界各地的同胞瞬间进行交流"。他的结论是，电报线是"国际生活的神经，传播事件的知识，消除误解的原因，并且将会促进全世界的和平与和谐"。[4]

在接下来的几年中，全球都被联系了起来，电报系统成为商业、金融的中枢神经系统，也日益成为个人通信的中心。到1907年——我父亲于这一年出生，毕加索在这一年画出了他的名作《亚威农少女》（Les Demoiselles d'Avignon）——一位来自《华尔街日报》的记者用电话而不是电报评论了一番，这番评论实际上预言了 iPhone 这样的东西的产生，"有一天电话将成为随身携带的物品，它可能会像笔记本一样放在口袋里，不论人们是走在拥挤的大街上，行进在阴影中的小溪旁，还是躺在沙滩上，人们都可以与千里之外的杰出人物沟通或者控制千里之外的大量事务"。[5]

到了19世纪70年代初，斯丹迪奇所说的"维多利亚互联网"正在成形。第一条跨大西洋海底电缆于1857年至1858年间铺设完成，成为了一个半世纪以后万维网（World Wide Web）的雏形。出生于马萨诸塞州斯托克布里奇（Stockbridge, Massachusetts）的塞勒斯·韦斯特·菲尔德（Cyrus West Field）和莫尔斯在纽芬兰的圣约翰斯（St. John's, Newfoundland）和新斯科舍省（Nova Scotia）之间铺设了四百英里的电报线，与美国线路相连。一年后，他们成立了美国电报公司（America Telegraph Company），并开始制定跨大西洋电缆的计划，这条电缆将在纽芬兰和爱尔兰之间运行。在太平洋中央铁路公司（Central Pacific Railroad）和太平洋联合铁路公司（Union Pacific railroad）决定在犹他州海角峰（Promontory Summit）创建第一条横贯大陆的铁路的九年前，1858年6月28日，阿伽门农号帆船和尼亚加拉号帆船在大西洋中部相遇，船员将各自的电缆拼接在一起，创建了第一条跨大西洋的电报电缆。这条电缆第一天就失灵了，在1859年8 ¹²⁰月16日传出第一条信息之前经过了多次修复。有了这个连接，对技术乌托邦的可能性的信心变得全球化了。在这条电缆上传出的第一条信息是"荣耀归于最高的上帝；在地上，愿和平与善好伴随人"。维多利亚女王向詹姆斯·布坎南总统发送电报，表示希望这种新技术能够提供"两国之间更进一步的联系，这种联系建立在两国共同利益和互惠尊重的友谊基础上"。布坎南总统回应说："这是一场更加光荣的胜利，因为这对于人类而言，远比在战场上所赢得的胜利要有用。愿上帝保佑大西洋电报，成为亲族国家之间永久和平与友谊的纽带，成为神意在全世界传播宗教、文明、自由和法律的工具。"[6]然而胜利是短暂的，因为这些电缆非常脆弱，必须被替换。在解决了一些重要的技术问题之后，一条更为可靠的电缆在1866年8月28日铺设完成。

在电报出现之前，美国与欧洲之间的通信并不可靠，通常都需要几个月的时间。1858年的第一条有线电报传输了17个小时，但是新的电缆仍然是一个重大的改进，它转发消息和信息的速度可以达到每分钟8个字。随着跨洋电报传输的成功，伦敦成为蓬勃发展的电讯业的中心。连接伦敦和世界其他地区的电缆迅速扩散：马耳他到亚历山大（1868）；法国到纽芬兰（1869）；伦敦到印度、中国和日本（全部在1870年）；伦敦到澳大利亚（1871）；以及伦敦到南美洲（1874）。电缆系统的扩展使电信网络的集中和管理成为可能，这使得对不断扩张的大英帝国的管理更加有效和高效。到了19世纪70年代，"有超过650 000英里的电线，30 000英里的海底电缆，和20 000个相互联结起来的城镇，从伦敦到孟买来回传递一个电报只需要4分钟"。[7]

121

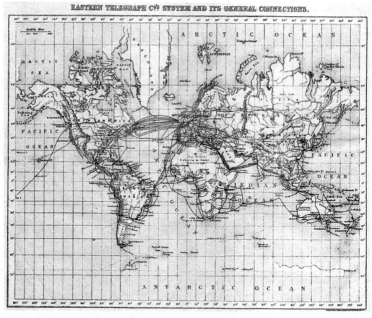

电报网络，1891年。

来自斯帝勒斯手绘地图集（以麦卡托投影绘制的世界地图），第5幅（感谢供图者，见 www.flickr/commons）

在美国，由于电讯业是私营企业，而不是公共事业，因此它的发展与欧洲有些不同。在电报发明后的几年中，企业之间为了争夺这一新兴行业的市场份额而竞争激烈。"到 1851 年，有十条独立的线路通到纽约。纽约和费城之间有三条相互竞争的线路，纽约和布法罗之间也有三条竞争线路。此外，在费城和匹兹堡之间有两条线路，在布法罗和芝加哥之间有两条，在中西部与新奥尔良之间有三个通信点，企业家在许多中西部城市之间建立了线路。总而言之，1851 年，美国统计局（Bureau of the Census）的报告里说总计有 75 家公司铺设了 21 147 英里的线路。"由于竞争网络的扩张，以及裁员造成的效率低下，到 1856 年，几家主要的大公司叫停了竞争，并签署了所谓的"六国条约"（Treaty of Six Nations）。这一条约在六大地区电信公司之间划分了市场。到 1864 年，原本的六家电信公司只剩下西联和美国电报公司两家，而到了二十年后，西联已经控制了 80% 的市场份额。由于发送电报信息非常昂贵，因此 19 世纪后半叶的技术进步就导致了成本的降低。也就是说，竞争的下降导致数量增加和价格下降。从 1867 年到 1900 年，发送信息数量从每年的 580 万增加到 6320 万，每个消息的成本从平均 1.09 美元降低到了 30 美分。[8]

如果没有电码的发明和新的信息工作者阶层的出现，电报创造的通信和信息革命是不可能的。发送消息的成本过高促成了电码的简洁性。最早和最常见的电码当然是 1836 年发明的摩尔斯电码，它通过使用电脉冲和它们之间的停顿来传输信息。莫尔斯最初的想法是只发送数字，但是他的同事阿尔弗雷德·维尔（Alfred Vail）想出了一种发送字母的方法，这种方法首先计算使用英文字母的频率，然后将它们与点和破折号关联起来。字母越常用，点和破折号的序列就越短。在 19 世纪出现的网络中，消息不是直接点对点的传递，而是通过一系列的转送传递。速度再一次得到了推崇，"最快的操作员被称为获奖电报员（bonus men），因为那些超过发送和接收消息正常速度的操作员可以获得额外的奖金。所谓的一流电报员可以每小时处理大约 60 条消息，也就是每分钟 25 到 30 个字的速度，但获奖电报员可以在处理更多的情况下不造成精确度的损失，他们有时能达到每分钟 40 个字的速度"。[9] 就像今天玩推特和短信的人们，在有限的字母数的前提下以光速发送消息一样，电报操作员也以有限的代码数字发送消息。最快的操作员进入城市，薪酬更高，生活更快，而操作速度慢的操作员就留在了乡村，工资较低，但生活节奏更悠闲。但即使在城市中心，信息交通的速度也不是每天都一样。悠闲的时日里，电报线路起到的功能就像今天的在线聊天室一样。操作员相互之间八卦聊天，甚至设计出在线玩跳棋和国际象棋的方法。在某些情况下，电报员之间还发展了浪漫的关系，至少有一个报道里提到，一个波士顿的新娘和一个纽约的新郎在线举办了婚礼。不满的父亲在法庭上对婚礼的合法性提出了挑战，虽然并没有成功。[10]

编码并不限于电报公司。如同现在一样，对安全性的担忧导致了密码学方面的蓬勃发展。公司聘请专家制定可用于传递有价值信息以及金钱和证券的密码。由于电报行业是私人而不是公共的，相互竞争的公司都制定了自己的密码。然而，在许多情况下，隐秘的缺点被证明大过优点，因为困惑而导致的传播和翻译这些通信的困难造成了昂贵的费用。为了应对日益增长的问题，1865 年国际电讯联盟成立，负责制定国际电讯标准。

19 世纪的全球电信网络为 21 世纪全球高速金融网络开辟了道路。电信业务的影响是直接和深远的。斯丹迪奇甚至认为，"电讯所提供的信息对于商人来说就像毒品，令其迅速沉迷"。[11] 从制造、营销到融资和投资，电讯将商业中的所有事务都改变了。随着区域、国家和国际间的交通以及通信网络的建立，市场迅速扩大。电报和商业形成了共生关系，它们相互获益。但同任何新技术一样，并不是所有人都会从中受益。电报最直接的影响之一就是今天被称为"非中介化"（disintermediation）的情况。如同路德通过在上帝和个人之间建立直接的关系而取消了教会一样，生产者也通过取消中间商而得以直面客户个体，这些生产者包括农民、零售商以及工厂主。对各地市场供需情况的了解越来越多，使得生产者能够走向 20 世纪的及时生产（just in - time production）。通过更好地了解分布广泛的市场的信息，零售商可以更有效地预测需求并更有效地监控库存，并且在许多情况下，这也降低了承运成本和为了库存盘点借款的需要。以这种方式，不断进步的通信信息技术使生产者和商家能够更快、更有效地适应需求。

然而，19 世纪电讯网络产生的最持久的影响是金融市场的转型。电报和相关技术改变了金融交易的方式，并且更重要的是，改变了投机性投资者交易的方式。19 世纪 70 年代开始的大型企业之间的信托，兼并和早期版本的特大企业时代，在很大程度上是电报网络的结果。在摩尔斯从华盛顿特区向巴尔的摩发送出第一条电报的三年后，一位名叫爱德华·卡拉汉的电报操作员发明了电子股票行情器（electric stock ticker）。这种设备将投资公司与证券交易所直接联系了起来，它通过打印以字母符号表示的公司名称缩写的纸条，以及记录交易价格和数量的数字记录，来连续记录股票价格。这是远距离快速传输股票价格的第一种机械手段。在发明电子股票行情器之前，价格不是以口头就是以书面形式发送给通信员。1869 年，爱迪生推出了一款名为通用股票行情器（Universal Stock Ticker）的改进机器，它使用字母数字字符，每秒钟运行一个字符。传输速度的提高产生了更准确的信息和更快的交易。此外，由于股票行情器可以持续运行，由此也就可以更精确地跟踪每分每秒的证券流动。速度的提高使得时间在交易中变得更加重要。早在 19 世纪 50 年代，就有半数的电报信息涉及证券交易，另外三分之一则与商业有关。[12]对于连线的企业来说，传输速度比物理位置更重要。这种交易网络第一次使今天被称为"实时交易"的东西具备了可能性。20 世纪 60 年代，电子股票行情器还被用于金融市场，直到它首先被电视机，然后是电脑取代。然而，即使到了今天，在时代广场的摩根士丹利大楼里，股票价格代码仍然以爱迪生创造的系统的方式运行在电子色带（electronic ribbon）上。[13]

　　以电子方式传输的不仅仅只有股票价格。市场的扩张创造了对更快、更有效的汇款方式的需要。1872 年，西联公司开发了贝宝（PayPal）和比特币（Bitcoin）的原型，当时它引入了一个系统，最多允许客户在其网络中的数百个城镇之间安全地转移一百美元。斯丹迪奇解释说，"系统通过将公司网络划分为 20 个区域来运行，每个区域都有自己的总监。首先从发送者的办公室向地区总监发送电报来证实钱是否已交存，然后总监再发送一封电报给接收方以授权付款。这两条消息都使用基于编号代码的代码簿……只有地区总监拥有每个办公室特殊的代码簿的副本。"[14]虽然今天的数字和电子密码系统已经相当复杂，但它与这种手动加密系统的目的实际上是相同的。

电子通信技术也带来了金融工具的变化，这些变化与在交易方式和金钱转移上发生的变化一样重要。快速、安全地转移资金的能力大大地扩展了国内和国际市场。琼安·耶茨（JoAnne Yates）在一篇题为《电报对 19 世纪市场和公司的影响》的建设性文章中指出，"在铁路使商品易于运输之前，很多商品仍然或多或少是地域性的（取决于它们的位置以及可用的水路），但到了 1850 年代和 1860 年代，它们已然可以相对容易和合理廉价地运输。"[15]由于商品运输和销售的改善，增加的业务在期权和期货市场创造了新的投资机会。我们所看到的期权（options）和期货（futures）并不是什么新鲜事物；事实上，有证据表明，在 3800 年前的巴比伦《汉谟拉比法典》中就有类似期权的工具。1200 年后，希腊哲学家泰勒斯（Thales）发明了一项期权合同，使他在种植之前就能够收购庄稼。在今天的市场上，期权是"没有义务的权利。更确切地说，期权持有人拥有不包含义务的权利，但该期权的作者（或卖方）则承担绝对的义务。对于期权提供的权利，期权买方向期权卖方支付称为期权费（option premium）的一次性费用"。[16]对于不同的买家和卖家，期权和期货所服务的目的也不同。对于一些人来说，它们提供了对冲投资的机会，而对于其他人来说，期权和期货可以通过限制下行风险来管理商品和货币以及股票和债券的波动，而不一定会损失上涨空间。[17]经济史学家理查德·杜博夫（Richard DuBoff）解释说"有组织的期货市场形成于1848年至1875年之间，因为'指定交收地点'合约开始取代旧的预付或代理货物合格'认证'的制度。电报使得在生产时立即就未来的交货合同进行谈判成为可能"。1848年至1871年期间，商品交易所和期货交易在布法罗、芝加哥、托莱多、纽约、圣路易斯、费城、密尔沃基、堪萨斯城、德卢斯和新奥尔良陆续开始。[18]更重要的是，这些交易联系在一起，创造了一个国家市场，并迅速成为全球性的。"详细的计划甚至设计用船只来运送欧洲的货物并传递金融市场的行情信息，或者通过信鸽将它们发送给在哈利法克斯、波士顿和纽约的岸边等待船只靠岸的电报操作员。从1846年到1857年（经济衰退年），电讯设备投资爆炸性的增长，然后继续攀升直到内战。"[19]这种合并导致了这些金融工具的标准化，让使用期权和期货来对冲其他投资、扩大市场得以可能。今天的对冲基金，其起源可追溯到19世纪的电报网络。

随着商品期货交易的扩大，其他交易方式也逐渐出现。例如，1867年，黄金和股票电报公司（Gold&Stock Telegraph Company）成立，为纽约的银行和经纪公司提供电报服务。接下来十年中的持续增长带动了它与西电公司（Western Electric）的合作，为纽约市及其郊区的金融公司提供了超过1200英里的私营线路。[20]伴随着这些发展，纽约即便还不是世界金融之都，也正在成为全国的金融中心。在19世纪上半叶，证券交易所基本上还是本地或区域性的。杜波夫指出，随着电报的出现，"纽约市证券市场的集中化在 1850 年至 1880 年间完成。"[21]由于市场的联网和集中，交易时间从几天甚至一周降至几分钟，甚至是几秒钟。

印刷在电讯网络革命中也发挥了重要作用，改变了 19 世纪的金融市场，为今天的全球资本主义做好了准备。1867 年至 1880 年间，古腾堡发明的印刷机走向了高科技。股票行情器被重新设计，高速自动打印字母和数字成为可能。这种创新改变了新闻行业，并带来了我们现在已经习以为常的关于报纸即将消失的悲观预言。得益于传输和印刷速度的提高，于 1848 年在纽约市成立的美联社变得越来越有影响力。此外，高速印刷和高速金融市场进入复杂的反馈循环，一直持续到今天。在 19 世纪 50 年代的十年间，"专业的报道服务产生，到 1865 年，纽约的《商业与金融纪事报》（*The Commercial and Financial Chronicle*）开始报道关于商品和货币市场的每周和每月的信息"。[22]在接下来的几十年里，新闻和信息服务进一步多元化并不断扩张，到 1870 年，各种出版物向超过四十万商人提供价格信息和信用评级。这些惊人的发展产生了相互矛盾的影响。一方面，信息的快速分配导致价格差距的缩小，从而使市场更有效率；另一方面，商品、期货和证券交易所的集中使得大城市的金融企业相比乡镇的企业有显著的优势，使得市场效率降低。矛盾的是，当速度"消灭空间和时间"时，地理位置却比以往任何时候都更重要。我们将会看到，这也是我们这个时代的故事。

19 世纪上半叶发生在商品、期权和期货市场的变化于 1970 年代在芝加哥达到顶峰。1973 年 4 月 27 日，芝加哥期货交易所（Chicago Board of Trade Options Exchange）成立，其他的交易所随后陆续开张。这种交易使用最先进的数字和电子技术创造了被认为是非常高速的交易，它实际上微弱地预示了将在21世纪初来临的事物。20世纪70年代初期，交易商正在全球各地的市场买卖期权和期货以及各种商品。随着对真实事物的交易或针对现实事物的期货交易越来越让位于在二级和三级市场的货币交易、买卖无形期权和货币期货，投资游戏的性质也发生了变化。交易所开始变得更像高档赌场，而不是农业或传统股票市场。据托马斯·巴斯（Thomas Bass）介绍，拉斯维加斯实际上为芝加哥交易所的新业务提供了模板。"借鉴拉斯维加斯的玩法，芝加哥期货交易所在20世纪70年代早期拉开了这个赌局，使人们可以就IBM和德士古的个人股票价格赌博。然后，它又设立了另一桌赌局，投注美国五百大股票的总价值……［这些赌局］就像一个直球（棒球术语）循环赛，经纪人买入股票期权，然后依照股票价格指数卖出期货合约。"[23]随着从投注实物到投注股票再到投注股票价格指数、股票期权和股票期货合约的转变，赌博逐步转向了自身，投资变成了一个投注虚拟资产的后现代游戏，这种活动成为了符号之间的游戏。

从奇观（Spectacle）到投机（Speculation）

当拉斯维加斯大道展现着失控的消费文化的奇观时，时代广场揭示了金融资本主义失控的投机。1997年1月3日，纽约赌场酒店在拉斯维加斯大道开业，拉斯维加斯无疑预先看到了其中正在发生着的变化，投资者试图在纽约赌场酒店开业所带来的奇观社会向投机社会的转变中占得先机。这个数百万美元的梦幻宫殿是对纽约的模拟，其中包括了对四十七层楼的帝国大厦的模仿和其他纽约市景点的复制品。唯一遗漏的是纽约证券交易所，这个时代的纽约证券交易所俨然已经是世界上最大的赌场。

　　沟通 19 世纪电报市场与 20 世纪和 21 世纪网络市场的是路透社。正如我们所看到的那样，金本位制的中止和 1973 年出现的第一个全球电子货币交易系统相结合，为 20 世纪最后几十年高速金融资本主义的出现创造了条件。1851 年，保罗·朱利叶斯·路透（Paul Julius Reuter）在伦敦成立了路透通讯社。路透出生于德国，作为图书出版商在法国工作，他在 1848 年创建了一个使用信鸽的新闻服务机构。随着电报的出现以及 1851 年法国与英国之间的联通，路透从信鸽转向电报，并将他的业务转移到了伦敦。路透的天才是认识到商人收到及时信息的价值。在 19 世纪 40 年代，他创造了一个遍布欧洲的记者网络。"每天下午股市关闭后，路透在每个城镇的代表都会拿到债券、股票和股份的最新价格，将它们复写到薄纸上，并将它们放在一个丝绸袋里，由信鸽将它们带到路透的总部"，在这里，路透"编译汇总这些消息，再分送给他的订阅者们，很快，他也开始提供基本的新闻报道"。[24]

　　让我们从维多利亚时代的英国快进到今天的时代广场。构成复杂网络经济的许多最重要的纤维与当今所谓的金融娱乐综合体相交织。所有三大电视网络都聚集在此：迪士尼公司所有的美国广播公司（ABC）在时代广场中间拥有工作室和电视台；媒体集团维亚康姆（Viacom）总部位于百老汇和第44街；全国广播公司（NBC）则定时从时代广场一座（One Times Square）的顶楼播出广播。在罗伯特·皮特曼（Robert Pittman）的经营下，全球音乐电视台（MTV）于1981年推出，并迅速改变了音乐业务和电视，皮特曼后来成为美国在线（AOL）首席运营官，但因为时代华纳（Time Warner）的崩溃而被免职。今天，网络电视从其二楼的工作室播放，这个工作室已经开放给百老汇了。在南边更远的地方，第42街的转角——20世纪80年代迪士尼就是从此振兴——坐落着ESPN的一个主要工作室。在百老汇大街更远的地方，在侯爵酒店（Marquis Hotel）附近，有一幅巨大的柯达标志，柯达公司曾经发明了数码相机，但在其他公司将数码相机技术发展成熟之后，柯达公司以及它的胶卷相机都退出了历史舞台。从2008年7月到11月，我孙女塞尔玛的一幅巨大的照片和一段视频被悬挂在时代广场的柯达标志下。

　　然而，关键的问题在于，围绕着"世界的十字路口"的建筑里，坐落着那些正在或曾经掌控全球经济的金融机构，它们曾被认为是全球经济的基石。摩根士丹利和雷曼兄弟（Lehman Brothers）以前的总部在北边，南边则是纳斯达克（NASDAQ）和路透－极讯公司（Reuters：Instinet）。与拉斯维加斯大道上的建筑相仿，所有这些建筑最具特色的都不是建筑本身，而是他们的标志。以前的雷曼兄弟大厦被一个快速传输图像的多层视频屏幕围绕，而摩根士丹利大楼则以电子方式显示运行着传统的纸带，并实时报告股价。由福克斯和福尔建筑事务所（Fox and Fowle）设计的路透－极讯大楼直接位于纳斯达克的街对面，

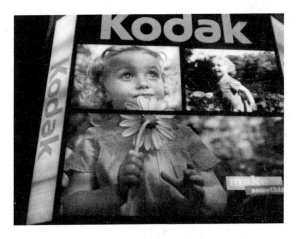

塞尔玛·林妮·泰勒，照片和视频广告，时代广场，2008 年

其标志牌由 8200 块面板组成，可以显示 1670 万种不同的颜色，仍然是时代广场最壮观的景象。全国证券交易商协会（NASDAQ）成立于 1971 年，是全球首个电子股票市场。与纽约证券交易所不同的是，纽约证券交易所直到最近都有现实的交易平台来与现实的人交易，而纳斯达克从一开始就是一个计算机网络，通过类似于公告板系统的方式连接卖家和买家。时代广场上的建筑都与股票交易无关，但又都被建成广播工作室，从而可以为新兴的金融新闻电视以及 CNBC、CNN 新闻网、CNNfn 以及彭博社等在线网络提供实时视频。路透－极讯大楼上的签名标志与纳斯达克直接相对，是一个巨大的新闻温度计，它可以全天候监控新闻，并通过不同颜色的上升或下降温度来衡量其重要性。纳斯达克和路透社形成了一个积极的反馈循环，路透社传递给纳斯达克的消息影响了金融市场的股价（上涨或下跌），而纳斯达克向路透社传出的股票价格波动消

息则影响着新闻的热度。

　　在纳斯达克兴起的时代，其他交易网络也在开发当中。早在 20 世纪 60 年代末期，一些主要的经纪公司就在建立电子通信网络（electronic communications networks，简称 ECNs），使他们能够直接相互交易，消除所有第三方或金融中介机构。最成功的 ECNs 之一是极讯（Instinet），它成立于 1969 年。除了显示出价和报价之外，极讯还支持机构成员，而不是个人以电子方式执行交易。ECNs 最初的吸引力在于，它能够让主要机构投资者在市场关闭时交易大量股票。但它也有缺点，这些网络的信息是专有的，交易仅限于参与机构。

　　认识到自动化交易的意义越来越大，英国媒体集团路透社在 1987 年购买了极讯公司。尽管这一年市场崩溃，并且爆发了价格垄断的丑闻，但极讯公司仍然持续增长，到 90 年代中期，已经有 5000 名经纪人成为了订阅者。作为最成功的 ECN，极讯处理着纳斯达克所有股票中 20% 的交易，并与其他 15 个市场挂钩。极讯和其他 ECN 的快速发展为那些能够并愿意为之付出代价的人们提供了更大的透明度和更快的信息。1987 年的市场崩溃使商业利益团体和联邦监管机构都明白了，想要确保投资者在执行交易时能够更为平等地获取信息，就必须改革。为了平衡竞争环境，美国证券交易委员会制定了废除专有网络的法规，要求开放获取价格和订货量的信息，这些信息以前只限于市场专家和机构投资者。不久之后，个人投资者的新的交易网络不断涌现。正如电报通过允许生产者直面消费者而省去了中间商，电脑化的每日交易通过允许个人投资者直接进入证券交易所而免去了中介金融公司。

到 20 世纪 90 年代末，纳斯达克的增长已经成指数级。每天的交易量增长至 17 亿股，是纽约证券交易所交易股票数量的两倍多。此外，纳斯达克上市的公司有 4800 家，是纽约证券交易所上市的两倍。推动纳斯达克扩张的许多公司是推动媒体、信息和通信革命的公司。从 1990 年到 1999 年，纳斯达克综合指数从 500 点上涨至 3500 点。伴随着扩展到欧洲和日本的计划，纳斯达克成为最重要的在线交易网站，连接了 5400 家经纪公司，88 000 家贸易办事处，67 万经纪人和约1000万名在线投资者。货币的非物质化和金融工具的扩散加上全球金融网络的延展，导致了一种新形式的虚拟资本主义，这种虚拟资本主义与其说是传统的银行和市场，不如说更像是后现代艺术世界。

机巧的金融

随着金融成为以光速传播的虚拟标志和图像的游戏，艺术也在慢慢变成一个全球范围内的高风险金融游戏。20 世纪末和 21 世纪初的艺术世界的发展反映和展示了金融市场的剧烈变化。新兴艺术市场的新形式延伸和改造了自第二次世界大战结束后就控制了艺术市场的画廊、拍卖行、博物馆和收藏家构成的网络。

杰夫·昆斯（Jeff Koons）之于金融资本主义就如同安迪·沃霍尔之于工业和消费资本主义。现代性、现代化和现代主义的轨迹再次相交。在第二次世界大战后的几年中，艺术世界的中心，如同金融世界的中心一样，转移到了纽约。在战争期间，许多欧洲著名艺术家逃到了美国。随着美国艺术家与欧洲大师的交流，他们逐渐克服了影响的焦虑，并开始界定一个独特的现代美国艺术，其指导原则是对人的自由和个人表达的深刻认同。寻求艺术认同意外地得到了联邦政府的支持。由于担忧共产主义的传播，在1953年至1999年间也被称为美国宣传部的美国新闻局，通过资助艺术家的工作和赞助世界各地的展览，获得了艺术家的支持。以一种潜移默化的方式，艺术和文化被用于提升"美国人的生活方式"。艺术成为了美国扩大金融和全球军事力量的政治扩张主义政策的延伸。

艺术的经济也以其他方式发生着变化。战后的经济繁荣很快提高了美国中产阶级的生活水平。随着社会差异变得越来越大，知识分子和左派人士与所谓的上层中产阶级形成了意想不到的联盟，他们通过将前卫艺术的作品转化为文化标记，使之与所谓的不够精致的大众（unsophisticated masses）分开。时尚出版物——比如《党派评论》（Partisan Review）——中的广告将高雅艺术转化为特定生活方式的明确标志。塞吉·吉尔伯特（Serge Guilbaut）在评论杰克·波洛克（Jackson Pollock）的雕刻广告时写道："在那些为广告花钱的公众和公司眼中，特殊的立场是为了逃离，是为了获得更高阶层的社会地位。例如，一个波洛克的雕刻会被视为人们社会地位的象征，对于这些人来说，家是什么样，都是从广告中得来的。这些独特的房屋针对的是那些想要把自己与'住宅区'里的大众区别开来的人……城市郊区由此蓬勃发展，以容纳不断增长的中产阶级。"[25]

对艺术品日益增长的需求导致了纽约画廊系统的出现，其闪耀和魅力又进一步增加了对艺术的需求。艺术品成为通过复杂的广告活动销售的商品，艺术家成为名人，出现在光鲜杂志的页面和越来越普及的电视屏幕上。艺术家出名，是因为他们所生产的产品；画廊老板出名，则是因为他们所卖的东西；收藏家则因为他们所买的东西而闻名遐迩。艺术家们对这些发展的态度是矛盾的：有些人认为，商品化已经毁灭了真正的艺术，而另外一些人则热烈地拥抱了艺术市场，开始出版作品，并看着他们曾经不存在的银行账户噌噌地涨。

从来没有一个像安迪·沃霍尔这样的名人艺术家。他比任何其他艺术家以及大多数画廊所有者和收藏家都更了解新艺术市场，又比电影明星和政治家都更熟练地玩弄媒体。但与当时许多其他艺术家的作品不同，沃霍尔的艺术是模糊的，你永远弄不清楚，沃霍尔是拥抱还是批评消费者文化。他一贯的讽刺角色造成的不确定性使他的工作变得有趣。沃霍尔将工业时代和用于昂贵营销活动的图像的世界连接了起来，这一工业时代在品牌消费主义的扩张中达到了顶点。他将他的工作室称为工厂，并盛赞机械的生产方式。与追求原创性的浪漫主义梦想和独创性的个人艺术作品不同，沃霍尔宣称："我认为每个人都应该是机器。我认为每个人都应该像其他人一样。"[26]在沃霍尔的工厂，艺术品应以最少的人为干预从流水线上生产出来。他甚至通过发明一个签名机器，来取消传统艺术家的手写签名。机器的价值在于它比手快，因此可以在更短的时间内为市场生产更多的商品。他解释说，"在我的艺术作品中，手工绘画需要的时间太长，无论如何，这不是我们现在所处的时代。机械手段才代表着明天。"[27]从沃霍尔的流水线上生产出来的是图像，更准确地说，是图像的图像，标志的标志。沃霍尔和他的流行艺术家同伴们占领了消费文化的标志——可口可乐瓶、布里洛盒子（Brillo boxes）、金宝汤罐头（campbell's soup cans）、报纸、漫画书、杂志、警察报告，以及最普世的美钞。

在 20 世纪 50 年代末和 60 年代初，艺术家想象的机器是工业的；十年之后，信息处理机器开始出现。尽管工业隐喻仍然有效，但沃霍尔的流行艺术家同伴罗伊·利希滕斯坦（Roy Lichtenstein）指出了已经发生的技术、社会和经济转型："我想让我的画看起来像编程一样，"他写道，"我想隐藏我手中的记录。"[28]当生产作品的想法成为一个程序时，艺术进入了信息时代，信息时代的金融资本主义取代了（displace）——但并不意味代替（replace）了——工业和消费者资本主义的地位。

即使是安迪·沃霍尔，也无法预料到 21 世纪之后艺术市场的爆炸式发展。据估计，截至 2006 年，私人艺术市场已达到 250 亿至 300 亿美元。[29]佳士得和苏富比两家拍卖行的拍卖行合计销售额达到了 120 亿美元，超过 20 家画廊每年的销售达到 1 亿美元。艺术市场的惊人增长并不局限于美国。全球资本主义创造了全球艺术市场，2002 年至 2006 年，全球艺术市场从 253 亿美元增长到 549 亿美元，增长了 95%。俄罗斯、中国、印度和中东的新兴市场推动了这一前所未有的增长。个人作品的价格上涨与普遍认为利润不菲的金融证券增长一样快。2004 年，化妆品巨头以及现代艺术博物馆董事长罗纳德·劳德（Ronald Lauder）以 1.35 亿美元收购了古斯塔夫·克利姆特（Gustav Klimt）的《阿黛尔·布洛赫－鲍尔像》，这在当时创造了单幅画作的最高价。没有一个艺术家比杰夫·昆斯（Jeff Koons），这个曾经的商品交易商和股票经纪人更好地利用了这个蓬勃发展的市场。在劳德溢价拍卖的三年后，昆斯的《悬挂的心》(Hanging Heart)——它看起来更像是一个狂欢节的奖品，而不是一件艺术作品——拍出了近 2700 万美元。在当时，这是活着的艺术家的作品拍出的最高价。

昆斯，像沃霍尔一样，与其说是一个创造者，不如说更像是一个经理。他也有一个工厂，在这个工厂里，他监督那些根据他的规格生产作品的工人。但相同点也就到此为止了。沃霍尔与他的作品保持着一个反讽的距离以创造出批判的空间，在昆斯这里则完全没有半毛钱的反讽。昆斯所做的是试图使人安心而不是质疑，他甚至承认："我认为你不必知道任何事情，我认为我的工作就是让观众知道这一点。我的作品就是试图让人们能对他们自己感到满意，能对他们的历史、他们的潜力感到满意……我认为艺术会把你带到自身之外，让你重新经历一遍自己。我相信我的旅程确实消除了我自己的焦虑。这是关键。你清除的焦虑越多，你就可以越自由地表达姿态，不论这是什么姿态。对话首先是发生在艺术家之间，但紧接着它就会走出自身，去与其他人分享。并且，如果焦虑被消除，那么一切都会变得如此接近，一切都变得可以通达，人们就是为了这么一点信心或者信念而不断钻研。"[30]感觉不错，快乐，就来买我的艺术吧。昆斯想要灌输的信心旨在消除对华尔街大亨玩弄的信心游戏的焦虑，华尔街大亨用他们的肮脏利润以像虚拟资产一样膨胀的价格购买艺术品。在 21 世纪初高速发展的华尔街世界中，像奥利佛·斯通曾观察的那样，金钱永不眠，它只是越来越快地流通，不断需要新的投资工具和策略，以最大化获得额外利润的机会（我将在第六章中研究这些新的金融工具）。

在这一点上，考察艺术市场如何借用华尔街照亮金融市场的投资策略是有帮助的。富裕的对冲基金经理和私募股权投资者将收藏带到了另一个层次。艺术市场新模式中最突出的代表是达米安·赫斯特（Damien Hirst）和他的对冲基金顾问斯蒂芬·科恩（Steven A. Cohen）。赫斯特像昆斯一样，生产专门作为富有投资者金融工具的艺术作品，但赫斯特提高了赌注。2007年《国际先驱论坛报》发表的一篇文章指出，赫斯特"已经从一个艺术家转变为可被称为达米安·赫斯特艺术对冲基金经理的人物"。他的策略中最惹人注意的例子就是生产和销售他那个一亿美元的钻石头骨，这个钻石头骨被他讽刺地称为"对上帝的爱"。围绕着出售这一作品的金融机构就像高额私募股权交易一样复杂而神秘。在出售这项作品一年后，恰好在全球金融市场崩溃的这一天，赫斯特决定绕过整个画廊系统，于2008年9月在苏富比举办两天的个人艺术品拍卖专场。随着道琼斯指数暴跌，投资者们认为现在应该通过多元化投资组合与艺术品购买来对冲保值投注。因此这次的拍卖总额达到了2.007亿美元，超过了苏富比估计的1.776亿美元。

随着新兴投资者将他们的财务模式和策略引入艺术市场，拍卖行以及传统画廊都面临着淘汰。目前最具破坏性的投资策略是创造买卖艺术品的私募股权基金。例如，伦敦金融家菲利普·霍夫曼（Philip Hoffman）已经建立了艺术管理服务有限公司，它投机艺术而不是股票。迪帕克·戈皮纳特（Deepak Gopinath）在他的文章《毕加索诱惑对冲基金投资艺术市场》中阐述了霍夫曼的战略：

> 融合艺术和金融，艺术基金旨在以对冲基金交易
> 美国国债或黄金的方式来交易毕加索和伦勃朗，并在

此过程中收取对冲基金费用。例如，霍夫曼美术基金会收取相当于客户资产2%的年度管理费用，而且一旦客户达到最低回报率，就会收取20%的利润。

伦敦佳士得拍卖行前财务总监霍夫曼（Hoffman）表示，他的基金并不是关心美丽、真相和激情；而是关心赚钱。

霍夫曼说："我们采取完全客观的态度。"

霍夫曼的投资者也需要冷静的头脑。他需要最低投资25万美元，而且投资者三年内不得提款。[31]

这种策略以一种与"抵押担保债权"（collateralized mortgage obligations，简称CMOs）证券化"抵押贷款"一样的方式来证券化艺术作品。正如抵押贷款捆绑和出售债券一样，艺术品作为对冲基金的股份捆绑销售。换句话说，投资者不仅拥有一件独立的艺术作品或几件艺术作品，而且拥有了一组艺术作品不可分割的权益。在这些计划中，重要的不是公司、商品或艺术品的真实价值，而是在相对于其他投资组合持有的指定时间段内其价格表现的统计概率。此外，在投资者规避风险方面，任何特定艺术品的价值都取决于其相对于基金持有的其他艺术作品的风险系数。像CMOs的投资者一样，投资者对于自己拥有的抵押贷款的实际财产价值一无所知，艺术对冲投资者和私募股权基金同样也对投资的艺术品实际价值一无所知。事实上，他们可能从来就没有见过他们拥有部分所有权的艺术作品。另外，没有什么可以阻止投资者把艺术资金出售给其他投资者，所以二、三级市场出现了。随着交易的加速，衍生品（基金份额）和相关资产（艺术作品）再次脱钩，创造出一个价值在其中不断波动的流动自治领域。这些基金作为最高端投资者投资组合中资产多元化的新契机而进入市场。

到 2013 年初，舆论担忧艺术市场可能会模仿金融市场，因为缺乏透明度而打开内幕交易和市场操纵的大门。随着预计每年销售额接近 80 亿美元，一些立法者开始呼吁对艺术市场进行监管。纽约收藏家兼金融家詹姆斯·赫奇斯四世（James R. Hedges IV）在罗宾·波格莱宾（Robin Pogrebin）和凯文·弗林（Kevin Flynn）题为《随着艺术价值攀升，市场监管却成难题》的文章中解释说，"如今的艺术市场感觉就像 80 年代的私募股权市场和 90 年代的对冲基金一样……几乎没有任何监管可言。"〔32〕而另外一个金融丑闻的消息破裂，使这些担忧得到了加强。在一篇毁灭性的文章《追捕斯蒂芬·科恩》中，布莱恩·伯勒（Bryany Burrough）和贝思尼·麦克林（Bethany McLean）写道：在垃圾债券之王迈克尔·米尔肯（Michael Milken）垮台 25 年之后，奥利弗·斯通 1987 年在以其为原型的电影《华尔街》中所描述的事情又全部发生了一遍，这一次事件的一些特点可以从 2010 年的续集《华尔街：金钱永不眠》中窥见。"再一次，一名无情的美国检察官，44 岁的普雷特·巴拉拉（Preet Bharara），似乎盯上了这位亿万富翁投资者史蒂夫·科恩，科恩是位于康涅狄格州斯坦福德的 SAC 资本管理顾问公司的创始人，这家公司价值 140 亿美元。一个接一个地，巴拉拉已经调查了 SAC 从前的交易员和分析师，他在他们的家里询问他们，把他们带到陪审团面前，提起刑事案件，并且迫使他们证明科恩违反内幕交易法……'如果史蒂夫·科恩下台，'一个对冲基金经理指出，'他将是内幕交易的辛普森（O. J. Simpson)。'"科恩，像米尔肯一样，远不止是一个操盘手，他已经成为金融市场失控时代的象征。伯勒和麦克林指出，"史蒂夫·科恩不仅仅是许多对冲基金富豪中的一个，他是对冲基金富豪的象征。他没有住在另外哪个康涅狄格州格林威治的豪宅里；他住的是这些豪宅中最大的那一个，有着自己的双洞高尔夫球场，私人车道装饰着杰夫·昆斯的气球狗雕塑。而在房间里边，墙上装饰着传说中他的印象派和当代艺术作品收藏，其中包括挂在他卧室外边的弗朗西斯·培根（Francis Bacon）的《尖叫的教皇》(Screaming Pope)。"虽然科恩坚持认为，他的交易员没有做任何非法或不正当行为，但他却同意了一笔6.16亿美元的和解金，这是证券交易委员会历史上最大的罚款。不过问题仍然存在，调查也仍在进行中。随着调查人员的关注，科恩通过高调炫耀财富的方式做出回应，就好像在鼓励政府对着他来一样。"和解之后的一个星期，消息人士称，他已经向赌场老板史蒂夫·韦恩（Steve Wynn）支付了惊人的1.55亿美元，用于购买毕加索的《梦》(Le Rêve)（2006年韦恩不小心抬了一下肘划破了这幅画），这笔资金也创造了美国收藏家的纪录。"〔33〕

在全球金融市场崭新的联网世界中，物质和非物质流动相交并且加速，直到真实和虚拟资产变得无法区分。高速交流网络产生的过度行为既不节制也无法被控制，最终会产生破坏性。当时间永远入不敷出，不合理的繁荣就会压倒谨慎的投资政策和实践。拉斯维加斯大道又一次遇到了华尔街，是福是祸只有天知道。

142

6
无效市场假说

非理性的理性

在纽约时报的一篇文章《当增长超过幸福》中，理查德·伊斯特林（Richard A. Easterlin）报道说，国家资本主义的扩张带来更多的是焦虑而不是满意："数十万在低效和亏损的国有企业工作的中国人被解雇了。丧失工作意味着丧失了雇主提供的生活保障。越来越多的农民工承担着工资微薄的城市工作。而那些仍有工作的城市工人，也越来越担心工作是否安全，收入是否可维持。城市生活的满意度明显下降。"[1]

只要略加修改，这一描述就可以很好地刻画越来越多的美国人的态度，这些人们在要求效率和财政紧缩的冲突下经受着痛苦。自由市场资本主义的胜利导致了苏联的崩溃和中国经济的自由化，这是米尔顿·弗里德曼及其追随者所推崇，并由罗纳德·里根和撒切尔夫人所实践的新自由主义经济革命的顶峰。这些发展的基石之一是通过计算国内生产总值（GDP）的增长来衡量各国的经济状况以及个人的经济状况。GDP是一个国家一年生产的所有产品和服务的市场价值。与根据所有权确定生产值的国民生产总值（GNP）相反，GDP 根据地理位置计算生产。国民生产总值包括国内外一国公民所赚取的所有收入，并扣除居住在该国的非居民的收入。

衡量经济成功的标准并不总是增长。事实上，利用 GDP 或 GNP 来评估不同国家的经济表现，主要是冷战的产物。随着更多数据的出现，政府官员、商人和市场观察家沉迷于"经济指数"，焦虑地等待每个月或者每个季度的就业、贸易、利率、通货膨胀、工业产出、销售、出口和进口报告。在公共机构和私营部门中，经济增长都毫无疑问地被认为是最重要的，而且它们确信最好的经济增长方式就是不断加速。E. J. 米香（E. J. Mishan）关于英国的评论同样也适用于美国："这种信念坚持认为，更快的经济增长是解决我们长期经济不景气的最终办法。如果只有我们可以以某种方式让英国'移动'得足够快，通货膨胀就会停止扼杀我们，贸易也将恢复平衡。"[2]在大西洋两岸和美国政治的两党之中，承担经济增长的义务都持续推动着经济政策和金融市场。[3]2012 年 12 月，副总统约瑟 145 夫·拜登（Joseph Biden）的前首席经济学家和经济顾问贾里德·伯恩斯坦（Jared Bernstein）在一篇题为《提高经济的速度极限》的文章中认为，"首先要做的是继续保持加强近期需求和劳动力素质的增长支持政策，包括薪资支出（如工资税减免），失业人员培训和桥梁、隧道等基础设施投资。从长远来看，我们可能可以将移民政策改革视为抵消我们劳动力衰落的一种方式。"[4]

在 1960 年代的大部分时间里，苏联的经济似乎比西方资本主义国家的经济增长得更快。罗伯特（Robert）和爱德华·斯基德尔斯基（Edward Skidelsky）指出，"20世纪60年代经济增长的倡导者主要是左派的经济学家和政治家，他们已经放弃了——或者说在美国，他们从来就没有拥抱过——公有制，但还保留着对于一个更为平等的社会主义社会的期望。"二十年后，一切都被扭转了。1979年当选的撒切尔和1980年当选的里根，则把增长理念作为自由市场信仰的根本原则。根据这种新兴的意识形态，"快速增长的方式不是通过规划，而是将市场从繁琐的程序中解放出来，通过更轻的税收来提高激励，减少工会的力量，通过私有化和放松管制来扩大市场"。我们可以看到，这其中所反映的原则可以追溯到中世纪晚期哲学和新教改革的历史，这一"经济制度是为了最大化在市场上体现出来的个人满意度。个人不再被视为整体的一部分；整体只是个别部分的总和。这种将经济生活还原到天然的个人主义的做法是从20世纪70年代开始的"。[5]

在20世纪后半叶，越来越多的政治家和经济学家使用GDP中所表现的经济数据来证明美国式的自由市场资本主义相对于欧洲社会主义以及东欧、苏联的优越性。在里根和撒切尔以后的几年里，克林顿总统和布莱尔首相试图在凯恩斯式的自由主义和弗里德曼式的新自由主义者之间找到他们标榜的"第三条道路"。这些努力取得了一些成功。但是当克林顿削减社会服务和改革福利来帮助平衡预算时，很显然，新自由主义的经济原则已经覆盖到曾经是左派政治的一方。如今，在保守的共和主义政治家和新自由主义经济学家与自由民主政治家和自由主义经济学家之间展开的争论——前者想要消除政府管制，削减税收和减少开支，后者则想要更多的监管、更高的税收和更广泛的社会福利计划——正源于那些冷战时期的辩论所遗留下的痕迹。

虽然在战前就已经开始收集 GDP 和 GNP 的统计数字，但是直到发明了记录、收集和分析信息的新技术之后，这些数据才能够足够快速地被处理以便使用，而这些新技术有许多都是通过国防工业在战争中发展起来的。对经济增长的重视、越来越多可使用的数据以及更有效的信息管理手段，导致了经济理论和金融实践的根本转变。我们可以看到，为现代市场理论奠定基础的先驱者是苏格兰以及英国哲学家亚当·斯密、大卫·休谟和约翰·斯图亚特·密尔。而到了 20 世纪中期，经济学家已经放弃了哲学，并希望将他们的学科转化为科学。经济学家们认为，科学的典范是物理学，这需要在抽象数学方程中来严格地分析。随着计算能力的提高，数学变得日益复杂，直到人们经常搞不清楚哪些经济理论能在华尔街起效，更不用说其他地方。随着冷战的结束，以前仅用于国防目的的超高速电脑已经可供民用。这些机器使数学家和计算机科学家能够快速地 ₁₄₇ 分析金融市场，并开发可用于程序交易的极度抽象复杂的金融工具。

尽管详述近五十年来经济金融理论的历史既无可能，也无必要，但了解一下三大支柱理论仍然是有意义的：均衡理论（equilibrium theory）、投资组合理论（portfolio theory）和有效市场假说（efficient market hypothesis，简称 EMH）。而支撑所有这些理论的基本假设都是对市场理性的信念，值得强调的是，我认为这只是一个信念。而过去数十年的发展，暴露了这一信念以及这些基本理论的严重缺陷。

说均衡原则是现代经济学科学地位的核心并不为过。根据源于 1870 年代的一般均衡理论，相互作用的不同市场在经济中的供给、需求和价格可以形成整体均衡。这个理论的支持者认为，市场运动可以通过从实体经济中抽象数据来建立的复杂数学模型加以描述。诺贝尔奖获得者埃德蒙·菲尔普斯（Edmund Phelps）坚持认为，"均衡概念被那些当作'经济科学'的奠基性人物正式引入经济学并不是偶然的。可以认为正是这一引入奠定了这门学科的基础。"[6]尽管金融市场无休止地摇摆，但直到 1990 年代的崩溃为止，这一理论仍然是无可置疑的。固执于一般均衡理论，以及日益增长的对数学的依赖，最终被证明是一种似是而非的理性，并为市场带来了空前的空虚。随着人们越来越坚持经济和金融市场需要在数学上得到建模，许多经济学家认为，如果有什么东西无法被量化，那它就是不真实的。

多年来，学院经济学家对抽象数学公式和模型的依赖导致了理论家和从业者之间的分裂，比如金融分析师和交易者，他们在实际交易中就忽略了这些抽象理论的有用性。1950 年代和 60 年代，当金融经济的新领域出现时，这种情况才开始发生变化。到 20 世纪 80 年代，理论和实践的割裂已经大大削弱了，分析师和交易者在抽象数学公式的基础上进行投资，并以所谓的"量化投资"设计的模型为指导。由于网络技术的普及以及计算机速度和数据处理能力的指数级增长，模型以及使用模型进行交易都成为了可能。随着市场的联网和交易成为算法，金融交易变得无限复杂，市场变得更加波动。虽然一般均衡理论可以解释处于外部因素影响的大部分的市场波动，但在网络化市场中，显而易见的是，高速交易网络的内部结构和运作相关因素是主要的扰乱因素。21世纪初，对一些观察家而言显而易见但许多投资者仍被蒙在鼓里的是，市场的运作远非均衡；相反，它们周期性地朝着混乱的边缘移动。我将在第八章讨论这种动态的不平衡。

随着金融市场的扩张、加速，变得更加波动，管理风险的能力变得更加重要。就像工业资本主义需要科学管理的新理论和新一代的工业工程师一样，金融资本主义也需要金融经济学的新理论和新的金融工程师，他们能在所谓的结构性金融中工作，并且倾向于将经济当作由一组约定的规则组成的游戏。这个游戏中所面临的挑战是，通过创建旨在增加收入、减少税收和重新分配风险的新产品来操纵规则。而管理风险的最早和最重要的策略之一就是所谓的投资组合理论。

1952年，芝加哥大学25岁的研究生哈里·马科维茨 149 （Harry Markowitz）发表了一篇题为《投资组合选择》（*Portfolio Selection*）的奠基性论文，随后他将其扩展为他的博士论文，并最终作为《投资组合选择：投资的高效多元化》（1959）一书发表。投资组合的概念如今已经如此流行，以至于我们已经很难理解它在20世纪50年代是多么革命性的想法。马科维茨改变了大大小小的投资者思考市场的方式，并通过这样做为近几十年来的金融经济学创造了条件。他最重要的创新就是从计算个人股票风险到评估由不同股票组成的投资组合的风险。马科维茨就像传奇投资者沃伦·巴菲特（Warren Buffett）所做的那样，不仅仅根据特定公司的基本面或过去的股票表现做出投资决策，而且力求确定投资组合中不同证券的相对波动性，从而确定风险。投资策略的这种变化预示了金本位结束后货币价值评估方式的变化。在以前的传统投资策略中，股票功能的基本面和过去表现类似于真实的黄金，而投资组合中证券的相对风险因素则类似流通货币的价值波动。马科维茨描述的投资组合效率则是一个股票表现相对差异的函数。他认为可以通过购买和持有多元化证券组合来对冲风险。通过购买不同种类的股票，人们可以增加损失被收益抵消的机会。显然，这一策略也意味着收益将被损失抵消。投资者的核心问题是他们愿意承担多大的风险，以及愿意支付多少来对冲风险。对于马科维茨来说，投资组合的差异和多样性创造了稳定性，而持有量的相似性或同质性则导致不稳定。当高波动性和低波动性平衡时，投资组合被视为"有效"。

150　　在马科维茨创造他的理论的时候，电脑的使用并没有超出军事和大学的范围。在20世纪后半叶，计算机和网络技术的迅速普及使金融市场发生了革命性变化。战后时期最重要的金融创新之一是对冲基金的发明。阿尔弗雷德·温斯洛·琼斯（Alfred Winslow Jones）在1949年创立了战后第一个对冲基金。相比于共同基金（mutual funds）对所有投资者都开放并加以监管，对冲基金则是私人的、不受管制的，通常限于数量有限的机构或非常富有的投资者。在20世纪60年代末到80年代初期，对冲基金显著增长——到今天对冲基金已经是2.5万亿美元的行业。对冲基金的做法，如证券投资，是基于风险的相对性。在结构化融资中，经济似乎是由独立变量组成的准均衡系统。而在对冲操作中，投资被理解为相互对应甚至是辩证相关的抵消。投资者通过放置他所计算的平衡投注和对立投注来对冲操作。这种赌注通常涉及一系列复杂的相互关联的赌注，这些赌注使用了相同或者不同的金融工具。在这里，重要的不是个人资产的价值，而是投资的相对运动。这种交易的窍门是将赌注平衡到安全，但又有可接受的风险来提供潜在的利润。

当前金融市场的终极理论支柱是有效市场假说，尤金·法马（Eugene Fama）在 1965 年的《随机游走的股票市场价格》一文中对其做出了定义，他也因此被广泛认为是现代金融之父。我们已经考虑过工业过程中科学管理效率的重要性；在这里我们遇到了金融交易的数学和科学管理效率的重要性问题。法马的有效市场假设取决于两个相互关联的变量：信息和速度。这个理论的基本原则是，市场价格反映了所有公开的信息，价格为了反映新的公开信息则会时时改变。信息的平等分配导致有效的市场；相比之下，信息的不平等分配使得市场效率低下。当每个人都有相同的信息时，特定的商品、证券或债券应该只有一个价格；然而，如果买家和卖家无法获得所有相关信息，那么不同市场的价格就会有所不同。时间确实就是金钱。如果买方不知道卖方知道的消息，投资者就可以通过在一个市场上逢低买入，在另一个市场上逢高卖出而获得收益。

在 20 世纪 60 年代中期，保罗·萨缪尔森（Paul Samuelson）成为了有效市场假说的转化者，并通过他颇有影响力的教学和写作传播了这个词（EMH）。这一新福音被广泛接受，直到 90 年代后期的财政动荡。根据有效市场假说，价格直接反映所有可用信息，并通过贴现当前股票价格来预测未来市场走势。由于联网市场传播信息的速度越来越快，在一个特定时刻，市场

151

"知道"的比任何个别投资者都多。换句话说，市场有一个闪电般快速的头脑，这个头脑虽然是从相互竞争的个人当中孕育出来的，但却不能还原为单纯个人的叠加。此外，由于市场每时每刻都应该包含所有有用的信息，所以它接近全知。当我们以这种方式去理解时，市场的心灵似乎是上帝的心灵的功能等价物，上帝的心灵以其全知的看不见的手创造和维持秩序，否则这将是一个混乱的宇宙。卑微的人类必须跟随上帝/市场的领导；一旦人类干预，反倒可能会扰乱系统的秩序。

有效市场假说的另外两个关键假设被证明是值得怀疑的。第一，这个理论假设市场变化是外部因素而不是内部因素的作用，因此股价是不可预知的。如果股票估值随时都精确反映了所有可用信息，那么价格变动就是不可预测的，因为它们只能由新的和意外的信息引起。同样值得强调的是，信息的平等分配，比如无摩擦市场，是在现实世界交易中永远不会实现的理想。即使最新的通信和网络技术能够无限快速地向每个人提供信息，有些人仍然会不可避免地比其他人更晚获取信息。我们将在第八章中看到，高速算法交易通过信息可通达性中十亿分之一秒的差异来赚钱。

第二，有效市场假说假设投资者是理性的。在这一语境中，理性行为被定义为在给定风险水平的情况下最大化预期回报的行为。这种理性的代理人或投资者被认为是同质化的，也就是说，设想他们都获得了相同的信息，在同样的境遇中，他们就会以类似的方式解释并进行投资。换句话说，经济代理人就像台球或分子相互碰撞，但这种碰撞并不会产生真正的相互作用。投资者决定投资者所基于的信息通常由相同的金融机构和新闻来源产生和传输，但个别决策仍然相互独立。对个人投资者行为的理解也意味着决策的连续时刻实际上彼此隔离。正如在某一特定时刻所扮演的代理人是相互独立的，时间序列中的时刻也是离散和独立的。市场，如骰子，既没有记忆也没有历史，因此不能向上或向下发展。从这个角度来说，投资于任何金融市场都是在赌博。罗伯特·希勒（Robert Shiller）在他非常有影响力的著作《非理性繁荣》中，从这种不合逻辑的理论中得出了逻辑的结论："如果我们接受有效市场的前提，那么不仅聪明没有优势，而且不那么聪明也不是缺点。如果不那么聪明的人在交易中可能会有系统性的损失，那么这就意味着聪明的人赚钱的机会来了，你只要与不那么聪明的人的做法相反即可。然而，根据有效市场理论，聪明的人根本就不会有这样的利润机会。"[7] 显然，对金融分析师和银行家来说，这不是一个好消息，他们的工作依赖于许诺击败市场。

153

到 20 世纪 90 年代末，市场似乎显得不再合理。这不仅是质疑关于人类如何作出决定的假设（由日益发展的行为经济学领域做出的假设）的结果，而且也是由新的联邦法规和技术创新所引起的市场变化带来的。由于交易网络最初是专有的，在大多数情况下限于大型机构投资者，较小的机构和个人无法获得对证券价格有重大影响的有价值的信息。这导致那些有能力支付昂贵信息和交易网络费用的机构其市场效率低下，并由此产生了潜在的巨大利润。在许多情况下，这些低效率在不同的市场之间制造了巨大的价格差异。投资者拥有特权信息，就可以以相对较少的赌注实现大利润。为了创造更好的平等，证券交易委员会要求向所有大小机构或个人投资者开放专有新闻、信息和交易网络。这些新法规具有令市场更加透明化的效果，从而提高效率。

但是，令人意想不到的是，效率提高又产生了新的低效现象。在任何一个市场上，有两种赚钱的方法：你可以靠一些大赌注赚上很多钱，但也可以在很多小赌注上赚一点钱。更公平的信息分配具有降低市场价格差异的预期效果。这意味着投资者不太可能通过少量投注获得大量利润，因此，他们必须大大增加投注数量以获得相同的利润或继续增长。同一网络更广泛地发布信息也在加快着交易速度。服膺于增长的意识形态，投资者跟上竞争对手的唯一途径就是越来越快地交易越来越多的证券。这标志着高速交易的诞生，我将在第八章中讨论。

20世纪90年代的最后一波发展——借贷资金在金融市场上投机——证明这些理论只是混合的毒药。在整个历史上，各类企业家、公司和社团都经常借贷以扩大业务。直到20世纪后半叶，这种借款通常都是为了建造新的工厂、商店或各种设施，购买所需设备，维护库存以及扩大员工队伍。由于非理性繁荣快过计算机病毒的传播速度，越来越多的投资者开始借贷进入投机性金融市场。这些投资并不仅限于传统的股票和债券，而是扩展到新兴的各种新奇的金融工具，其中许多并不为人所知，而且大部分还不受管制。随着市场飙升，贷款规则发生了变化。根据传统做法，借款人提供担保贷款。例如，在抵押贷款证券化和抵押担保债券（CMOs）出现之前，当一个人购买房屋时，通常是当地的银行将持有抵押贷款，如果借款人违约，该房屋将被没收。贷款总额将根据房屋的实际市值计算。随着80年代巨额银行超市的出现，以及本地存贷款银行的逐渐消失，银行业开始转型，这一实践证明可行的制度也迅速发生变化。到了 20 世纪 90 年代，市场正在狂奔，个人和机构投资者渴望采取更大的行动，开始过度借款来投资于日益波动的金融市场。本应旁观者清的放款人也在不断借出更多的钱从而套住了自己，并且因此只能竭尽所能让这个游戏进行下去。而银行不仅没有强制实施更严格的贷款条件，反而在应该提高抵押品要求的特殊时刻降低了要求。这意味着个人和机构可以用更少的财产来贷款得到更多的资金。就好像这还不够糟糕似的，贷款机构此时还引入了旨在增加流动资金的创新，它们开始允许借款人将借贷所购买的金融资产用作抵押品。只要市场不断上涨，股票价格下跌，这个制度看起来就仍然行之有效。

到了 1997 年的秋天，这整个纸牌屋（house of cards）都倒了。俄罗斯和亚洲日益严重的债务危机导致长期资本管理基金（Long Term Capital Management fund，简称 LTCM）的失败，这些基金威胁要遏制整个全球经济。当时，LTCM 的杠杆达到了 33：1。由于市场效率提高所造成的利润率下降，公司投注了太多。按照分期投注的套期保值策略，LTCM 认为，如果一个股票下跌，另一个股票将上涨，可以出售以弥补亏损并偿还贷款。其管理人员没有预料到的是，几乎所有的赌注都在同一时间下滑。每 33 美元投资只有 1 美元的回报，当市场崩溃时，他们没有足够的流动资金来履行债务。随着证券、债券和其他金融证券的价格差异下降，LTCM 开始大量投注。不仅如此，其管理人员用来担保贷款的相当一部分抵押品是他们购买的证券、债券和金融工具。因此，当这些证券的价值下降、抵押品的价值下降时，放款人发出保证金通知，贷款人需要支付更多的钱来抵押贷款时的抵押品。但由于 LTCM 杠杆较高，因此没有足够的流动资产来满足保证金要求，而不出售其经理人贷款时购买的证券。由于损失如此之大，他们不得不出售大量资产支付给银行，这样在这一经典反馈循环中，这就驱使证券价格更加的低。LTCM 卖出的股票和债券越多，价格就越低；价格走低，追加抵押品价值下降的保证金要求就越高；保证金要求越高，必须出售的资产越多。投资的本质和新的贸易网络不可避免地导致损失极快地加速。在这种情况下，像大多数其他情况一样，速度更加致命。而情况越来越惊人，因为国内外一些主要银行和金融机构在公司投入了大量资金。LTCM 与世界经济一样，已经接近完全崩溃。直到 2008 年。

今天这些故事听起来都很熟悉——市场变得更加不稳定和脆弱，世界在过去十五年也变得更加危险。1998 年，纽约联邦储备银行负责人威廉·麦克多诺（William McDonough）召集了十四家银行和金融机构集团，并责成他们提出挽救 LTCM 并拯救全球经济的计划。他们提出的计划要求该组织的每个成员出资 1 至 3 亿美元，当时看来这似乎是一笔巨额资金，但放在今天，简直杯水车薪。36.25 亿美元在当时就足以挽救市场。十年之后，磁带将被重新插入并再次播放，但这一次，风险将大大增加，成本将呈指数级增长。

低效的效率

1992 年，在苏联解体一年后，新保守主义的政治理论家弗朗西斯·福山出版了一本很有影响力的著作《历史的终结》，这本书是从他1989年写的一篇文章中发展出来的。他总结自己的分析时写道："过去几年来的一个显著结果是，全世界范围内出现了自由民主制度作为合法性政体的共识，因为它征服了像世袭君主制、法西斯主义这样的对立意识形态。不仅如此，我认为，自由民主可能构成'人类意识形态进化的终点'和'人类最终的政治形式'，并因此'构成了历史的终结'。也就是说，早期形式的政体具有种种严重的缺陷和不合理性，从而导致了它们最终崩溃，而自由民主制度则可以摆脱这种根本的内部矛盾。"[8]随着福山论证的展开，他对自由民主的理解被证明与资本主义是分不开的。然而过去二十年来的历史，证明了他和他的新保守主义以及新自由主义的支持者在绝大多数事情上的错误，但在这其中错得最严重的则是所谓资本主义的合理性。虽然资本主义不断扩张，民主国家的数量不断增加，但最近的历史也暴露了这一制度固有的不合理性、矛盾和低效率，并且导致了日益严重的社会不平等和即将来临的自然灾害。

矛盾的是，这些不合理性是因为坚持市场的合理性而产生的，而这些低效率也是市场效率提高的后果。代替有效市场假说，我提出了一种低效市场假说（inefficient market hypothesis，简称IMH）。根据这个理论，追求理性和效率最终将导致市场不合理和效率低下。这不是外部因素的结果，而是以有效市场假说为基础的增长思想所固有的矛盾后果。我们已经看到市场的合理性需要效率，而这又取决于速度。随着市场变得更加理性，发展速度加快，效率也就越高。然而，当到达某一特定时刻，生产变得过度快速和高效。处理过度生产的不合理性和低效率的唯一办法是过度消费。这就要求消费者借着花着他们本不需要的钱，去买他们本不需要的东西。金融资本主义将消费资本主义消费一切的景象转化成了这样一个社会，在这个社会中投机者坚持认为，投资者应该借贷和投资金钱给那些本来不安全（insecure）的证券（securities）。

二战期间，全国的工业产能都被调配以支持战争。这导致了消费品的缺乏，反过来又导致需求疲软。战争的结束迎来了万斯·帕卡德（Vance Packard）在他的经典研究《垃圾制造者》（*The Waste Makers*）中所称的"丰饶时代"（era of prodigality），这也为持续增长创造了动力。在战后的十年内，国内需求与消费品的更新保持了同步，但到 20 世纪 50 年代后期，需求下降，其他的市场发展了起来。

随着生产的发动机全速运转，以及消费者的消费量减少，美国企业开始在其他国家寻求新的市场。雄心勃勃重建欧洲的计划在很大程度上就是由美国的经济利益所推动的。但是我注意到，空间扩张是有限度的，到达这一限度后，就需要制定新的战略来保持系统的运行。在战后的几年中，空间扩张让位于时间加速——周期性生产产品被引入，以吸引消费者更快地购买更多的东西。例如，在 1958 年，底特律开始每年推出新车型。正如帕卡德指出的那样，"到 1960 年，美国的驾驶者平均每两年半就要把他们的'老'车交易掉。福特汽车公司在他们的一个广告中表示，这表明大部分机动车拥有者都变得非常聪明和精明。这个广告里说，汽车一般到这个时候就会开始出现轻微的毛病和损伤。此外，这个广告里还说，'两年是汽车的流行期。此后它的优势就会消失。'"〔9〕这一策略保持了很长时间。

20世纪50年代,美国人的消费是战前的两倍多,到了20世纪60年代,美国在耐用消费品产量方面是苏联的20倍。当尼克松副总统1959年7月24日在莫斯科举行的美国展览会开幕式上与尼基塔·赫鲁晓夫会面时,显然战争已经从战场转向了市场。虽然大多数人认为尼克松相比于赫鲁晓夫已经占据了上风,但消费主义的黑暗面此时才刚刚开始抬头。早在20世纪50年代中期,营销顾问维克托·勒博(Victor Lebow)在《商业界》(*The Journal of Retailing*)上写道:"我们丰裕的生产经济⋯⋯要求我们使消费成为我们的生活方式,将商品的购买和使用转化为仪式,在消费中寻求我们的精神满足和自我满足⋯⋯我们需要越来越快地消耗、燃烧、磨损、更换和丢弃东西。"〔10〕在20世纪50年代,消费者债务的增长相比收入增长快了3倍,而当1959年塑料信用卡被引进,支出的速度就更快了。当时发布的《商业周刊》(*Business Week*)报告,总结了所有相关财政部门的五个关键词:"借款、花钱、购买、浪费、希望。"〔11〕在这一点上,消费主义成为了当今的散财宴(potlatch),其价值不仅取决于过度生产,而且也取决于过度消费。然而,消费似乎已经变得没有了理性,事实证明这只不过是市场升温的开始。

市场资本主义长期以来不仅与理性有关,而且还与选择自由相关。到了20世纪的后半叶,经济学原则将理性定义为描绘市场的理性。理性主要被定义为经济意义上的,那些与个人、公司或国家的自身经济利益不相关的则在某种程度上是不合理性的。由经济逻辑界定的选择被广泛认为是不容置疑的好——选择越多就越好。在这一领域中，选择的自由只不过是购买和消费的自由。根据这种逻辑，经济进步可以通过消费者选择数量的多少来衡量。虽然很少有人认同，但实际上，增加选择的数量与其说提高了人类福祉，不如说扩大了市场。

想一想：一般的美国超市有48 800件货品；卫星电视台有500个以上；一个饮料售卖机上有125种饮料选择；一个制衣公司有65种不同风格、140种颜色和面料，共计9100种选择；一个新的Nook平板电脑拥有70万个Google应用。[12]这些无穷无尽的消费产品真的给了人们更多的选择？还是只给了一些拥有不同风格的相同选择？更多的选择真的总是更好吗？

现代化这种有计划的淘汰策略，企业家坚持不懈的创新，以及现代主义与当代时尚世界的交叉，揭示了当今市场的不合理性和低效性。我们已经看到，现代主义是由对新，或者更确切地说，是由对一个无限更新过程的彻底的保证所定义的。很少有人认识到，艺术家以创意创新的名义所提出的激进批判的立场，结果却强化了他们声称抵制的经济力量。由于新的东西总是要被更新，那么有计划的淘汰就是现代艺术所固有的。虽然标新立异作为审美理想，常常看起来完全不切实际，但就工业和金融而言，标新立异对于经济增长来说，却是可行和必要的。如果市场蓬勃发展，过剩就是必不可少的，表面的就是本质的，无用的就是有用的。这并不意味着在生产线中加入前卫艺术和扩张市场是明确或直接的。相反，许多创新的现代艺术就是为了颠覆市场力量而奋斗。然而，正如我们在对冲基金和私募股权基金的考虑中所看到的一样，市场具有非凡的恢复力量，使其能够整合对立面，将反对者纳入自己的轨道。当艺术抵制转化成为了促进经济的力量，高雅的艺术就普及化、商品化了，而商品则进一步审美化。

这些动态在现今的快时尚（fast - industry）工业中体现得尤为明显。如果时尚本质上是现代的，那么快时尚就是典型的后现代主义。当秋季和春季的时尚季引入了更大的产品差异化和产品周期，却仍然不能满足无限的利润需求和更快的经济增长需要，那么此时似乎只剩下一个解决方案：更换齿轮，加快生产的引擎。伊丽莎白·克莱因（Elizabeth L. Cline）在她的《过度打扮：廉价时尚的高成本》一书中表示："快时尚是一种激进的零售方式，它从季节性销售中脱颖而出，全年不断地投放新的库存。快时尚商品的价格通常低于其竞争对手。西班牙的 Zara 开创了快时尚的概念，该公司在其商店每周提供两条新生产线。而 H&M 以及 Forever21 每天都更新款式。"[13]快时尚是商业世界的高速、大容量交易。正如金融公司可以通过小赌注赚小钱，通过大赌注赚大钱，时尚界的人们也可以依靠精雕细琢的设计来赚大钱，或者通过快时尚来赚小钱。

快时尚企业家从工业科学管理中学习经验，尽可能紧密地整合了供应、设计、生产和销售。快时尚的一个重要创新是扭转了将生产外包给遥远国家的趋势，以减少产品进入商店所需的时间。正如我们将在第七章中详细看到的，新技术现在可以高速收集、处理和传输大量关于消费者偏好的数据，从而使市场能够比以往任何时候都更快地根据需求加以调整。哈佛商学院的白皮书（whitepaper）里报道说，"Zara 的时尚秘密，这个'快时尚'系统取决于 Zara 供应链的每一个部分持续不断地交流——从客户到商店经理，从商店经理到市场专家和设计师，从设计师到生产人员，从买家到分包商，从仓库管理者到分销商等等。"与过去几十年变得如此"时尚"的分布式网络（distributed networks）相比，Zara 的非凡成功更多的是取决于一个用于管理物质和非物质流的集中式网络。结果令人印象深刻。"Zara 的设计师每年创造大约 4 万个新设计，有 1 万个左右会被选中加以生产。其中有些类似于最新的时装设计。但 Zara 经常在市场上击败高端时尚产品，它们以稍微次一点的面料提供与高端品牌差不多的产品，但价格则低得多。由于大多数服装都有 5 到 6 种颜色和 5 到 7 种尺码，所以 Zara 的系统每年平均要处理 30 万个新的库存单位。"[14]

如果说批量生产必须同时生产大量消费，那么快速时尚就必须产生超快速、超大量的消费。快时尚行业的营销策略是通过鼓励冲动消费来鼓励最短的短期决策，这主要有两种方式：第一，货物的价格要高到足以最大化利润，但又要足够低，能让人们因为价格而毫不犹豫地购买；第二，商家引入和淘汰商品的速度要足够快，以至于客户会担心他们正在犹豫购买的商品第二天就买不到了。随着时尚季让位于不断的"创新"，炫耀性消费变成了持续不断地消费。加速时尚变化以尽可能地将客户带回商店的策略，已经取得了显著的成功。今天的美国服装行业是价值 120 亿美元的产业，美国家庭平均每年在衣服上花费 1700 美元。克莱因指出："如今，1700 美元的年度预算可以买到大量的服装，包括 485 件 Forever 21 的'Fab Scoopneck'上衣，或者 340 双 Family Dollar 的女士凉鞋，或者 163 条 Goody 的七分裤，或者在 Target 超市买 56 件 Mossimo'修身'

长裤，或者是 47 双 Charlotte Russe 的坡跟鞋，或者 11 件 JCPenney 的西装，或者 6 件拉夫·劳伦（Ralph Lauren）的晚礼服。"[15]而在产生了快时尚的欧洲大部分地区，情况更是疯狂。在一篇题为《英国膨胀的壁橱：快时尚的发展意味着女性每年购买了相当于她们一半体重的衣服》的文章中，保罗·辛姆斯（Paul Sims）报道说，英格兰的女性平均每人有 22 件衣服挂在衣柜里从未穿过，她们一生将会平均花费 201 000 美元在衣服上。[16]

　　许多人因为生活节奏太快，甚至没有足够的时间购物，而为了满足这部分人日益增长的需求，一些公司正在结合快时尚和大批量定制。据艾德琳·科赫（Adeline Koh）的介绍，一家名为 Stitch Fix 的公司将算法"与人工监管相结合，创造个性化的消费体验。当你注册 Stitch Fix 时，你会填写非常广泛的关于穿衣风格的表格，以及有关个人喜好的文件。根据这些，算法会为你量身定制一些建议。结果随后会转给你的个人设计师，他们拿到这些建议和你的详细说明（比如你讨厌褶皱；你想要一些条纹状的衣物），通过你的在线个人资料浏览你的穿衣风格（如你的品牌板），最后将他们的选择发送给你。然后 Stitch Fix 在'确定'（或快递）中向你发送五件物品（衣物和饰品）"。[17]这些物品的价格并不固定，可以根据每个消费者的预算进行定制。该公司的网站上自夸道，"我们独特的流程伴随着时间的流逝跟踪每个客户的脚步，这使 Stitch Fix 为女性提供了闺蜜一般的购物体验。"衣着风格的资料提供的有价值的信息，还可用于未来的广告和促销活动。对于很多人而言，时尚与传递时尚的技术一样让人上瘾。为了确保增加产品流动，Stitch Fix 的递送可以按照客户的要求每月甚至更为频繁地安排。

产品周期加速的趋势不仅限于时尚，几乎可以在所有经济部门找到。例如，在日本，曾经是行业领导者的索尼公司，就因为对新颖的关注导致了低效率的问题。在一篇题为《爱好时尚的日本耽误了索尼智能手机的机会》的文章中，田渊広子（Hiroko Tabuchi）写道，"日本三大移动网络公司要求手机生产商每三四个月更新一次手机。装有数字电视广播接收器的手机曾经是一时风尚，没有这一设备的手机根本不会被售卖。然后是指纹扫描；现在已经很难找到没有这一功能的手机。同样的事情还发生在旋转屏幕，以及电子钱包上。"日本最大的移动运营商都科摩（NTT DoCoMo）在索尼重金推出的 Xperia Z 智能手机上市四个月后，就停止了销售。田渊解释说："索尼的Xperia Z 陷入了市场困境。手机像时尚一样已经成为了季度性的，而且季度还越来越短。都科摩于 2 月 9 日开始在日本销售Xperia Z，作为运营商 2013 年春季系列的一部分，取代了冬季系列的 Xperia AX。一个月后，3 月 15 日，都科摩宣布夏季系列将推出 11 部新手机，并将用 Experia A 取代 Experia Z，而Experia Z 于一个月前才刚刚上市销售。"由此，营业额一时地加速上升导致的利润增加，实际上适得其反，甚至带来了破坏性。青森公立大学信息技术教授木暮祐一（Yuichi Kojure）承认，"手机制造商已经疲惫不堪……我认为在这里［日本］，越来越多的人开始意识到这样的工作方式在手机行业是不可持续的。"[18]

埃尔罗·莫里斯（Errol Morris）的纪录片《又快又贱又失

控》就是关于当今的快时尚，高速手机和高速、高容量金融网络。虽然如今这种荒谬的情况似乎是不可否认的，但那些认为一切都在掌控之中的人们，仍然坚持认为应对经济放缓的唯一途径是进一步加速。然而，当今时代经济和金融资本主义的不断加速正在滑向系统失败的边缘，一旦过界，彻底的崩溃将不可避免。这一界限由三个相互关联的危机所标识：选择、浪费和债务。为了更深入地讨论问题，我将在此一一仔细探讨。

选择。在《资本主义与自由》（1962）和《自由选择》（1980）¹⁶⁵等著作中，米尔顿·弗里德曼表达了新自由主义的基础理论之一，它阐明了选择的危机。"市场的做法是大大减少必须通过政治手段决定的问题范围，从而尽量减少政府直接参与游戏的程度。通过政治渠道采取行动的特征是它倾向于要求或强制执行实质上的一致性。但另一方面，市场的巨大优势则在于它允许广泛的多样性。"[19]相反，多样性被设想为能创造更广泛的选择。但这是真的吗？市场真的允许或者创造了广泛的选择？而且是不是真的我们拥有的选择越多，我们就越好？真正的创新是罕见的；大多数新产品销售的东西实际上是重新包装旧的，这导致了同一事物的永恒轮回（eternal return of the same）。同样的东西，不同的颜色，同样的产品，不同的包装。1.0，2.0，3.0，4.0，5.0……通常情况下，更多的选择实际上也不过是一个有限的菜单选项，旨在满足业务需求而不是人们的需求。令人惊讶的倒是，仍然有这么多人上当受骗。更多的选择不一定更好，反倒往往使人的生活更加紧张。虽然太少的选择可能令人沮丧甚至压抑，但是太多的选择则会将人淹没。越来越多的可能性有时会让人麻痹，实际上会导致更多的焦虑和更少的自由。选择的意识形态超越了产品和投资而扩散到生活的方方面面——堕胎，枪支，学校，医疗保健，退休等——直到选择太多以至于决策疲劳。这么多的选择，这么少的时间。这种情况不仅限于成年人，从父母到孩子都有涓滴效应的焦虑。

浪费。快时尚和高速手机行业是折磨当今世界的各种浪费的隐喻，从人类到原子能，经济、金融和环境无不如此。浪费问题肯定不是什么新问题。然而，像其他一切一样，废弃物的生产和积累在过去五十年间急剧增加。环境保护局（EPA）报告说，美国每年都会扔掉1270万吨纺织品；这相当于人均68磅，令人震惊！只有160万吨这种废物被回收或再利用。[20]过度生产的有害影响不仅限于物质浪费。克莱因正确地强调，纺织工业消耗了过多的化石燃料、能源和水："纺织品的生产过程从来都不是绿色的。Avtex纺织品公司是位于弗吉尼亚州弗兰特罗亚尔（Front Royal）的世界上最大的人造丝厂之一，它于1989年因为毒害了周围的水和土壤而被关闭，到现在仍然被列为环境保护局的超级基金地址。美国纺织制造业在环境无害化的相关技术和规定方面有了很大的改善，但近几十年来，纺织工业已经大部分被转移到国外，这些国家装备不善或仅仅是因为太穷，以至于不能减少纤维制造过程中的环境影响。"中国如今生产了世界纺织品中10%的产品，其空气和水污染则处于历史最高水平。[21]

电子废弃物或e废弃物的情况更加严峻。美国每年生产500万到700万吨的电子废弃物，而且每年以3%－5%的速度增长。大部分废弃物含有铅、铍、镉、钡、聚氯乙烯、汞、多氯联苯和溴化物阻燃剂（多溴联苯和多溴二苯醚）等有害物质。近年来，美国制定了一些法规来控制或禁止在本国处理电子废弃物。但是通过鼓励向外国特别是亚洲出口电子废弃物，同时反对国际法规来解决这个全球性问题只是转移而不是解决了这个问题。电子废弃物中，只有约20％被回收利用。其余的则被送到印度、巴基斯坦、越南等国家，这些国家几乎没有针对废物处理的管理方式。这些地区缺乏适当的监督和管理，导致了严重的环境问题。例如，在山东部分地区，土壤和水分中的铅含量分别是正常水平的200倍和2000倍。此外，废物的燃烧也会造成危险的空气污染，造成广泛的健康问题。再一次，我们可以看到非物质和物质流动是不可分割的——来自美国的电脑显示器，其屏幕上布满了铅，最终留到了中国农村的路边沟渠中。废物和污染，像当今金融市场上流通的金钱一样，没有界限，永不停息。而当这一切都联系在一起时，其他国家的问题也就成了我们的问题，反之亦然。[22]

债务。当前市场的润滑剂和催生素是债务，各种各样的债务：个人债务、消费债务、信用卡债务、学生债务、公司债务以及从州县地方到联邦的各级政府债务。图表可以告诉我们一切。

虽然总的趋势是显而易见的，但债务问题比这些图表反映出来的更为糟糕。因为在当今繁复的金融市场中运作的积极反馈制度更为复杂。各种债务复利的加快，使得按时付款变得越来越困难。此外，随着经济放缓或停滞，收入下滑，债务偿还变得更难。虽然经济学家和政治家一直在争论减税和紧缩（弗里德曼新自由主义的方法）以及提高税收和支出（凯恩斯自由主义的方法）哪个才是处理债务问题更好的短期战略，但毫

无疑问，从长远来看，目前的方式是不可持续的。身处华盛顿的旋涡中心，人们很容易忽视，那些一般认为相互对立的政党

172 实际上都默认了一些成问题的前提。不论是左派还是右派，都坚定不移地将经济增长原则作为衡量国家和个人福祉的标准。此外，还有一个大家都认可的假设，亦即认为经济增长的最佳方式是提高生产和投资的效率和速度，并鼓励人们更快地花更多的钱。如果个人和公司不去提前消费那些他们所没有的钱，如果投资者不去借款投资那些虚拟的证券和金融工具，流动性就会枯竭，物质流动和非物质流动都将冻结。

狡诈的金融。非理性的理性。低效的效率。这些问题并不是从外部降临到经济和金融市场中的，而是促使当今资本主义成为现实的运作和逻辑所固有的。1956 年 11 月 18 日，在与尼克松的厨房辩论（Kitchen Cabinet）三个月之前，赫鲁晓夫引人注目地宣称："我们将埋葬你们！"早在柏林墙倒塌之前，这一预测很明显就是包含致命缺陷的。但新自由主义经济学家和新保守主义政客关于苏联解体后全球资本主义最后胜利的自信说法仍然为时尚早。

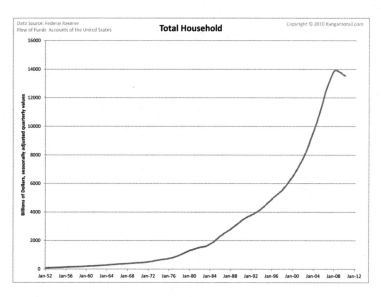

未偿还家庭债务总额，1952－2012 年。经卡斯滕·蒙特（Carsten Mundt）博士许可，转载自《未清偿部门的
债务——1952 年至今的季度图表》，第 168－171 页。网址为 http：//www. kangarootail. com/uncategorized/
debt－outstandingby－sector－quarterly－charts－1952－now. 来自美国联邦储备局的资料，《美国的资金流量
表》。版权所有© 2010 kangarootail. com

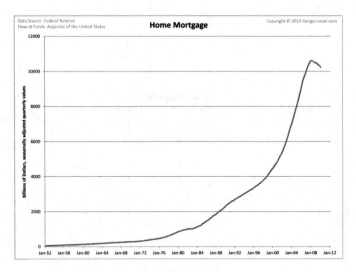

未偿还房屋抵押贷款总额，1952－2012

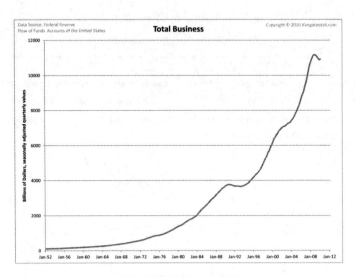

未偿还商业债务总额，1952－2012

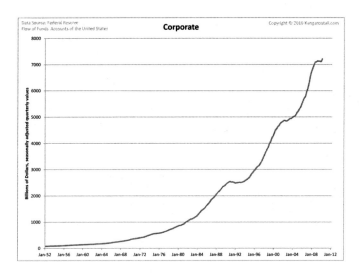

公司债务总额，1952 - 2012

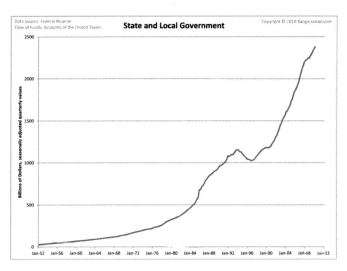

国家和地方政府债务总额，1952 - 2012

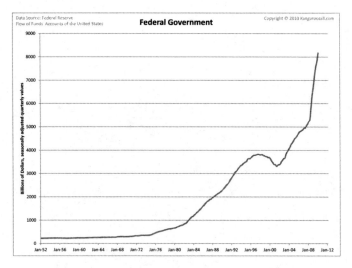

联邦政府债务总额，1952－2012

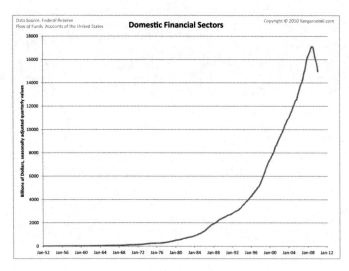

国内金融部门债务总额，1952－2012

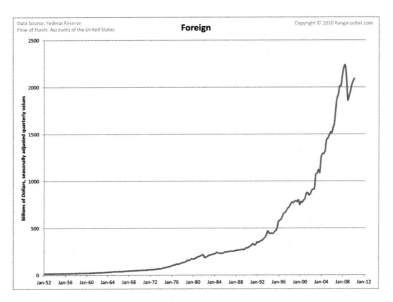

未偿还外债总额，1952 – 2012

7

被连接分割

失去的视域

　　当《时代》杂志在 1966 年的耶稣受难节这一期的封面上刊行"上帝之死"时，其所激起的宗教和神学方面的反应和社会文化界的一样多。"上帝之死"的修辞有力地把握住了 20 世纪 60 年代动荡十年的核心。随着越战愈演愈烈，各地城市的暴乱以及性、毒品和摇滚福音音乐的流行，一个时代似乎已经过去了，但取而代之的到底是什么仍然尚未明朗。虽然许多人认为美国已经失去了方向，但有些人相信，水瓶座时代（the Age of Aquarius）（译者注：起源于 1960 年，当时西方的知识分子，对于过去过于重视科技与物质，而忽略心灵与环保的一种反动。他们对东方的宗教系统感兴趣，并将其与西方的知识系统整合）标志着精神复兴和道德复兴的黎明。自 20 世纪 60 年代以来，困扰时代的冲突不断加深，并继续加重了使国家瘫痪的僵局。再一次地，当前许多问题的起源可以追溯到新教改革。

当托马斯·奥尔泽第（Thomas Altizer）在他臭名昭著的《基督徒无神论福音书》（1963）中宣布上帝的死亡时，他就引用了一个可以追溯到宗教改革的形象。我们已经看到，现代主义开始于路德从天主教会的外在仪式和教阶制度转向内在私人的人性，他相信在那里可以找到唯一的真相。两个多世纪后，克尔凯郭尔著名的"真理是主体性"的宣言总结了这一道路，并展现出这种个人化和私人化的真理与确定性的重大影响。让人不可思议的是，19世纪欧洲与20世纪美国之间的桥梁是弗里德里希·尼采的著作。20世纪的真正开端始于弗洛伊德的《梦的解析》和1900年尼采的去世。弗洛伊德总是说，他拒绝阅读尼采，因为他担心会受到尼采的影响。这种恐惧是有根据的，因为尼采比其他任何人都先知先觉，预料到20世纪的混乱、不确定性和焦虑。他对这种地震般的文化转变的隐喻是上帝的死亡，值得注意的是，尼采声明上帝之死的地点是在市场：

> 疯子跃入他们之中，瞪着两眼，死死盯着他们看，嚷道："上帝去哪儿了？让我们告诉你们吧！是我们把他杀了！是你们和我杀的！咱们大伙儿全是凶手！我们是怎么杀的呢？我们怎能把海水喝干呢？谁给了我们海绵，把整个视域擦掉呢？我们把地球从太阳的锁链下解放出来再怎么办呢？地球运动到哪里去呢？我们运动到哪里去呢？离开所有的阳光吗？我们会一直坠落下去吗？向后、向前、向旁侧、全方位地坠落吗？还存在一个上界和下界吗？我们是否会像穿过无穷的虚幻那样迷路呢？那个空虚的空间是否会向

我们哈气呢？现在是不是变冷了？是不是一直是黑夜，更多的黑夜？在白天是否必须点燃灯笼？我们还没有听到埋葬上帝的掘墓人的吵闹吗？我们难道没有闻到上帝的腐臭吗？上帝也会腐臭啊！上帝死了！永远死了！是咱们把他杀死的！"[1]

175　　到20世纪60年代中期，社会、政治和文化的混乱，让越来越多的人深深地迷失了方向。人们失去了曾经稳定的中心以及曾经看起来安全的基础，不再清楚什么是正确的，什么是错误的，什么是上，什么是下。黑夜似乎正在来临。

　　尼采所描绘的图景是想要唤起不仅对人而言，也是对上帝来说的死亡、坟墓和腐烂。然而，还有一幅同样重要的图景则总是被忽视："我们怎能把海水喝干呢？谁给了我们海绵，擦掉整个视域？"从路德和笛卡尔开始的向主体的内在转向，以客观世界在主观经验中的消失而告终。这种对视域的擦除用泡沫蒙骗了所有人，使得人们很难逃离。由于上帝、自我和世界的形象总是相互关联的，所以有必要修改尼采关于上帝之死的宣告。超越的神已经死亡，并重生为一个强大的人类主体，他根据自己的形象创造了世界。马丁·海德格尔（Martin Heidegger）认识到，尼采用现代创造性的主体来代替传统作为造物主的神，是整个西方神学和哲学传统的顶点。海德格尔在他的名文《对技术的追问》中写道，通过现代科学技术，人们"神气地成为了地球主人的角色。这样一来，人们就会遇到这样的印象：好像周遭的一切事物都是他们自己的制作品。这种幻象导致了一个最终的妄想：看起来好像人所到之处，遭遇的都是他们自身而已"。[2]

尼采将那些限制个人的泡沫和仓库称之为"视角"。他相信生活中没有潜在的或总体的意义或目的；相反，这个世界只不过是非本质现象的不停流变，可以以无限的方式加以解释。尼采在他最著名的格言中写道："与实证主义不同，实证主义总是固守现象——'存在的只有事实'——但我会说：不，它们恰好不是事实，只是解释。我们不能'在他们自身之中'建立任何事实：想要这样做也许是愚蠢的事情。"[3] 对于尼采 176 来说，没有真理或客观事实，因为真理和事实总是被特定个人从其视角来解释的。他坚持认为，"'解释'，引入意义而不是'说明'，根本没有事实，万物皆流，不可理解，难以捉摸；相对而言最持久的是我们的意见。"如果没有事实，只有解释，如果所有的解释都是通过差异巨大且经常相互冲突的视角来确定的话，那么真理就是相对的。尼采的结论里回响着费奥多尔·陀思妥耶夫斯基（Foyodor Dostoyevsky）《卡拉马佐夫兄弟》一书的声音。

　　人们看到的越深，人们的价值就消失的越多——无意义的接近！我们创造了占有价值的世界！知道了这一点，我们也就知道，对真理的尊重已经是幻觉的后果。相比真理，人们应该更加重视那形成、简化、塑造和发明的力量。

　　"所有事物都是错误的！所有事物都是被允许的！"[4]

在 20 世纪末和 21 世纪初，尼采的视角，他将其解释为"权力意志"相互冲突的表达，已经通过增加高速、全天候的信息和媒体网络而被创造和固化成泡沫和仓库。与预期相反，连接性的增加导致了更深层次的分歧和更加敌对的对立。然而，将日益加剧的地区、国家和全球冲突仅仅归功于新兴技术是错误的。在过去的半个世纪中，宗教和文化上的分歧推动了社会和政治分裂，最终导致了很大程度上被忽视的国内移民，这进一步使该国分裂。为了理解这一分裂所产生的问题的严重程度，有必要了解这些分裂产生的方式和原因。又一次，物质（人）和非物质（数据和媒体）的流动相互加强的作用被证明是变革性的。

泡沫机器

1969 年春天，美国等许多国家的大学校园如火山般爆发了。在诊断困扰社会的具体弊端时，青年们一致将造成这些问题的原因归结为"制度"。虽然这个术语的具体所指并不明确，但是它获得了广泛的共识，人们都认为侵略性的社会和政治结构在压抑他们。对于很多 20 世纪 60 年代的年轻人来说，主要的问题在于如何获得经验并建立行动来排除、抵制甚至推翻制度。有些人跟随弗洛伊德和蒂莫西·利里（Timothy Leary），并认为为了能够改变世界，有必要先改变意识。他们进一步转向内在，就像他们之前的无数东西方神秘主义者一样，试图依靠毒品来转变意识，他们相信这会带给他们一个新时代。另外一些人则追随马克思和赫伯特·马尔库塞（Herbert Marcuse），他们认为，要改变个人的意识、价值观和实践方式，必须改变世界。转向外在，他们力求通过激进的政治行动来改变社会，而这将导向现代前卫艺术所一直向往的乌托邦。虽然主流宗教的追随者们认为，这些青年的叛乱是对他们所相信的一切事物的反对，但这种反对文化实际上是一种精神运动，它们与在天主教和基督新教的外围开始发生的重要事件并行。

基督教新右派作为一种反－反对文化而出现，他们通过伪造一个不存在的联盟而成为可能。20 世纪初，新教基要主义突然登上舞台，它是作为对意大利、东欧，特别是爱尔兰移民涌入的许多东海岸城市的强烈反天主教的反动而出现的。新教徒和天主教徒之间的紧张关系一直持续到 20 世纪 60 年代末，直到当时的教会领袖和他们的追随者判断社会问题大于神学上的分歧。导致这种意想不到的发展的一个主要因素是美国的日益多样化。新教徒和天主教徒在反对新移民方面找到了共同的立场，相比于这两个阵营之间的差异，新移民与他们在社会、经济和政治上的差异似乎更大。这两个团体同时也认为，世俗化和人道主义的崛起构成了来自无神论社会的威胁，对于真正的信徒来说，这标志着西方文明的终结。178

强调一下 20 世纪后半叶，宗教在美国生活中的作用有多大的变化是十分必要的。1960 年，约翰·肯尼迪不得不前往休斯顿，去安抚那些对白宫的天主教政策感到紧张的基要主义者和福音派，因为他相信"在美国，教会和国家分离是绝对的。没有哪个天主教教士能告诉总统（他应该是天主教徒）应该如何采取行动，也没有新教牧师能告诉他的教区居民应该投谁的票——没有任何教会或教会学校会获得任何公共资金或公共支持——而且也没有人会仅仅因为他与提拔他的总统或选举他的人民信仰的宗教不同就被剥夺公职"。[5] 到 2004 年，这种情况已经完全改变：红衣主教约瑟夫·拉青格（Joseph Ratzinger）在若望·保禄二世教皇（Pope John Paul II）的支持下介入了美国的总统竞选，他反对天主教徒约翰·克里，并支持福音派新教徒乔治·布什。拉青格写信给美国主教，禁止他们与那些拒绝给堕胎定罪的天主教候选人进行交往。未来的教皇为了强调他的观点写道："天主教政治家如果持续运作和投票允许堕胎和安乐死法"是"犯了与邪恶合作之罪，因此不值得让他们参加圣餐"。1960年和2004年总统选举的差异，表明了自那时以来，有多少事情发生了变化。

179　　二战结束后出现的民族自由政治议程、消费文化以及冷战，共同创造了有利于回归基要主义和福音派的社会条件。20世纪60年代政治、社会和文化发展中的三个因素决定性地改变了对政治的厌恶，这种厌恶长期以来塑造了基督教保守派：（1）政府权力的扩大和社会福利计划的增长；（2）被认为越来越活跃的联邦司法机构；（3）由反对文化带来的价值革命。战后期间，联邦国防、公共教育和福利计划的开支大幅上升。从罗斯福新政开始的进程，在约翰逊的伟大社会计划中达到了顶点。到20世纪60年代，社会福利计划和民权活动汇集了一系列广泛的政策举措，使得宗教和政治保守派感到非常困扰。随着联邦政府的迅速扩张，相应的管理生活方方面面的法规不可避免地开始增长。

在冷战造成的两极分化的氛围中，许多保守主义者认为，这些政治和经济举措正在引导国家走上社会主义的道路，最终将导致共产主义。这种恐惧似乎得到了联邦司法机构在行动上的证实，特别是在沃伦法院的时代（1953－1969）。20世纪50年代，苏维埃的威胁日益严重，导致了反共产主义的复苏，民族主义和爱国主义也出现了明显的上升。随着约瑟夫·麦卡锡

（Joseph McCarthy）煽动起第二次红色恐惧（Red Scare）的火焰，国会通过立法，将"天佑美国"（under God）插入了效忠宣誓（pledge of allegiance）；一年之后，一个试图在所有货币和硬币上都增加"我们相信上帝"图案的法案被通过。但不到十年后，国家似乎扭转了走向，1963 年，最高法院禁止了在学校祷告。在写给大众的两个关键案件中，雨果·布莱克（Hugo Black）法官写道："组织官方的祷告不是政府职务的一部分。"第二年，法院又裁定，在学校阅读圣经是违宪的。比利·格雷厄姆 180
（Billy Graham）作为对这些决定最直言不讳的批评者之一，宣称这一判决代表了"最危险的趋势"，表明了"美国迈向世俗主义的又一步"。[6]对于许多保守主义者来说，这些决定代表了自 1954 年的布朗诉托皮卡教育局案（Brown v. Board of Education of Topeka）以来，（政局）进一步的左转。正如阿拉巴马州的一位议员所说，"法官们把黑鬼（Negroes）带进学校里，然后把上帝驱逐了出去。"[7]

正如反主流文化不是铁板一块，而是由对立分化的个人主义和政治文化所构成的，反对反对者的文化也是如此，它们最初分裂为福音派与五旬节派（Pentecostals）。一方面，他们专注于通过与耶稣基督的个人关系来达到个人的转变；另一方面，基要主义者们相信圣经的绝对正确，从而不仅试图将其字面意义强加于最高法院，而且还想让它们为宪法所采用。吉米·卡特，而不是罗纳德·里根，是第一个重生（Born-again）为基督徒的总统，而且有相当多的证据表明，相比于里根，卡特对待宗教更为认真。在他竞选期间，卡特非常享受来自于许多宗教保守派的广泛支持，因为他将家庭的完善当作他竞选活动的核心。然而，选举之后，福音派人士开始怀疑，卡特是否是他们这样的保守派人物。虽然他们因为卡特没有减税和削减福利而感到失望，但导致卡特与新宗教右派分裂的主要问题是他对《平等权利修正案》（Equal Rights Amendment）的支持。由于担心这项法案对家庭的影响，一群保守派的宗教领袖，包括奥罗尔·罗伯茨（Oral Roberts）、杰里·法尔韦尔（Jerry Falwell）、吉姆·巴克（Jim Bakker），以及最重要的蒂莫西·拉哈耶（Timothy LaHaye），与卡特会面，讨论了他的立场。当他坚持确保妇女平等权利的重要性时，这些宗教领袖决定撤回对他的支持。这一决定与其他一些事情一起导致了罗纳德·里根当选为美国第四十任总统。新宗教右派与新保守主义政治家联合起来，制定了一个主要由其所反对的方案来界定的方案。这些新的真正的信徒是反现代主义者，反世俗主义者，反共产主义者，反社会主义者，反人道主义者，反自由主义者，反相对主义者，反女权主义者，反精英主义者，反科学以及反同性恋。不幸的是，这一政策在今天听起来仍然很熟悉。

　　虽然这些发展有很多理由，但主要的原因是旨在提供社会安全网络和确保更公平地分配财富的种族政治和经济政策。宗教意识形态往往掩盖了个人和政治上的偏见以及经济上的利益。随着种族隔离政策的破裂和大政府的扩张，一度稳固的南方民主党一片飘红。但还有其他事件，最终将以意想不到的方式与这些发展相交。一些天赋异禀的孩子们在旧金山的郊区吸着迷幻药，在车库里约会，在自制家用计算机俱乐部会面，并创造了个人电脑，他们认为这些个人电脑会将他们从镇压他们的系统里解放出来。

一还是多？

在西方哲学的整个历史中，最持久的问题一直是"一还是多"的问题。实体本质上是一还是多？这个问题既是哲学的也是神学的：只有一个神（一神论），还是有很多神（多神论）？我们发现上帝、自我和世界的形象是不可分割的；因此，值得注意的是，一还是多的问题也会引起心理、社会和政治问题。自我是统一的还是多样的？社会是融合的还是隔离的？共同体应该是包容性的还是排他性的？整体和部分之间的关系问题就是一与多的问题的变种。自 20 世纪 60 年代以来，整体的意义就逐渐被自我和社会的分裂化掩盖。诸如电报、广播、电视，以及最近的互联网和万维网等新技术，通过提供沟通手段，使人们能够克服差异，保持了恢复或创造这种整体感的希望。但现实情况往往让人大跌眼镜，旨在团结人群的技术通常最终会割裂人群。我们以为会有一个由电子技术的神经系统构成的地球村，但现实是我们所拥有的是一个被各种墙分裂得七零八碎的世界，我们有现实的墙来隔离非法移民，也有虚拟的墙来保护政府的秘密以及由光速构成的围绕着这个世界的虚拟资产。在这一模式中，我们看到许多重复的景象，通过高速运输、信息通信和金融网络提升的连接性，不单使人们的联系更加紧密，同时也创造了深刻的社会、政治和经济分化。

比尔·毕肖普（Bill Bishop）在他极富有启发性的著作《大分类：为什么人以群分正在分裂美国》中认为，在过去的几十年里，有一个"意识形态化分裂的美国"（ideological Balkanization of America），这是大量国内迁移的结果。这种转变不仅体现在红蓝州的分裂上，更重要的是显现在地方（local）和郡县

（county）层面人口的再分配中。数据是令人惊讶的——每年美国有4%到5%的人会搬到不同的郡县；在整个20世纪90年代，超过1亿人改换过郡县。毕肖普的这一数据是很有意义的，因为它们不仅显示了迁移的人数，还表现了他们的运动模式。人们都从更多元化的社区搬到了更同质化的社区，结果就是国家的融合程度越来越低，分裂程度越来越高。毕肖普写道，"1950年代、1960年代一直到1970年代的美国，是一个
183　在宗教、政治和经济上越来越融为一体的国家。从20世纪50年代到70年代中期，整个共同体确实在政治一体化上得到了显著成长。"[8]但是在20世纪70年代初，这一轨迹突然开始转向：国家开始变得更加分化，共同体也不断地被割裂。

　　有很多原因导致当时的结构转变并没有得到广泛认可。20世纪60年代的文化冲突促使政治、经济和宗教开始右转，而这一右转的深远影响在几十年后才逐渐变得清晰。美国早期的内部迁移主要是经济而不是文化因素的结果。否则那些不想搬家的人们也就不会被迫离开熟悉的社区，搬到一些陌生甚至不太友好的地区。虽然对于1970年以后的国内移民来说，经济困难仍然是一个重要因素，并且在今天的外国移民中也还是主要因素之一，但毕肖普坚持认为，1970年至2000年的人口迁移由不同的因素驱动。人们"围绕他们的价值观、品味和信仰重新安排生活。他们聚集在志同道合的人所组成的社区，而不仅仅是在地理上靠近的地方。在此期间，教会在政治上更趋同质化，同样的趋势也发生在公民俱乐部、志愿者组织以及政党中间。人们不仅仅只是在移动。整个社会都在变化"。[9]这个关键点值得重视。人们不仅仅因为经济困难而迁移，虽然这仍

然是一个很重要的原因。相反，他们是通过自由选择而迁移，这当然会受到经济因素的影响，但更多时候是出于信仰、文化、教育和生活方式的考虑。由于这些变化，越来越多志同道合的人生活在同质化社区的飞地（enclaves）。检查了 2004 年至 2006 年间在德克萨斯州收集的数据后，艾伦·阿布拉莫维茨（Alan Abramowitz）和布鲁斯·奥本海默（Bruce Oppenheimer）报告说："美国人越来越多地生活在居民相互分享价值观念的社区和邻里中，他们也越来越多地把选票投给那些反映了这些价值观的候选人。"[10] 在越来越多的社区中，真实和虚拟的围栏以及真实和虚拟的保安被引入，以保护这些飞地免遭那些被认为不属于此地甚至危险的陌生人的入侵。

184

这些变化带来了一个令人困惑的问题：是慎重的政策和实践导致了地域移民，还是自我分类的过程改变了政治格局？以一种日后将会变得清晰的方式，高速信息和通信网络助推了这一进程。一方面，一些分析人士认为，更快的计算机可以收集、存储和处理更多的数据，这些数据可用于为复杂的选区划分制定蓝图，进而会削弱选举过程中的竞争。这创造了一个自我增强的循环，当快速、便宜和无所不在的媒体网络以有限的政治议程来推举候选人时，该循环进一步加强。另一方面，一些分析人士认为，基层的内部移民反映了两党政治权力的再分配。换句话说，人口流动推动了政治，并从而推动了政策，而不是相反。真实的情况则介于两者之间。现实中人口的流动影响着观念和信息的流动，观念和信息的流动又影响了人口流动。虽然这种情况已是老生常谈，但它发生的速度是前所未有的。

自我分类的这一进程导致了政治、社会和经济分工的深化。我们可以通过最近发生的事情来了解这些变化的意义。在50年代期间，只有三分之一的选民可以辨别两党之间的差异，即便在参议员约瑟夫·麦卡锡的红色恐怖之后，也只有一半的国民知道保守派和自由派的政策分歧。毕肖普认为，"美国人的理想是生活和睦。国家的目标是节制并且有某种共识。鉴于大萧条的创伤和第二次世界大战的恐怖，这些当然都是合理的目标。"但共识也是有缺点的。虽然今天看起来并不合理，但在战后期间，有一些评论家担心，政党正在失去自身独特的认同，他们认为两党的温和一致走得太远。1950年，美国政治学会发表了一项为期四年的研究结果，结论是"呼吁思想独立且强大的政党的回归"。[11]

20世纪50年代和60年代之间的另一个重要差异——这一差异对这些发展做出了贡献——是人们对政府态度的变化。在50年代后期，10个美国人里有8个支持政府的大部分方针、政策和行动，但到了1976年，支持率已经跌到了33%。[12]20世纪60年代的经济、政治、社会和文化动荡是造成这种态度变化的主要因素。不过，很少有人指出，对政府的这种不信任被身处政治光谱两端的人民分享。如同通常的情况一样，太过极端就会殊途同归，反主流文化群体的观点（左派）和反对这些反主流文化群体的观点（右派），实际上比他们自以为的要接近得多。

我们已经看到，20世纪60年代的反主流文化有两极：政治上活跃的这一极，试图通过改变世界来改变个人的生活；以精神为导向的这一极，则试图通过改变个人意识来改变世界。

当福音派和五旬节派通过宗教仪式和与耶稣基督的个人关系来促进个人的更新时，嬉皮士们则通过性、药物和摇滚所带来的个人体验来寻找本真性。20 世纪 60 年代，两个阵营的年轻抗议者都呼吁拆除压抑个人和社会的政治制度。相比之下，嬉皮士仍然专注于个人体验，并怀疑一切来自政府的干预。如果说他们有政治立场的话，那他们往往是自由主义者。虽然左派和右派在宗教、政治和文化的各个方面都相互对立，但他们都不约而同地要求政府不要插手人民的事务。[13]再一次地，根本的问题是个人与较大的社会整体之间的关系问题。保守的基督徒和嗑药嗑疯了的嬉皮士、雅皮士们都无比推崇个人的价值，并且无情地批评任何可能侵犯个人权利的体系、制度或机构。在反主流文化和反－反主流文化之间的这种诡异联盟，为 20 世纪 70 年代开始的技术革命和经济革命创造了条件。

186

拼接切割大数据

虽然我亲身经历了这一时期，但是直到几十年之后，我才开始了解在我周围发生的很多事情。在 20 世纪 80 年代末和 90 年代，通过与艺术家、建筑师和博物馆馆长们的讨论，我被引入了艺术和建筑界，这时我才意识到，在许多领域和社会经济基础设施方面，技术带动了多少创造性的事业。为了更好地理解这个新世界，1988 年春天，我参观了麻省理工学院的媒体实验室，它当时已经成为了建筑学院的下属机构。实验室主任尼古拉斯·尼葛洛庞帝（Nicholas Negroponte）和他的同事们亲切而慷慨。实验室分为几个团队，每个团队都在开展不同的项目。我记得最好的三个组是关于机器人学、修复术和个性化报纸的。在当时看来，为每个人出版个性化报纸的想法似乎还只是幻想。然而，尼葛洛庞帝和他的同事们不仅非常认真地对待这个项目，而且他们坚定地认为，这些出版物将很快就会提供给任何想要他们的人。七年后，尼葛洛庞帝在他最畅销的著作《数字化生存》中描绘了他对未来新媒体的展望，以及那个将以全新的格式呈现的世界。"想象一下，未来你的网络接口代理（interface agent）可以读取每一条新闻和报纸，并捕捉地球上的每一个电视和广播，然后构建一个个性化的摘要。这样被印刷的报纸全球独此一份。"他称这个创新为"日常之我"（The Daily Me）。[14]

我越是思考尼葛洛庞帝的计划，就越是觉得，实际上这一计划正是五百年前由古登堡的印刷机和路德的圣经所开启的印刷革命的逻辑结果。印刷机虽然导致了出版物的标准化，也改变了人们写作的方式，但也使交流私人化。口述文化必然会比印刷文化更为公开；随着印刷和沉默式阅读的到来，人们可以将自己包裹在自己的茧中。早期关于印刷的批评中对孤独和孤立的评论，听起来与今天那些担心他们的孩子们独自坐在电脑屏幕或手机设备前玩电子游戏、发短信的父母一样，尽管他们实际上很少真的看见孩子们这样做。

到 1995 年，所有东西都已经到位，尼葛洛庞帝的梦想开始成为现实。《数字化生存》出现的时间，正是英特尔前 CEO 安迪·格罗夫（Andy Grove）所称的新旧沟通方式和新旧广告方式的"拐点"。我们已经看到，如果想要让大规模生产有利可图，就必须创造大规模的消费。而这就需要发展从公共运输、大众传播到大众广告的各种新兴行业。在第一次世界大战期间，广告的主要媒介是印刷品，只有很少一部分是广播，但二战以后，大众广告开始转向电视。虽然第一个普通电视台（regular television station）成立于 1940 年（纽约市的 WNBT），CBS 和 NBC 在 1941 年开始进行商业传播，但电视网络（network telecasts）直到 1949 年才开始。电视对企业之所以如此有吸引力，是由于其超过之前所有媒介的扩大广告业务的能力。全国范围内的广告业务极大地扩展了大众市场，并且导致产品规模日益扩大。虽然区域和个人差异并没有完全消失，但在整个 50 年代，产品的同质化程度越来越高，进而促进了社会的同质化。颜色可能会有所不同，但模型都是一样的。灰色法兰绒西装和莱维敦镇已经成为了同一化的象征，越来越多的人感到窒息，所以在麦迪逊大街上调情的"广告狂人"和郊外的"绝望主妇"们只能通过出轨（crossing lines）来求得放松，即便他们禁止其孩子们这样做。

到了 90 年代后期，技术开始出现，它将会改变人们做生意和生活的方式。在 20 世纪 90 年代，大多数主要广告商仍然认为，电视是推广品牌和销售产品最有效的媒介。然而，一些富有前瞻性的企业家很快意识到，互联网和万维网标志着大众传播时代以及与之相伴的一切事物的终结。人们花了这么长时间才认识到，互联网商业潜力的一个原因在于，它是为了军事目的而发明的。20 世纪 60 年代初，美国政府开始担心国家通讯系统有被中断甚至破坏的可能。国防部制定了密集的研究计划，结果形成了一个强大的通信系统，由多台计算机组成，它们连接在一个由更小、更本地化的网络组成的网络中。该系统的结构像是细胞。由此，后来被称为因特网（Internet）的东西，从一开始就是一个连－网（inter－net），也就是一个连接和交流

网络的网络。因特网的分散和分布式结构旨在提供集中式系统
无法实现的安全性。虽然人们对这种新技术的商业潜力有一定
的认识，但出于安全考虑，早期因特网的使用主要局限于军事
用途，有时也会在主要大学进行研究，其中大部分是机密的。

这些限制最终被取消了，但还有其他一些障碍存在。在互
联网的早期，所有的沟通都是文字式（text‐based）的。当我
1992年与赫尔辛基进行远程研讨会时，威廉姆斯学院或赫尔
辛基大学的学生还没有人使用互联网，我们所有的在线交流都
通过打字；仅仅三年后，已经有超过2500万的互联网用户。
这种快速增长创造了前所未有的机会和意想不到的挑战。随着
越来越多的用户和更多的信息越来越快地在世界各地传播，想
要浏览网络，并快速、轻松地搜索想要的信息是越来越难了。

随着马赛克（Mosaic）公司（1993）和网景公司（Netscape）
（1995）先后引入的图形界面，这种情况得到了改变。Netscape
的成功是由两个并不搭调的合作伙伴马克·安德森（Marc An-
dreessen）和吉姆·克拉克（Jim Clark）合作的结果，安德森当时
21岁，是伊利诺伊大学香槟分校的研究生，而克拉克则是硅
谷图形（Silicon Graphics）公司和永健公司的创始人以及硅谷的
主要投资者。通过开发直观的图形界面，网景使得万维网既可
访问又可能无处不在。在伊利诺伊大学，安德森曾在国家超级
计算机应用中心（National Center for Supercomputing Applications）工
作，并且是使用简单图形软件创建马赛克的团队成员。"当马
赛克刚出现时，"约翰·卡西迪（John Cassidy）报道，"万维网
（World Wide Web）上的流量占互联网（Internet）流量的比例不足
百分之一。两年之后，万维网成为了互联网上最受欢迎的部

分，占所有流量的四分之一。正是马赛克承担了这一转变。"[15]1994年，克拉克和安德森创立了马赛克通讯公司（Mosaic Communications），后来为了解决伊利诺伊大学对该公司提起的法律诉讼，他们将其更名为网景（Netscape）。克拉克提供了 190 300万美元的初始资金，一年之后，华尔街传奇分析师玛丽·米克尔（Mary Meeker）将公司推入了市场。网景的股票飙升至每股170美元，在不到6个月的时间内，该公司的估值为65亿美元。这首次的公开募股即开启了网络热潮，当然，它最终还是破产了。不久之后，米克尔和克里斯·德普伊（Chris DePuy）发布了《互联网报告》（The Internet Report），它很快成为了网络创业者和投资者的圣经。摩根士丹利在哈珀柯林斯出版社（HarperCollins）出版纸质版之前分发了超过30万份报告。长期的研究预测，信息和网络技术的爆炸性增长将创造一个前所未有的金融机会。

当时几乎没有人注意到，在网景的设计中似乎无关紧要的一项技术将会改变行业并改变世界。这个创新就是浏览器缓存（cookie）。约瑟夫·托罗（Joseph Turow）在他的著作《日常的你：新广告业如何定义你的身份和价值》（The Daily You: How the New Advertising Industry Is Defining Your Identity and Your Worth）中甚至表示，最终，浏览器缓存"将会比除浏览器以外的任何东西都更多地塑造网络上的广告和社交关注"。浏览器缓存包含着从网站上发送的数据，并储存在用户的电脑上以便收集和传输个人的在线活动数据。随着时间的流逝，浏览器缓存记录了使用历史，提供了关于用户的个人兴趣、喜好、活动、个人朋友和专业人士的有价值信息。浏览器缓存是1994年由卢·蒙特利

（Lou Montulli）开发的，用以解决网景的营销问题。该代码最初旨在服务于类似"购物车"的东西，"使网站能够跟踪客户购买的不同项目。由于没有办法识别客户，每个放入购物车的点击都会出现在网上商店，就好像它源自不同的人一样"。[16]安装完成后，浏览器缓存可以随时跟踪用户的活动，包括所有购买和访问过的网站。蒙特利和他的同事们对缓存技术的调整作出了一个重大的决定——他们允许浏览器缓存在不询问用户是否安装它们的前提下运行。1995 年，微软通过在第一个版本的 Internet Explorer 中集成浏览器缓存功能来跟踪网景。微软浏览器项目总监迈克尔·沃伦特（Michael Wallent）承认，利润前景超越了对透明度和隐私的担忧。"我想没有任何人会认为，如果浏览器缓存在浏览器中被排除了，浏览器还能在市场上取得成功。"[17]今天，50 个最大的互联网网站，平均会在每个访问他们网站的用户电脑上安装 64 个浏览器缓存。[18]

1980 年代电讯业的管制放松为 Compu-Serve（1979）、Prodigy（1982）和美国在线公司（AOL）（1985）等早期商业网络铺平了道路，这里面的最后一个公司是我在威廉斯学院任教时的一个学生史蒂夫·凯斯（Steve Case）创办的。1994 年以前，国家科学基金会（National Science Foundation）还没有对互联网盈利所依赖的网络结构进行控制。对于网景来说，此时的时机是再好不过了。整个 20 世纪 90 年代，人们还不太清楚如何通过互联网和万维网获利。由于互联网已经开始得到政府的支持，因此它最初被大学用于学术目的，这也造成了它免费在线发放材料的传统。许多早期创新者和用户的政治观点强化了这一政策，他们的座右铭是"信息想要自由"。这个"自由"指的是自由

191

流通，没有任何限制或费用。然而，为了在 20 世纪 90 年代竞争激烈的金融和消费市场赚钱，信息实际上既不可能自由流通，也不会真的免费。

互联网和万维网货币化的早期策略涉及广告。公司、广告机构和网络创业者将杂志和报纸作为他们营销活动的模板。为潜在投资者评估公司价值的公认方法是根据"点击率"或访问的数量计算潜在的广告收入。评估广告效果的这种方法的问题在于速度，就算使用了浏览器缓存技术，当时也不可能以足够快的速度收集、处理和管理数据，以便于及时调整生产、营销和发售。最重要的是，并没有足够确定的方法来评估任何一家新的在线公司的真实或潜在价值。风险投资公司明确承认了这一事实，它们往往通过对 10 家公司进行投注来对冲风险：尽管经理人知道也许有 9 家公司将会失败，但他希望起码有一家能够大赚，以弥补其他投资的亏损。

到了 2010 年，这一切都变了，而变化的原因再一次是因为计算和处理速度的显著加快。2009 年，Facebook 创始人马克·扎克伯格（Mark Zuckerberg）针对 Twitter 的快速增长做出回应，他向其每月的十亿活跃用户保证，公司将"增加流量"，并"继续增加信息流动的速度"。[19]过去几年媒体和技术方面的卓越变革是四项技术创新的结果：超高速、低成本计算；超高速算法数据处理能力；云存储大量信息；以及广为人知的"大数据"。

这些变化带动了人们经营方式的根本转变。新媒体、信息和通信技术已经从大众消费转向了大规模定制。我们已经看到，市场可以通过在新的城市和国家开设商店和办公室，而在空间上扩大；市场也能通过为消费者引入更多的选择而扩大差异化；同时，市场还可以通过加速产品周期而在时间上做文章。当提高速度和效率导致产量过剩时，企业通常会使用这三种策略来增加利润。20世纪上半叶，大规模生产、大众消费和大众媒体形成了反馈循环，其中每一个部分都在驱动着其他部分。20世纪后半叶和21世纪的第一个十年间，可以收集、存储和处理信息的超高速电脑，以及个人电脑、便携式平板电脑和手机的出现，使得商家可以跟踪和定位客户以及消费者，并根据他们的个人兴趣和品位设计产品。

大数据已经成为了大生意。2008年创建的世界上最大的数据公司之一Blue - Kai的创始人奥马尔·塔瓦科尔（Omar Tawakol）曾说："数据之于信息经济就如石油之于工业革命。"[20]近年来，电脑的速度持续加快，与此同时，相对廉价的计算机广泛地接入分布式网络以存储数据并快速访问。随着云计算的出现，企业有效地外包了信息技术业务，并开始分享资源以实现规模经济。许多公司提供了所谓的"融合式基础架构"（converged infrastructure）和共享服务，其作用类似于电网。租用而不是占有是云计算的座右铭。虽然个人商业网络仍然是专有的，但网络之间增加的连接使得网络可以以更快的速度处理更多的数据。

这一数据爆炸的范围很难被计算。在《哈佛商业评论》（*Harvard Business Review*）专门讨论大数据的特刊中，安德鲁·麦卡菲（Andrew McAfee）和埃里克·布林约尔松（Erik Brynjolfsson）报告说："2012年的每一天都会创造大约2.5艾字节（exabytes，简称EB）的数据，而且这个数字每个月都翻了一番。

互联网上每秒产生的数据比此前二十年储存的还要多。这使得公司有机会在单个数据集（a single data set）中处理许多拍字节（petabytes，简称 PB）数据，而且这些数据不仅仅是来自互联网。例如，据估计，沃尔玛从其客户交易中每小时收集超过 2.5PB 的数据。一个 PB 是一千万亿字节（即 1 000 000 000 000 000 字节），或者相当于大约 2000 万个文件柜的文本。一个 EB 则是这一数量的 1000 倍或者 100 万 GB（gigabytes）。"以这种方式收集的不可估量的数据，以及以惊人速度处理和发送的数据正在改变着商业和生活。麦卡菲和布林约尔松继续说道："对于许多应用来说，数据创建的速度比容量更重要。实时或接近实时更新的信息使公司比竞争对手更加敏锐。例如，我们的同事，'桑迪'亚力克斯·本特兰（Alex 'Sandy' Pentland）和他在麻省理工媒体实验室的团队，使用手机的定位数据来推断在黑色星期五（美国圣诞节购物季的开始）有多少人在梅西百货的停车场。这使得我们可以在梅西百货记录这些销售之前，就估计出那一天零售商的销售额。类似这样快速的观察可以为华尔街分析师和商业街的经理提供明显的竞争优势。"[21]麦卡菲和布林约尔松认为，这些创新正在创造一场前所未有的管理革命。少数评论者认识到，这些发展实际上扩展和加速了由电报、电话以及股票行情器的发明和联网所带来的管理革命，同时也是对伴随着复制、计算、组织和归档系统的工业革命的扩展和加速。

最先认识到大数据营销所带来影响的其中一人，是亚马逊创始人兼首席执行官——杰夫·贝佐斯（Jeff Bezos）。在互联网和万维网商业化的早期，大多数人认为，通过在网站上销售广告或者通过网络销售可以传播的音乐、视频、金融资产，甚至是教育材料，都可以赚钱。贝佐斯并不否认有以这种方式产生的利润，但他更感兴趣的是在网上销售真实的东西。他也知道，虚拟空间与实际空间不同，扩展没有限制，因此他将其公司命名为亚马逊（译者注：以地球上孕育生物最多的亚马逊河命名）。贝佐斯在 1994 年创立公司时，大多数人都对他持怀疑态度，但他一直保持乐观。他每次高调的宣传都使用让人印象深刻的图表和图形，以预测亚马逊的美好未来，以及全新的零售模式。贝佐斯的计算体现在他所说的"预估利润"（pro - forma profits）中，他解释说："（预估利润）指的是当我们开始经商时将要赚取的利润。"尽管花了好几年时间，但贝佐斯终于还是笑到了最后，怀疑他的人们不得不开始追赶他，而这在网络经济中几乎等于失败。卖书只是个开始；现在已经越来越清楚的是，他的公司的野心是销售一切，并成为地球上最大的零售商。

亚马逊的成功不仅在于运营的规模和速度，而且还在于贝佐斯很早就认识到数据的价值。公司刚一创建，亚马逊的领导层就开发了软件来收集和管理与消费者喜好和习惯相关的数据，他们使用这些信息来帮助宣传产品。其他人慢慢也理解了亚马逊的策略的意义。信息不仅对销售商品有价值；它本身也可以商品化并出售获利。亚马逊试图同时实现信息的这两种价值：他们利用收集的数据来销售自己的产品，并且，结合他们在云计算业务上投下的赌注，他们还将这些数据出售给其他公司来销售自己的产品。

公司了解他们的客户越多，他们就可以越好地跟踪客户并且更有针对性。通过采用越来越先进的监控技术，广告商正在设计新的方式，不仅可以应对消费者的需求，而且更加致命的是，他们试图塑造消费者的欲望。在 2010 年的《华尔街日报》里，有一篇霍尔曼·詹金斯（Holman Jenkins）题为《谷歌以及朝向未来的搜索》的采访，在这次采访中，谷歌首席执行官埃里克·施密特（Eric Schmidt）提供了他对即将到来的世界的想法，"实际上，我觉得大多数人不想让谷歌回答他们的问题。他们只想让谷歌告诉他们下一步应该做什么。"施密特预测，越来越强大的手持设备将使电子式的好运（serendipity）成为可能。谷歌告诉我们要搜索什么；谷歌告诉我们该想什么；谷歌告诉我们要问什么问题；谷歌告诉我们想要的是什么；谷歌告诉我们该做什么；谷歌告诉我们要买什么；谷歌程序带来的好运。问题是程序的好运根本不是偶然性本身。₁₉₆

如果数据是信息时代的石油，那么搜索引擎之于信息革命就如蒸汽机之于工业革命。如果你无法快速获得信息和数据，这对你不会有任何好处。虽然竞争非常激烈，但目前搜索引擎争夺的大赢家仍然是谷歌。谷歌对于每个人的生活来说，已经是如此普遍和侵入性的存在，以至于人们很难回想起它是多么新的一个公司，它的发展速度又是多么得快。该公司成立于1996 年，由两位斯坦福大学的研究生拉里·佩奇（Larry Page）和谢尔盖·布林（Sergey Brin）创立，并于 2004 年上市。由于谷歌的规模和速度，谷歌的技术如此地具有变革性——其竞争对手既无法在收集数据的量上与谷歌竞争，也无法以与谷歌相匹配的速度来处理和发送数据。"想要理解市场营销人员为什么会对搜索引擎广告感到如此兴奋，"图罗（Turow）解释说，

"可以考虑几十年来，他们对于所谓的'购买渠道'或'消费者决策历程'是如此关注，这指的是人们购物时所采取的多层次购物方式，从选择产品的认知到采取选择行动。谷歌的创新意味着，当消费者通过在线决策来购物时，广告商第一次如此直接地与庞大的个人建立起了联系。营销人员希望通过使用搜索引擎优化（search - engine optimization，简称 SEO）和付费搜索两种方式与消费者个体联系起来，这些消费者使用谷歌来搜索商品，而他们搜索的条目反映了他们的购物兴趣。"[22]

　　谷歌在搜索市场上占据统治地位的程度令人震惊——所有搜索活动的 80% 和移动搜索的 98% 都在谷歌上完成。在谷歌上市后四年，该公司控制了全球搜索业务的 78%，每年的营业额达到了 220 亿美元。2010 年，施密特透露，谷歌在两天内创造了接近 5EB 的数据，这比人类从诞生到 2003 年期间创造的数据还要多。[23]在搜索行业，时间就是金钱，因此谷歌开发了 Spanner，世界上最大的数据库，它通过使用 GPS 和原子钟同步整个网络，以确保全局的一致性。安德鲁·菲克斯（Andrew Fikes）将 Spanner 描述为"新时代的数据库……它的触角遍布全球，但同时又表现得好像在一个地方一样……它是第一个可以称之为全球数据库的东西——作为一个数据库，它旨在无缝运行数百个数据中心、数百万台机器和数万亿行信息。Spanner 是一个如此大的创作，当然会有一些麻烦围绕着它发生。但最终的结果很容易解释：使用 Spanner，谷歌可以向全球受众提供网络服务，但仍然可以确保世界上某一部分服务发生的事情与其他另外一部分发生的事情不产生矛盾"。[24]当全知（omniscience）和全在（omnipresence）成为技术现实，全能

197

（omnipotence）还会远吗？

但即便如此快速的指数级增长对谷歌来说也是不够的；他们的工程师正在全天候地工作，以提高搜索的效率和速度。数据公司正在围绕所谓的"语义搜索"（semantic search）功能展开高速竞争。佩奇和布林作为计算机科学家，一直将谷歌视为人工智能公司；他们的野心一直是开发一个结合网页级别（page ranking）和目标术语或目标分类（targeted terms or categories）技术的搜索引擎。然而，这种方法的困难之一是，当术语脱离语境，它的含义通常也会丢失。虽然计算机能够存储和处理大量的信息，但实际上它们是愚蠢的，因为他们无法理解他们存储的信息的意义或含义。这一限制造成了搜索的效率低下。每个人都有这样的经验，当他们输入一个特定词语或术语，就立即收到几十个不相关的参考。语义搜索将通过考虑该术语的语境，从而更好地确定意义的特殊性，来克服这个困难，这将大大提高搜索的效率。

2013 年 1 月，谷歌宣布，任命雷·库兹韦尔（Ray Kurzweil）198 担任新任工程总监。他是一位作家、发明家、企业家、未来主义者，是即将来临的"奇点"的先知，以及硅谷奇异大学的联合创始人。库兹韦尔在谷歌研究的目标是开发出可以理解他们处理的文本语言的计算机。库兹韦尔在奇点大学的 NASA 校区首次就他的新职位接受采访是非常合适的。根据其网站，奇点大学由库兹韦尔、佩奇和其他几个硅谷大佬创立，其目标是"教育、激励和允许领导者应用指数级技术来解决人类的巨大挑战"。尽管它的创始人认为，奇点大学是一个全新的教育机构，但实际上它的传统可以追溯到现代的开端。奇点大学是

21世纪新时代的乌托邦主义与高科技相融合的地方。对于库兹韦尔来说，创造可以阅读和思考的电脑是人类直面他们的最大挑战——死亡——的一部分。对于许多信心满满的软件工程师和虚拟现实的爱好者来说，身体仅仅是肉而已，死亡也只不过是一个工程问题。虽然库兹韦尔和他的小伙伴们的手段是新的，但这种不朽的梦想却和人类一样古老。这些现代信徒实际上认为，在不到五十年的时间里，技术将使人们的生命延续几百年，在不久的未来，则有可能永远活下去。然而，这个梦想现在与柏拉图时代一样，仍然是幻想。由于非物质和物质不可分割地交织在一起，所以身体的死亡是不可避免的。

对于那些坚持这种关于未来的幻想的人来说，迈向这一目标的重要一步是创造一个可以理解概念的意义的人工大脑。施密特通过使用他所说的"热狗问题"，解释了语义搜索的重要性，"它到底是一条'很热的狗'还是一个'热狗'？如果你知道这个人是否有狗，或者你知道他是否是一个素食主义者，将潜在的让你对这个问题得出非常不同的答案"。通过在语境中来理解意义，以及在线和离线追踪人们的活动，语义搜索将使谷歌能够预测问题，甚至是在人们提问之前就提供答案。库兹韦尔的计划是创造他所宣称的"控制论朋友"（cybernetic friend），一个极其强大的搜索引擎，"它比用户更了解他们自己"。作为一个未来主义者，他自信地预测道，"我设想再过几年，大部分搜索查询将在你没有实际询问的情况下得到回答。"[25]隐居的俄罗斯百万富翁和前在线媒体巨头迪米特里·伊斯科夫（Dmitry Itskov）进一步推进了这一想法。他发起了2045行动（2045 initiative），致力于"大规模生产有生命的低成本计算机化身，可以用来上传人脑的内容，并且具有所有的意识和个性特征"。[26]到这个时候，人类－机器的循环将会关闭，我们将进入技术所标记的"后人类时代"。

谷歌对搜索业务的统治掩盖不了最近出现的其他强大的公司，这些公司大多数人从未听说过。例如，我们可以想到安克诚（Acxiom），它成立于1969年，总部设在阿肯色州的小石城，该公司占地五英亩，拥有超过23 000台电脑。每个星期，安克诚的网络都会发生超过一万亿次的交易。截至2012年财政年度，Acxiom的销售额为13.3亿美元，实现利润7726万美元。[27]据伊莱·帕里泽（Eli Pariser）介绍，该公司拥有约96%的美国家庭和全球5亿人口的数据。安克诚通过向客户提供这些数据来赚钱，这些客户中的大多数将其用于营销目的。当然，数据也可以用于其他目的，这既可能是有益的，也可能是有害的。

华盛顿的丑闻已经提高了人们对个人、罪犯、公司和——最令人不安的——政府盗窃、滥用且销售数据的关注。为了应对日益增长的抵制大数据的行动，安克诚最近发起了一场公关活动，向人们保证个人信息不会被滥用。一个叫Aboutthe-Date.com的网站现在允许消费者查看该公司在其营销数据库中存储的个人数据。娜塔莎·辛格（Natasha Singer）报导说，这个网站上的数据包括"生平，如教育水平、婚姻状况和家庭中的子女人数；房屋所有权状况，包括抵押金额和房屋规模；车辆细节，如构造、型号和年份；以及经济数据，如家庭成员是否有组合投资超过15万美元的积极投资者。当然也有客户最近的购买类别，如加大号的服装或运动产品；以及家庭兴趣爱好，如高尔夫、狗、短信、胆固醇相关产品或慈善活动"。[28]安克诚的新政策是否会提供更多的透明度，还是只是公司收集更多数据的另一种方式，还有待观察。初步迹象并未让人们感到乐观。当辛格登录 AbouttheData. com 时，她无法访问自己的营销资料。经调查，她发现在她发表了一篇有关访问安克诚档案的文章之后，该公司就将她从营销数据库中剔除了。

伴随着新公司的不断产生，以及其中的一些公司以前所未有的速度增长，大型企业正在不断变大。最近，苹果公司的市值占据了标准普尔指数的 4.3%，以及全球股票市场的 1.1%。亚马逊则继续主宰网上零售和电子书籍。一个很少有人注意到，但对未来可能更为重要的事实是，亚马逊在云计算方面下了巨大的赌注，预计这将为大数据带来极大的利润。虽然脸书（Facebook）尚未提出可靠的财务模式，但其战略将通过其十亿用户的个人数据获利。亚马逊愿意以低廉的价格出售 Kindle 的原因之一，是设备的价值更多来自于收集消费者偏好的数据，而不是来自于销售书籍。虽然贝佐斯收购《华盛顿邮报》到底是出于何种计划，现在还并不明晰，但毫无疑问，这一出版物将提供更多的数据，以便在其他商业领域中获得财务优势。销售、数据和信息是相辅相成的。销售的产品越多，收集的数据就越多，而公司处理的数据越多，销售的产品也就越多，从而进一步提供更多的数据，并增加销售额。虽然脸书以惊人的速度增长，但它仍处于增长的过程中。对于一个缺乏经过检验的收入模式，高管们认为，他们可以将社交图谱（social graph）转化为他们的经济优势，这是他们平台的基础。社交图谱实际上提供了网络上每个人的全景图以及他们相互连接的方式。这些信息对于有一类公司是有潜在价值的，这些公司试图识别有共同兴趣并具有类似消费者偏好的群体。然而，脸书用户是否同意允许公司以这种方式使用他们的个人信息，仍然是不确定的。如果对隐私越来越多的关注使得人们不允许脸书使用或出售他们的个人资料给市场，那么如果公司上市，过度渴望的投资者过早地入市买入股票，就很容易成为最大输家。

当然，谷歌现在仍然是大数据行业的领导者，并且其领先地位日益巩固。尽管微软已经将数十亿美元用于开发搜索引擎，但谷歌仍然控制了美国三分之二的搜索流量，并且在欧洲占据了90％。所有公司的增长战略都旨在扩大其收集、存储和处理数据的能力：只要想一想 Gmail、日历、短信、即时通讯、谷歌新闻、财经、购物、电子钱包、播放、照片编辑和 YouTube 就知道了。没有什么是免费的，尽管表面看来并非如此，用户为谷歌服务支付的价格实际上是因为公司提供的有价值的数据。谷歌的未来更多地取决于来自数据的利润而非来自广告——谷歌几乎是空手将人们给予它的东西货币化了。谷歌与流行的安卓操作系统的合作，以及谷歌地球和谷歌街景，很快就可以在世界任何地方定位潜在的消费者。马克·安德森和²⁰²脸书首席运营官雪莉·桑德伯格（Sheryl Sandberg）声称，这些技术创造了"情境意识"的可能性，这使得公司不仅可以了解某个人的位置，还能了解他或她正在做什么。对于营销人员来说，一个人是在购物、和朋友一起吃饭还是在看电视或者睡觉，是有区别的。但是，当公司掌握这些数据时，库兹韦尔所谓的控制论朋友不一定能够满足用户的最大利益。希瓦·维德哈雅纳坦（Siva Vaidhayanathan）正确地警告了这项技术所带来的危险："我们不是谷歌的客户：我们是它的产品。我们的幻想、迷恋、偏好和兴趣，是谷歌向广告客户销售的产品。当我们使用谷歌查找网络上的东西时，谷歌会使用我们的网络搜索来查找有关我们的内容。因此，我们需要了解谷歌以及它是如何影响我们去了解和相信事物的。"[29]

这些巨型公司的目标是将消费者吸引到自己公司的平台上，并利用其规模和速度来挤压竞争对手。在过去的十年中，巨大的信息和数据垄断出现了，它们可以控制互联网上的大部分流量。这个发展有深刻的讽刺意味。我们看到，在信息革命的早期，个人电脑爱好者展现了一个新的时代，分散式和分布式的网络将把信息交到人民手中。这一行动，通过让个人获得以前只有主要企业和公司才能获得的技术，促进了更大的竞争。这一巨大的影响是由于去中介化，去除了中间商，让卖家和买家直接接触，从而降低交易的成本和时间。而现在正在发生的事情却恰恰相反。取代信息的分散化、分配和去中介化的是信息的垄断，这创造了新的聚集、分发和销售信息的集中式结构。不断扩展的平台和不断增长的数据管理目录服务正在生产者和消费者以及用户和客户之间创造新的中介。像20世纪初的工业垄断一样，21世纪初的信息垄断增加了经济、金融、社会和政治问题。它们的入侵能力对个人隐私和国家安全构成了严重威胁，这使得当今的信息垄断更加危险。

在这个复杂的网络中，数据和金钱之间的界限在哪儿已经不再清楚了。当货币是流通的时候，钱是有效的信息或数据，数据、信息和定制的广告都是金钱。这种情况提出了紧迫的问题：谁真的拥有我的数据？我的数据在哪里？怎么收集？关于我的数据是些什么？谁能访问我认为是属于我的个人资料？我死后，我的资料会怎样？随着数据垄断的扩大，对隐私的关注也越来越多。2013年3月12日，大卫·斯特雷菲尔德（David Streitfeld）在《纽约时报》的一篇题为《谷歌承认不负责任的窥探违反了隐私权》的文章中说，谷歌"向州政府官员承认，在街景地图项目中，当它从不知情的计算机用户中随意获取密码、邮件以及其他个人信息时，它已经侵犯了人们的隐私"。据报道，谷歌多年来一直秘密收集来自全球数百万个未加密无线网络的个人信息。

今天越来越多的保密和缺乏透明度的问题，可以追溯到网景公司在不通知用户的情况下插入计算机缓存的决定。随着技术的日益成熟，监控人们在线工作的能力发展很快。虽然消费者群体多年来一直担心安全问题，但迄今为止代表大公司进行的游说工作已成功地说服了政府机构，使得政府认为，实施限制将会对企业造成不利影响。正如我所认为的，还有其他原因，导致了市、州和联邦政府不愿意强加规定。在许多情况 ²⁰⁴下，政府机构使用与公司相同的技术来收集信息，以国家安全的名义进行监督，因此不愿鼓励限制自己活动的立法。此外，应该监管的公司通常向政府官员和机构提供额外的信息。在这个9·11之后媒体越发疯狂的世界，我们已经不可能确定，这些威胁到底是真实的，还是政府和企业官员都在使用恐慌手段来吓唬人们接受最恶劣的违法犯罪监视手段。纽约时报专栏作家比尔·凯勒（Bill Keller）在一篇名为《数据窃取者的入侵》的文章中指出："当我们的隐私被以国家安全的名义入侵时，我们和我们选择的代表，由于害怕被认为是软弱的，因此普遍都默默地支持。我们的自满情绪被一种流行文化加强，这种文化为了一种温和的权威而抛弃了奥威尔的噩梦。在许多我喜欢的犯罪电视剧中，比如《火线》，英国的惊悚片系列《军情五处》，丹麦的原创系列剧《谋杀》，以及令人上瘾的《国土安全》中，监视都是好人在做，并且它也保护了世界。"[30]但这是真的吗？

随着技术发展的速度超出了我们的控制能力，新的情况出现了，我们可以用"不对称透明度"（asymmetrical transparency）来最好地描述它。在这里，我们发现了另一个意想不到的神的死亡的痕迹。数据窃取者的无情凝视取代了曾经是上帝特权的无所不在的监视。在知识是权力的世界里，大数据创造了人类历史上最强大的公司、机构和政府。信息垄断以及无数的小企业对个人的了解太多，而个人对公司的了解则太少。人们不知道这些公司到底有多少，谁在管理他们，以及他们是如何运作的；而且，几乎不可能找出他们拥有什么信息以及他们正在做什么。更糟糕的是，选择退出这些数据收集系统是很困难的，甚至是不可能的。使用信用卡、贷款、抵押、自动收费转发器、手机、平板电脑、网络商业和金融、社会保障、医疗保健，甚至国税局，都会有意无意地提供信息，这也使得我们不可能逃脱信息垄断的范围，而它们的运作机制仍然不透明。无论涉及什么业务，透明度越低，各种滥用的概率就越高。透明度的不对称，其影响是非人性化的。当教会、公司和各种机构保密时，它们通常是保护自己或剥削他人。

保密对于每个人来说是不同的。人们出于许多原因自愿或不愿意地保密。在今天这样一个充斥着脱口秀、真人秀、推特、Facebook 和 YouTube 的世界里，保密已经和上周的时尚一样过时了。似乎没有什么东西是私人的，或者是害怕被承认或暴露的。然而，仍然有很多事物，完全透明是非人性化，甚至是猥亵的。有些时候，看到所有的事物，实际上意味着什么都不知道。并不是所有的秘密都是恶意的；有些秘密甚至使我们成为我们。人类不是一台每个代码都可以被解密的机器。相反，他们对他人以及自己来说，都是不可思议的神秘。窃取秘密是夺取了使他成为他的东西。

在私密和一些并非那么私密的偏好的基础上定位消费者的做法并不新鲜。大规模定制是二次世界大战后引入的细分市场的营销技术的升级。毕肖普指出，1956 年，广告主管温德尔·史密斯（Wendell Smith），"引入了'市场细分'（market segmentation）的想法，史密斯将旧的大众营销策略描述为'向供应要求的意愿屈膝'。在这个模式中，史密斯写道，制造商把国家市场看作一个大蛋糕，并努力采取全面的方式。史密斯则建议公司细分不同的方向。制造商应考虑根据少数消费者的具体需求量身定做产品"。[31] 五年内，细分市场营销推动了广告 206 行业的发展，三十年后，高速电脑和网络技术带动了营销大师唐·佩珀斯（Don Peppers）和玛莎·罗杰斯（Martha Rogers）自信地预言，他们认为未来会是"一对一"的，这将是"一个光速的部落社会"。在提供前所未有的营销机会的同时，他们警告说，这个一对一的未来也将不可避免地导致他们所谓的社会的"分化"。[32]

随着数据以光速在轻便无处不在的手持设备上穿越网络，即时定位消费者和客户，甚至在销售现场制定个人化的价格都成为了可能。几家超市连锁店正在试验眼睛跟踪装置，可以在扫描货架时检测客户的目光停留在哪里。这些信息通过高速计算机传输到数据仓库，数据仓库处理这些信息，由此确定需要将哪些特价产品的广告发送到消费者的移动设备上。所有这一切都是实时发生的。在这一点上，史蒂芬·斯皮尔伯格（Steven Spielberg）和汤姆·克鲁斯（Tom Cruise）在《少数派报告》中展现的视网膜扫描和光学识别系统已经不再是科幻。但是谁能想到，是广告从业者和超市连锁店让它们成为现实？

对于在线广告商来说，最重要的商品就是消费者的关注，当关注受到威胁时，时机就是一切。图罗报道说，根据一位广告业观察者的观点，当个人在使用特定网站时，"个性化定位"通过"实时出价"广告来"捕捉个人消费者"。随着计算速度的不断提高，新的玩家们开始开发软件应用程序，促进网站广告的实时在线拍卖。这些公司中最成功的一家是 Double-Click，它成立于 1995 年，2007 年以 31 亿美元被谷歌收购。DoubleClick 的初始业务模式是为聚友网（MySpace）、美国在线和华尔街日报等网站提供展示广告。谷歌的收购行动是针对微软进入广告业务先发制人式的打击，但真正让 DoubleClick 引起搜索巨头兴趣的是，该公司最近推出了纳斯达克式的互联网在线广告。该系统将网页发布商和广告商集中在可以参与实时广告拍卖的网站上。使高速金融网络得以进行大规模交易的适应性算法正在改变在线广告的购买和销售方式。高速算法拍卖通过在访问特定网站时为个别用户定制广告，从而进一步分化了市场。它们是这样起作用的。假设你计划前往冰岛旅行并登录旅游网站预订航班。首先显示的广告反映了你最近的网站访问和购买历史记录。如果你并不经常前往冰岛，那么对于雷克雅未克的酒店来说，你可能不是一个非常有价值的顾客。但一旦谷歌的 DoubleClick 让客户知道你要去冰岛，那么你对酒店的价值就会上涨，而广告商推广的其他产品的直接价值就会下降。在极其高速的电脑上运行的软件会在网站上投放广告空间，并在你所访问的旅游网站上弹出雷克雅未克酒店的广告。所有这一切都是由算法驱动的，且发生在几毫秒的时间内。

随着大规模定制、个性化定价和实时广告拍卖的出现，用于促进大众消费的广告和营销策略正在迅速成为遥远的记忆。通过彻底推进产品差异化和实时广告拍卖的战略，大规模定制将加速产品周期的策略推向另一个层次。在工业和消费资本主义中，信息技术和大数据都用来销售和购买实际的消费品。在当今加速的消费资本主义中，高速计算、大数据和算法交易正被用于比以往更快地销售更多的产品。但是，与那些导致交换货币变得比货物还轻的事物相比，即使是这样的商业速度也显得苍白。考察当今高速、大批量交易的金融市场之前，有必要 208 考察我一直记录的一些令人不安的社会和政治意义。

破碎的片段

现代性始于路德转向内在个体所导致的主体的个人化、自由化和去中心化，然而当今的高速网络带来的个人、宗教、社会、政治和经济的分裂似乎正在使这一过程走到尽头。虽然工业网络和后工业网络在结构上非常不同，但两者的特征都在于连接和分离以及拼接和切割之间相反甚至时常矛盾的周期性变化。正如打印标准化产品和个性化消费品（即阅读）一样，网络创造的全球联合，与它创造的分离一样多。有一些高墙倒塌，就会有另外的长城崛起，将个人和社区封闭在孤岛中，将他们与真正的连接和谈话隔离。技术越是复杂，连接越是快速，这些碎片就越是分散，直到人们共同的视域消失，每个人都被密封在一个泡沫中，除了听到自己的回声以及跟自己大同小异的声音以外，很难再听到任何东西。这种分裂的结果就是，每一个共同体都丧失了作为共同体基础的共享知识和共享价值观。

我们已经看到，大众传播始于印刷机的发明和路德的圣经、布道以及宣传册的大规模流通。细心的观察者很快意识到，印刷品既是标准化又是个性化的。作为路德最忠实的追随者之一的克尔凯郭尔，是大众媒体非人性化影响的第一个批评者。他批评的重点是 19 世纪欧洲的报刊行业。作为个体的拥护者，克尔凯郭尔认为，现代大众媒体通过将人们变成不知情的媒介，以达到他称之为"公众"的他人的意见和利益，从而压制了个体的思维和行为。在他 1845 年写的一本小书《当今时代》中——这是第一本有影响力的批判媒体的作品——他写道："最终人类的言论将会变得像公众一样：纯粹的抽象——人们不再说话，只剩下客观的反思逐渐沉淀出一种氛围，一种抽象的噪音将使人的言语成为多余，就像机器使工人多余一样。在德国甚至出现了恋人手册；以后恋人们可能可以坐下来以一种通用的方式谈恋爱。任何事物都有手册，总的来说，教育很快将会变成从这些手册中精确辨认出一个或大或小的提纲，人们将从这些手册中选择特定的一个来提升自己的技能，就像打字工人识别字母一样。"[33]

随着大众媒体在 20 世纪的蔓延，克尔凯郭尔很早就认识到的去个人化和同质化的危险变得更加明显。随着国家广播电台、电视台、报刊杂志的出现，信息传播不断扩大，但传播渠道则被几家大公司控制。到 21 世纪中叶，人们收到的信息将越来越像午夜半小时新闻节目一样整齐划一，家庭主妇可以直接以此为参展来计划家庭晚餐。电视台和广播电台没有立即掩盖报纸杂志。尽管许多地方和地区的报纸继续蓬勃发展，像《纽约时报》这样的国家报刊和《时间与生命》这样的杂志仍被广泛阅读，并被公认为权威出版物。但随着这些媒体变得越来越普及，新媒体集团企图塑造意见，从而影响政治、社会和经济发展的力量大大增加。虽然这些早期的信息垄断制造了一种经常扼杀创造力和批评的一致性，但大众媒体仍然有一定的 ²¹⁰ 制衡优势。拥有各种不同背景的人们，从根本不同的观点出发，仍然可以随时获得共享的新闻和信息。他们可能不会对新闻做出同样的评价，但至少他们都在阅读相同的报纸，观看同一个电视网络。

伴随着大规模生产，大众消费和大众媒体转向大规模定制，所有这一切都发生了变化。尼葛洛庞帝和他的媒体实验室的同事们设计了"日常之我"，让人们免于大众传媒施加于他们身上不受控制的束缚。他们相信，个性化的报纸对印刷媒体而言，如同远程控制和录像机之于电视一样，将会把权力交到人民手中。每个人都可以创建自己反映个人兴趣的新闻推送，并随时随地访问。不过，过度的个人化、私有化和权力下放又会产生一整套问题。随着个人电脑让位于手机和平板电脑，随着网络的扩大以及几乎无处不在的大数据，媒体的风向再次转变。生产商开始拆分项目，让消费者以任何他们想要的方式拼接和切割新闻。虽然这种推送新闻和信息的新模式似乎将更多的权力交到了消费者手中，但新的信息垄断力量继续发挥自己的非凡力量，这是更大的力量，因为它是不可见的。也就是说，权力已经从电视网络转移到高速计算机网络，在这里，新闻是由代码、算法和平台制作的。苹果电视旨在用互联网电视取代电视网，这不仅可以提供有利润的节目制作机会，而且还将增加可用于客户跟踪和精确定位的数据。虽然像微软和雅虎这样的公司已经有非常成功的新闻平台，但 2010 年 7 月推出的谷歌新闻现在已然处于领先地位。帕里泽报道说，"谷歌首席执行官埃里克·施密特（Eric Schmidt）直言不讳地说道：'大多数人都会在移动端的设备上进行个性化的新闻阅读体验，这将很大程度上取代传统的报纸阅读。'他告诉一位采访者，'那种新闻消费将是非常个人化、非常有针对性的。它会记住你知道些什么。它会建议一些你可能想知道的事情。它会有广告。对吗？它将会比阅读传统的报纸或杂志更加方便快乐。'"[34]快速的电脑和大数据使得消息源可以实时更新个性化的新闻资讯。你的个人"报纸"不仅与其他用户不同，而且其更新的速度将会快得使你根本来不及读。

媒体和广告方面的这些发展是另一个例子，表明了在当下这个有线世界的核心处，连接和分离之间的深刻矛盾：我们之间的联系越多，我们之间的分离也越多。高速媒体、信息和通信网络中进行的自我调节，反映和推动了真实时空中的自我排序。这些网络并没有打破隔离个人和社区的孤岛，并且成为将它们汇集在一起的网络，而是导致了新的孤岛的出现，使沟通和辩论不再可能。正如大众传播会导致标准化和统一化，从而压制个人创造力和批评，大规模定制也可能导致碎片化和私有化，从而压制共同的知识和价值观，使共识和合作难以达成。

为了政治竞选，政治手段对广告方式的使用无疑给大规模定制加了一把燃料，这也使大规模定制所造成的问题加剧了。我考察了自 20 世纪 70 年代以来发生的内部移民的政治影响。红蓝阵营之间的自我分类和改变选区，使得许多州和国会选区变得毫无竞争。不过，如果人们不投票，那他们住在哪里当然 ²¹² 无关紧要。共和党人又一次首先意识到技术创新对影响选民投票率的重要性。2004 年，乔治·布什对约翰·克里的胜利，在很大程度上是共和党有效利用高速计算机、大数据和精确定位的结果。在大数据时代，政治运动和广告业务都取决于由软件企业家斯蒂芬·沃尔夫拉姆（Stephen Wolfram）所命名的"个人分析"。

萨沙·伊森博格（Sasha Issenberg）在其分析透彻的著作《胜利实验室：赢得竞选的秘密科学》中，就最近在政治竞选中使用的信息技术写道，"对社会科学家和竞选操盘手来说，把选民分割成不同群体是他们的杀手锏；对于圈外人来说，民主进入计算机时代，是现代性令人眼花缭乱和糟糕的象征。"毕肖普解释，2004 年竞选期间编辑的 182 条信息都是"那种已经在一代人身上使用过，来定位糖果或者电脑饰品消费者的数据。然后，布什竞选总部的男孩们穷尽一切办法（sharppenciled）将这些数据与民意调查相对照。根据计算结果，共和党组织者可以确定（有 85% 到 90% 的精确性）任何一个人到底是共和党人还是民主党人"。[35]他们用这些数据来辨认共和党人，而不是试图说服独立派和民主党人超越党派。

民主党从来不认为他们的失败将要到来。他们依靠传统的投票和广告方式，完全忽视了高速数据革命带来的政治机遇。他们很快得到了教训，不过到 2008 年，尤其是 2012 年，他们就在竞争中击败了共和党人。2012 年总统选举后不到一个星期，泽内普·图费克奇（Zeynep Tufekci）报道了民主党人是如何胜选的。据奥巴马的竞选经理吉姆·梅西纳（Jim Messina）所说，这次"竞选'史无前例'地在技术上投资了 1 亿美元，收集'一切数据'，'测量一切'，每天运行 66 000 次电脑模拟"。伊森伯格解释了奥巴马竞选投资和创新的意义："身处各种英雄式的总统候选人之间，他将自己定位为唯一一个可以松动这个国家僵化政治的人，数量庞大的信任他的志愿者和支持者，创造了美国历史上最庞大的数据挖掘和处理业务之一。奥巴马的电脑大量收集着差不多一亿美国人的信息，并从中筛选，以辨别模式和关系。竞选过程中，工作人员不仅在政治策略上蹒跚前行，还涉及市场营销和种族关系，他们清理了被 19 世纪的政治边界和 20 世纪的媒体机构所界定的地域，并根据 21 世纪的分析，将每一个个体选民视为一个独特有意义的单位。"[36]值得注意的是，奥巴马竞选活动的核心处包含着一种反讽。候选人将自己包装为一个可以克服政治、社会、经济和种族分裂的人，同时，也正是通过同样的分裂，通过不断分割的广告策略，以及精确定位每个个体所获得的数据，他才能如此包装自己。这一策略是有效的，数据细分产生了影响。奥巴马在俄亥俄州、弗吉尼亚州、科罗拉多州和佛罗里达州等关键州大概只领先了 40 万张选票，约占所有合格选民的 1%。在大数据和大规模定制的新时代，智能竞选可能是赢得选举的方式，但这些胜利也可能毫无意义。割裂比拼接更加巩固了意识形态的偏见，而这将最终使得统治不再可能。

连接的悖论在网络教育中也是非常明显的。像打印一样，网络课程既正规化又个性化，既标准化又私人化。随着近来大规模开放式网络课程（MOOCs）的爆炸式增长，成千上万的学生从同一位老师那里学习同样的课程。这些课程遵循传统的一对多的通信广播模式，而没有利用网络技术创造的多对多交流的可能性。每个学生自己设定节奏，但所有学生的课程和教学材料都是一样的。当然，尽可能少或无成本地为尽可能多的人提供课程，满足了非常重要的社会和经济目的，但这种统一性的方式也是有缺点的。

只要 MOOCs 规范教育的内容和交付方式，新技术也可以使人们自定义课程，就像人们可以在他们的 iPod 和 iPhone 上定制新闻和播放列表一样。1999 年，纽约投资银行家赫伯特·艾伦（Herbert Allen）和我创立了全球教育网络（Global Education Network），其任务是以极低的成本，随时为所有地方的所有人提供高质量的在线博雅教育（liberal arts）。虽然公司失败了，但我们学到了很多重要的经验教训。在开发新的在线教育方式的同时，我们预判到了大规模定制的潮流，因此我们拆分课程，让学生——或者更准确地说，消费者——组合自己的课程。虽然我们的目标是教育性的，但坦率地说，这种方式是一种营销决策。我们发现很多人并不一定对整个课程都感兴趣，但是他们希望挑选和选择符合他们个人兴趣和需要的课程。通过将课程模块化，拆分课程，并让消费者挑选不同课程组合和混合，我们使他们能够创建自己的个性化教育体验。通过这种方式，我们创造了一个更加灵活、适应消费者即市场的兴趣和需求的教育网络。不过，作为一个终身教师，我重新学习了一个重要的教训——学生并不总是最了解自己。在教育方面，就像在广告和政治方面一样，大规模定制有其缺点。当每个学生都可以自由地编辑他或她的个人教育经历时，学生就不再被引入到塑造社会和文化的共同知识体系中，也不再被引入到以其为基础构215成了社区、社会甚至国家的共同价值观之中。

教育的大规模定制是20世纪60年代开始的发展的逻辑结果。在这十年的后半期，学生团体和教师日益多样化以及他们兴趣的多样化，给课程的多元化制造了压力。新学生和他们最终将成为的新教师，要求新课程处理那些长期被忽视的文化、社会、传统和作家。大多数学校屈服于教师和学生的压力，不仅将西方文明课程改为选修课，并且几乎削减了所有的要求，从而为学生设计自己的课程提供了更多的自由。在20世纪80年代，这些学术问题在阿兰·布鲁姆（Allan Bloom）的《美国精神的封闭：高等教育如何导致了民主的失败和当今学生灵魂的贫困》一书中被政治化了，这本书刺激了人们的神经，并引起一场关于什么是"核心课程"的争论。对于布鲁姆和他的新保守派支持者来说，一个有活力的民主社会取决于那些他们认为在西方传统中得到充分发展的核心价值。

当然，也不是所有的高等院校都屈从于学生和教师的压力，试图去除"西方经典"所要求的课程。例如，我现在任教的哥伦比亚大学不仅保留了核心课程，而且在原先资助艺术和科学等基石课程基金的基础上又翻了一番。哥伦比亚大学的学生现在需要参加9个核心课程，这在其全部教育中所占的比例超过了四分之一。虽然学校努力纳入更多关于其他传统的核心课程，以反映如今越来越全球化的世界，但其他名称的核心仍然是核心。在今天多元化、全球化的世界中，核心是什么也许不再那么清楚，但越来越清楚的是，如果我们能够解决分裂我们的问题，我们就需要共同的知识和共同的价值观。

核心课程和定制课程代表了与大众传播和大规模定制两极平行的两个极端。统一性过多和共同性过少都是常见问题。一方面，标准化压抑创造力，并且打压个人表达；另一方面，定制和私有化则会分裂社会，孤立个人，抑制公民社会所需的共同知识和价值观，并阻断一个有活力的教育生态系统所需要的思想交融。一和多之间持久的冲突重新构成了一个关键的教育问题。我们既不是一也不是多。不论是对于国家还是世界，合众为一（epluribus unum）的理想都位于两者之间。

谷歌眼镜

尼采的视力不好众所周知，这一问题由于难以忍受的偏头痛而变得更糟。他的弱视使他难以阅读和写作，在阳光下则需要戴上深色眼镜。也许这就是为什么他对于视域的消失如此敏感。如同疯子的他所明确表示的一样，视域的消失伴随着上帝之死，包含了深刻的意义。这些意义直到海德格尔四卷本的权威研究才变得逐渐明晰，在这一研究中，海德格尔将尼采的哲学解释为从路德对信仰的个人化和笛卡尔对确定性的探寻开始的意识内在转向的顶峰。海德格尔认为，现代人不论转向何方，都只会遇到自己。海德格尔由此预见了后现代世界，私有化和定制过程将个人和同质化的团体封闭在成为回声室的分裂细胞中。

谷歌的工程师正在开发将使尼采和海德格尔的愿景成为现实的技术。2012 年 5 月，谷歌公司宣布了眼镜项目（Project Glass），其将增强现实的头戴式显示器概念与智能手机的功能相结合。这些看起来像眼镜的可穿戴设备，代表了无所不在的计算的下一个阶段，用户可以不用手就能随时随地访问互联网。谷歌眼镜使用安卓操作系统，可以通过语音命令实时显示短信、地图、视频聊天和照片。虽然初步的示范展示了谷歌眼镜如何为跳伞和山地自行车工作，但其真正的目标市场仍然是广告。正如杰弗里·罗森（Jeffrey Rosen）正确说明的一样："广告一直是一场军备竞赛，广告追逐人，而人则寻找方法——比如说，通过数字录像技术（TiVo）——来逃避广告。但是，一旦广告转移到我们的智能手机上，并且可能会投放到像谷歌眼镜这样希望直接将广告置入我们视网膜的可穿戴设备上，那么，逃避无处不在的广告将比简单删除电脑缓存更难：智能手机的识别号码可没法轻易重置。"[37]

谷歌并不仅仅简单地扩展人机界面，这种人机界面使得人们无所逃于天地间。从麻省理工学院的媒体实验室分离出来的 Affectiva 公司，正在开发一种称为情感计算（affective computing）的新领域的人工智能。该公司的网站解释说："Affectiva 了解情绪的重要性——它与我们生活的方方面面相关。它塑造了我们的体验、我们的互动，并推动我们做出决定。在这个日益为技术所驱动的世界中，情绪要么被忽视，要么过于简单化。我们的使命是使情感数字化，从而丰富我们的技术、工作、娱乐和生活。"这项新技术仍然主要应用在广告上。更复杂的生物传感器（biosensors）使得对面部表情的研究可以评估"数字品牌在参与、注意力、情感沟通和影响力方面"的有效性。在一个为期六周的研究中，该公司专注研究广告如何在这样一个营销信息泛滥的世界里影响消费者。结果显示："新的广告方式……在采购渠道与标准广告单元（standard ad units）的各个层面都展现了全新的影响力。"[38]虽然还没有将眼睛和脸部囊括进来，但声音数据现在已经开始被收集出售给相应的公司，这些公司可以用更精确的方法来定位消费者。Beyond Verbal 公司声称，他们拥有一项专利技术可以使用人们实时说出的原生语言来分析一个人的全部情绪和性格特征。该公司表示："这种提取、解码和测量人类情绪、态度和决策概况的能力，引入了情绪理解的全新维度，我们称之为情感分析（Emotions Analytic-sTM），它改变了我们与机器以及我们彼此之间的互动方式。"[39]如同许多案例所显示的那样，我们开发的技术正在转向我们自身，通过重新编程我们的身体和心灵来改变我们。现在已经很难确定，我们是否还可以控制我们所创造的东西。

8

极限金融

击败赌场

　　奥利佛·斯通（Oliver Stone）有一种异乎寻常的时间感。在1987年股市崩盘仅两个月后，在市场的新时代似乎要内爆的时候，他所指导的电影《华尔街》却捕捉到了时代的核心。到2010年，当续集电影《华尔街：金钱永不眠》上映时，金融市场最近的崩溃使得1987年的危机似乎只是一个微不足道的小插曲。在这部续作中，迈克尔·道格拉斯扮演的主角戈登·盖柯已经因为内幕交易坐了八年的牢，出狱之后，他在宣传他的新书《贪婪是好的吗？》的同时寻找新奇事物。他未来的女婿，雅各布·摩尔，由希亚·拉博夫（Shia LaBeouf）扮演，是一个合格的交易员，并且是路易斯·扎贝尔［由弗兰克·兰格拉（Frank langella）扮演］的徒弟，路易斯正在筹集资金建立一个从事熔合技术的替代能源公司。当股票暴跌，投资对手布雷顿·詹姆斯［乔什·布洛林（Josh Brolin）扮演］为了报复扎贝尔而拒绝救助他时，雅各布的导师跳下地铁站台自杀。随着扎贝尔的去世，詹姆斯占据了他的公司，为年轻的杰克提供了一份工作。为了测试他的勇气，詹姆斯邀请这个孩子参见一场摩托车比赛。一架直升机从曼哈顿摩天大楼的顶楼将雅各布带到康涅狄格州，在詹姆斯所谓的"第二办公室"见面。

这个场景重复了第一部《华尔街》中，盖柯和他的徒弟巴德（查理·辛扮演）之间的首次相遇。不过，这一次出现在镜头中的不再是艺术品和日本人，而是高速摩托车和中国人。詹姆斯向杰克打招呼道：

"可能很危险。你跟得上吗？"
"世界都快崩溃了，我们看着办吧。"

当他们比赛时，所有一切都只跟睾酮和速度有关。穿着最好的杜卡迪（Ducati）皮夹克、裤子和靴子，骑着高档的杜卡迪Desmosedici RR 和 MotoCzysz C1 摩托车，詹姆斯和雅各布相互将对方的速度逼至极限。

当小孩击败老板后，詹姆斯想挽回一些颜面，于是他说："很不错，杰克，虽然我觉得你的摩托车的性能本来就更好。"然后，他继续解释说，他一直相信每个人在他的一生中总要做一次学徒，当一次老师。詹姆斯告诉雅各布，他会有一个美好的未来，并提出要成为他的导师。但是当他通知雅各布已经将中国商人的钱从扎贝尔的熔合项目转移到一个石油交易中时，雅各布表示反对，此时，詹姆斯，如同戈登·盖柯回应年轻的巴德·福克斯一样回应道，

"你是理想主义者还是资本主义者？"

"我是现实主义者。你不是我的导师，路·扎贝尔才是。无论你是否承认，你都毁了扎贝尔，迫使他自杀，你口口声声谈论道德风险，你才是道德风险。"

"你是在威胁我吗？"

"绝对的。"[1]

自行车、滑板、免费滑雪、滑雪板、冲浪、跑步、跳伞、滑翔、蹦极跳跃、悬崖跳水、攀岩、赛车、高速、大量交易（high – volume trading）。速度越快，交易就越高（The faster the speed, the higher the high）。对于当今这个极限金融时代的大玩家来说，无论身在何处，速度都会令人上瘾。

2001 年 10 月 20 号，9·11 发生之后的一个月，我去了拉斯维加斯，参加了古根海姆博物馆馆长汤姆·克伦斯（Tom Krens）和他的同事们在拉斯维加斯并设的一个分馆的开幕仪式，这个分馆是所有古根海姆博物馆中最令人意想不到的一个分馆。虽然拉斯维加斯大亨史蒂夫·维恩（Steve Wynn）已经在他的百丽宫赌场酒店（Bellagio casino resort）中展示了许多高品质的艺术品，但是汤姆的进入无疑提高了赌注。多年来，古根海姆在威尼斯大运河上建有一座博物馆，而现在，在拉斯维加斯的威尼斯人赌场对面，在一个仿造的威尼斯大运河附近，古根海姆又开了一个博物馆。汤姆的合伙人是拉斯维加斯金沙公司（Las Vegas Sands Corporation）首席执行官谢尔顿·阿德尔森（Sheldon Adelson），他资助的一个超级政治行动委员，在 2012 年的总统选举中支持了一个最保守的政客。为了解释古根海姆－维加斯－威尼斯联盟的历史，克伦斯回顾了罗伯特·文丘里和丹尼斯·斯科特·布朗著名的 1968 年耶鲁大学研讨会，正是这次

221

研讨会产生了他们最有影响力的著作《向拉斯维加斯学习》。

> 我记得近三十年前罗伯特·文丘里所提出的论据，他在他紧凑而又具有里程碑意义的著作《向拉斯维加斯学习》中介绍了拉斯维加斯"本地"建筑非原始的真实性。尽管一年前我还无法想象会在拉斯维加斯一直工作——因为我今年年初才第一次访问了这个城市——但这个城市的魅力是不可否认的。当谢尔顿·阿德尔森和罗伯·古德斯坦（Rob Goldstein）第一次与我们联系，希望能将"摩托车艺术展"带到拉斯维加斯时，我们还觉得这只是个无稽之谈，但当我们开始谈论建筑之后，我们觉得古根海姆也许能够在拉斯维加斯扎根。谢尔顿和罗伯对一个永久性的新建筑的意愿以及一份雄心勃勃的关于建筑的声明，加上他们同意由雷姆·库哈斯（Rem Koolhaas）担任建筑师，为古根海姆融入拉斯维加斯的图景创造了可能性，而他们提出的一个创造性的解决方案，一方面将大大提升拉斯维加斯的品质，另一方面也维护了传统文化制度的尊严。从纯粹的博物馆立场来看，我们的计划是创造一个具备绝对独特品质和容量的空间。[2]

222

克伦斯长期以来一直是宝马摩托车忠诚的客户，1998年，通过在第五大道引进由宝马赞助的《摩托车艺术》展览，他将高雅文化和流行文化结合的做法带来了激烈的争议。该展览收集了不同时期风格化特征明显的摩托车展品，令人着迷。由于对多媒体重要性的敏感，策展人计划了一个名为《屏幕上的摩托车》的电影系列展，由丹尼斯·霍珀（Dennis Hopper）担任旁白，其《逍遥骑士》（*Easy Rider*）是 20 世纪 60 年代嬉皮士文化的标志。为了推广这个展览，克伦斯展开了他的标志性倡议之一：古根海姆摩托车帮，其中包括霍珀、杰里米·艾恩斯（Jeremy Irons）、劳伦斯·菲什伯恩（Laurence Fishburne）、劳伦·赫顿（Lauren Hutton）、鲍勃·吉尔道夫（Bob Geldof）和莱尔·劳伏特（Lyle Lovett）。霍珀还参见了古根海姆 - 拉斯维加斯博物馆的开幕，他为此而感到骄傲。

由备受赞誉的建筑师雷姆·库哈斯设计的 63 700 平方英尺的博物馆由两个主要部分组成。第一部分是一个类似于传统白箱式博物馆画廊的空间，但墙壁是由让人感官愉悦的特种钢制成的，这让人想起理查德·塞拉（Richard Serra）的作品［弗兰克·盖里（Frank Gehry）为他的雕塑在毕尔巴鄂的古根海姆博物馆设计了世界上最大的画廊］。画廊的墙壁上，挂着古根海姆的另一个合作伙伴——圣彼得堡的冬宫博物馆的作品。为了使晚会变得更加奇异，来自令人尊敬的冬宫的代表们在拉斯维加斯与丹尼斯·霍珀以及来自古根海姆和威尼斯人的人们共同参加。博物馆的第二部分是明确为《摩托车艺术》设计的一个巨大的展览空间，由盖里设计。伴随着富裕的投资者们试图使投资组合多样化，艺术市场不断上扬。众声喧哗，期待高涨。但拉斯维加斯古根海姆被证明是一次失败的赌博，2008 年 5 月 11 日，这个博物馆关闭了。当地的艺术收藏家帕特里克·达菲（Patrick Duffy）在《拉斯维加斯太阳报》上谈到这次关门时说道："如果你过度承诺又无法兑现，你的投资是不会得到回报的。"〔3〕但这只是问题的一部分。当时人们不知道的是，阿德尔森已经把注意力转移到了中国，他正计划在澳门开发一个巨大的度假胜地和酒店。这个赌注得到了丰厚的回报。今天澳门已经让拉斯维加斯相形见绌；在澳门大道（Macau Strip）的西侧，矗立着威尼斯人酒店，汤姆·丹尼尔（Tom Daniell）将其描述为"各种风格的混杂：一个更大版本的拉斯维加斯，它是世界上最大的赌场，并且也是世界上最大的建筑物之一"。[4]作为时代的完美标志，澳门是各种风格的混合，是一个伪造的复制品，一个标志的标志，一个形象的形象，所有的都是形象，不包含任何本质。虚拟世界经济的虚拟现实。

224

从左到右：马克·C. 泰勒，让·努维尔（Jean Nouvel）、维多利亚·达芙（Victoria Duffy）以及丹尼斯·霍珀在古根海姆－拉斯维加斯开幕式上，2001 年 10 月。

我们已经发现拉斯维加斯和华尔街之间有一种奇怪的共生关系。对于投资者来说，就如对赌徒而言，游戏的名称是如何击败赌场。但很少被认可的是，拉斯维加斯还与信息理论密切相关，这种信息理论塑造了近半个世纪以来的金融市场，以及可穿戴式电脑，它们是谷歌眼镜等头戴式显示器的前身。正如詹姆斯·韦瑟罗尔（James Weatherall）在其资料丰富的《华尔街物理学》（*The Physics of Wall Street*）中解释的一样，被誉为是20世纪40年代末期和50年代初期的信息论、数字计算机和数字电路设计理论创始人的克劳德·香农（Claud Shannon），终身迷恋于赌博，并经常和麻省理工学院的数学家爱德华·索普（Edward Thorp）一起来拉斯维加斯度过周末。香农、索普以及他们来自贝尔实验室的同事约翰·凯利（John Kelly）成功地将游戏理论和信息理论的原理应用于二十一点。1961年，索普在新墨西哥州立大学学习数学和量子物理学，但很久以来，他的真正兴趣就是玩轮盘赌。当他得到麻省理工学院的教职时，他遇到了香农，两个人开始认真研究赌博如何能够教给他们金融市场的情况，以及什么样的信息理论可以教他们赌博。1961年，索普在美国数学学会上发表了题为《二十一点的取胜策略》的演讲，这个演讲在国家媒体上被广泛报道。他的策略取决于卡片计数，他从他的成功中获得的主要洞见是，信息在游戏中就是机会。他怀疑金融市场也是如此。

225　　　与卡片计数器和扑克不同，像轮盘赌和掷骰子这样的机会游戏的独特之处在于，轮盘和骰子没有记忆，因此游戏是随机的。不管你多少次掷出亮点，下一次的赔率都不会改变。为了开发一种可以预测可能性的算法，这种看似不可能的组合结合了索普的游戏理论中对轮盘赌的理解和香农的信息理论。虽然他们的数学似乎有助于评估赔率，但他们面临的问题是如何进行必要的计算，并在还来得及下注的时候及时传达结果。索普和香农设计的新奇的解决方案是可穿戴式电脑。韦瑟罗尔解释说，他们的计划涉及两个人，一个人"会穿戴着电脑，这是一个烟盒大小的小型设备。输入装置是隐藏在穿戴者之一的鞋上的一系列开关。其理念是，当轮盘开始旋转时，观察轮盘的人会轻击其脚面，然后当球完全旋转一圈时再次重复。这将使其装置初始化并同步轮盘的节奏。同时，第二个人坐在桌子上，穿戴着连接到电脑的耳机。一旦计算机与轮盘的速度同步并计算转子的速度，它将向桌子上的人发出一个信号，指示如何下注"。[5]虽然索普和香农还无法精确确定，球将会落在哪个数字上，但他们仍然令人吃惊地成功预测了球将落入的区域。这被证明已经足以大大提高他们获胜的概率。索普将可穿戴计算机和他们在里诺（美国内华达州西部城市）的实验秘密保留了下来，直到他在 1966 年出版的畅销书《击败庄家》中才将其公开。

索普虽然对赌博感兴趣，但他也知道钱最多的还是华尔街，他认为他对里诺的访问实际上是对投资策略的研究。赌博和投资在许多方面是相似的，但是索普意识到，有一个重要的区别可以被他转化为他的优势。[6]当玩轮盘赌时，你只能打赌球将落在哪个数字上，但是你不能下注球将不落在哪个数字上；但当你投资时，你可以通过使用卖空的策略同时下注和看跌一个股票。卖空是一种复杂的期权变更，涉及出售未拥有的证券或其他金融工具，如果价格下跌，再有意回购。为了出售不属于你的股票，有必要从拥有它们但不想在当时出售的人那里借贷。这些股票可以出售，但需要理解的是，在某些时候你还会将它们购回并退还给贷方。如果偿还时的股票价格相对于借贷时的价格有所下降，投资者就会以比他购买的价格更低的

226

价格回购；如果涨了，当然他就会亏损。这对贷款人来说是一个很好的交易，因为他保留了股票，同时收到了将其借给另一个投资者的溢价。

据韦瑟罗尔的说法，这种做法至少有三百年的历史——有证据显示，英国在17世纪禁止了这种做法。虽然卖空在今天很常见，但至少在60年代初期仍然被视为是很冒险的。[7]索普的天才在于，他看到了卖空可以用于金融市场的套期保值。他开发了一种称为"德尔塔对冲"（delta hedging）的策略，近五十年来，其平均回报率为20%。1967年，他写了一本名为《击败市场》的续作畅销书，1974年，索普成立了可转换对冲公司（Convertible Hedge Associates），这实际上标志着对冲基金时代的开始。

对冲基金与20世纪60年代和70年代金融经济学中出现的其他创新结合起来，通过将非物质化和虚拟化的金融资产长期相互关联，从根本上改变了金融市场。我们已经看到投资组合理论如何使得证券和其他金融工具（例如货币和衍生工具）的价值的确定不再由相关的具有有形资产的真实公司来决定，而是由其相对于其他证券和金融工具的价值来决定。在投资组合理论中，投资者试图通过购买对立平衡的证券来对冲风险，也就是说，当一个股票上涨时，另一个可能会下跌；而就卖空而言，投资者认为股票既会上涨又会下跌。正如迈克尔·刘易斯（Michael Lewis）在《大空头》中所做的精彩解释一样，2008年金融危机期间，像高盛公司（Goldman Sachs）这样的大型投资公司的基金经理都在建议客户，和他们一起在同一时间卖空。也就是说，他们敦促客户购买证券，而没有告诉客户，他们是在下注。投资公司通过多种方式进行市场交易，即使他们的建议不好也会赚钱。更糟糕的是，在过去几十年间，个人和机构投资者越来越多地依赖借钱。消费资本主义"借款和支出"的要求，变成了金融资本主义"借款和投资"的要求。在21世纪的第一阶段，许多投资公司的杠杆水平处于难以为继的50：1的水平。十多年来，对冲基金长期资本管理失败的可怕后果已被逐渐遗忘。随着对冲基金的增长速度超过了美国证券交易委员会的可控范围，任何人，如果愿意真诚地考虑这一情况，都会认为全球金融市场已然处于崩溃的边缘。然而，为了让人们感受到这些新的金融工具和交易策略带来的全面影响，必须有其他的变化发生。最重要的是，索普和香农通过可穿戴式计算机收集和传递信息而创建的反馈循环，不得不转变实时处理大数据的高速网络计算机。

改变规则以改变守卫

2012年12月20日，《华尔街日报》刊登的一篇由詹妮·斯特拉斯博格（Jenny Strasburg）和安纽普雷塔·达斯（Anupreeta Das）报道的文章震动了金融界：《纽约证券交易所将以82亿 228 美元出售：收购计划突显电子交易的崛起》，报道中说，

> 作为美国200年资本主义的基石，纽约证券交易所同意作为洲际交易所集团（International Exchange, Inc）82亿美元收购的一部分出售。
>
> 如果监管机构和股东批准，合并后的公司将拥有

14个股票期货交易所和5个清算业务，作为期货和其他合约买卖双方的中间商，它将比任何竞争对手拥有更大的空间进行更多的业务。

这次收购也象征着电子交易相对于长期主导金融市场的"公开喊价"交易大厅的胜利，并推动交易所拥抱崭新且有利可图的交易方式。

洲际交易所集团总部设在亚特兰大，作为电子交易市场始于十二年前，洲际交易所集团表示，他们将保留纽约泛欧交易所（NYSE Euronext）的名称和纽约公司在曼哈顿下城区百老汇大街和华尔街转角处的交易大厅。但是，想要减少纽约证券交易所的损失为时已晚。根据桑德勒奥尼尔投资银行（Sandler O'Neil & Part-ners LP.）分析师的分析，今年以来［2012］，标志性大厅仅处理了所有交易量和纽约证券交易所上市股票的20%，比2007年下降了40%以上。

华尔街历史学家查尔斯·盖斯特（Charles Geisst）是曼哈顿大学的金融学教授，他说："交易大厅将会变成罗马广场。它将成为一个很好的观光地点，但不会再有什么大事件在这里发生了。"[8]

我们可以引用安迪·沃霍尔关于百货公司的说法来形容纽约证券交易所——它已经成为了一个博物馆。

纽约证券交易所的出售以及交易大厅在全球网络中的消失，汇集了我们追踪的所有轨迹：速度、连接、非物质化、虚拟化、私有化、个性化、定制化、分散化、市场全能，无所不在，无所不能、脆弱、波动、过剩和崩溃。这些发展是过去几十年来金融市场相互关联的四大变化的结果：技术创新使得高速、大批量交易成为可能，这我将会在下一节中考察；市场监管变化；市场私有化；以及市场的分化日益加剧。

两百多年来，纽约证券交易所几乎垄断了美国的股票交易，并且不成比例地影响了全球市场。像许多其他成立已久的机构一样，它敬重传统，变革缓慢。直到最近，在纽约证券交易所进行买卖，仍然像在本地商店的展示橱窗前进行易货交易一样。任何市场的功能当然是将买卖双方聚在一起。当个人、机构或公司想要购买或出售证券时，交易通常会经过金融中介。在纽约证券交易所，交易传统上是在交易大厅由一位股票经纪人（specialist）执行，他代表公司负责特定的证券交易。一名股票经纪人只能被指定一个特定的股票，但交易商（dealer）可能同时是好几个股票的经纪人。每个经纪人在交易所楼层有一个指定的地方，他可以在此交易他的特定股票。当个人或机构投资者想要出售或购买证券时，他们会通知其中间人（broker），而他们又会通知他们在交易大厅的代表。然后，该代表走到被指定为特定证券交易的地方，经纪人将通过特定时刻在所有买卖双方之间进行实际拍卖来为证券"制造市场"（make the market）。经纪人将收到一小部分的销售价格作为服务费用。虽然这种服务费用并不完全无关紧要，但是经纪人和做市商（market makers）在这个系统中的真正优势是对信息的获取，他们是唯一知道实际买卖差价和任何给定时间的市场深度的人。像所有的交易一样，钱在这里是由差价创造的空间造成的，因 230 此这些信息非常有价值。

到 20 世纪晚期，技术已经使这个制度过时了。我们已经看到，在20世纪80年代，电子通信网络（ECN）迅速蔓延。纳斯达克在20世纪90年代的兴起预示着21世纪初传统的纽约证券交易所的衰落及其最终消失。像许多其他金融机构和政策一样，纳斯达克的根基可以追溯至大萧条时期。在20世纪20年代和30年代的动荡之后，全国证券交易商协会（NASD）成立，旨在为当时不受管制的场外交易（over‐the‐counter, OTC）市场带来秩序和稳定。由于没有任何收集和分发股票报价的方法，中间人就使用电话和电报来确定价格和执行交易。这种做法创造了许多欺诈机会。全国证券交易商协会最初试图稳定混乱的场外交易市场的主要方式之一就是，收集和发布投资者和交易商的价格信息。

1971年，全国证券交易商协会成为纳斯达克（全国证券交易商自动报价系统协会，National Association of Securities Dealers Automated Quotation System），当年2月8日，它开始成为全球首个电子股票市场。最初，它只是一个并没有实际接入买家和卖家的计算机公告板系统，但随着相关技术的发展，交易所迅速发展。虽然20世纪80年代以来，环球在线交易的技术已经到位，但政治争端和利益冲突使得纳斯达克直到20世纪90年代初才被引入，并最终成为一个全面运作的电子交易网络。由于其起源是收集和分发在90年代没有在纽约证券交易所和其他主要交易所上市的场外交易股票的信息，纳斯达克成为了许多新技术股票的交易选择，其中大部分股票没有在纽约证券交易所上市。

231　　网络和市场行业的建筑改变了，就如建筑行业一样。与庄严的、令人不由回想起古罗马铸币局的纽约证券交易大厅不同，纳斯达克从未有过任何现实的交易平台。从一开始，交易就只发生在一个计算机网络中，其枢纽位于康涅狄格州的特伦布尔，连接了数十万台计算机以及在互联网上进行交易的个人投资者。与在现实的交易大厅里进行交易的现实的人不同，在纳斯达克的虚拟交易中，做市商从未现实地在场，他们的交易都是远程电子化的。随着计算机的改进和网络的扩展，这一功能完全自动化，现实的交易者只得被淘汰。另一个重要的区别是，与纽约证券交易所不同，纳斯达克市场的做市商，不论真实还是虚拟的，都没有垄断他们处理的股票，并且通常会通过网络广告发布最佳出价和价格，而不是自己持有。做市商之间的竞争导致更多的价格信息可以获取，这使得市场更有效率，但正如我们将看到的，这也将使市场更为波动。现在回想起来，速度的加快，显然早已经注定了纽约证券交易所看似偶然的衰退。随着金融市场的全球化和计算机速度遵循摩尔定律，大约每18个月翻一番，市场生存的唯一途径就是让人类出局，让机器接管。

在 20 世纪的最后十年和新千年的最初几十年中，技术和金融创新的变革速度，超出了大多数投资者和所有政府监管机构的理解范围。在亚瑟·莱维特（Arthur Levitt）——他在 1998 年到 2001 年这一段关键时期担任美国证券交易监督委员会主席——的无能领导下，美国证监会制定了旨在提高透明度并使市场更加高效和公平的条例。然而，这些行动所带来的意想不到的后果，完全改变了市场的发展方式，使大额价值暴涨，高速交易也变得不可避免。

20 世纪 90 年代开始的一系列新政策，对过去二十年间金 232

融市场的转型起到了决定性的作用。我们在讨论有效市场假说时曾看到，通过降低买卖证券和商品时的价格差异，更公平地分配信息，将使市场变得更有效率。1997 年，美国证券监督交易委员会发布了"要求经纪人和做市商公布'他们愿意交易的最佳价格'"的订单显示规则。随着 20 世纪 80 年代和 90 年代专有电子通信网络的扩散，它们共同形成了另类交易系统（alternative trading systems，简称 ATS），新法规不得不在不到一年之后进一步加强。1998 年，美国证监会发布了另类交易系统规定（Reg ATS），这项规定要求所有电子通信网络"向公众公布订单"。[9]

更大的透明度提高了市场效率，但也产生了意想不到的问题，而这也源于美国证监会所做出的另一个看似无关紧要的决定。2001 年 4 月 9 日，美国证监会下令，美国所有股票交易市场全部将分数制股票报价方式转为十进制小数点报价。分数定价的证券，其实践可以追溯到四百年前，当时西班牙的贸易商使用"西班牙达布隆金币（doubloons）促进贸易。这些金币被分为两个、四个甚至八个，以便贸易商可以靠他们的手指计数。由于这些交易者不使用拇指，因此他们的系统是基于八而不是十。这就是他们的数字化"。[10]这意味着买入或卖出股票的最小价格分率是 1/8 美元或 12.5 美分，这也是投资者以及经纪人和做市商的最低差价。这种规模的差价既创造了获取巨大利润的机会，也创造了巨大损失的可能性。纽交所最终认可了该系统的问题，并采用 1/16 的标准，将最小差价保持为 6.25 美分，这并不是没有意义的。随着十进制小数点报价的引入，股票买卖价差急剧下降。这种差距的下降导致利润下降，反过来则激发了交易量的增加。正如我在考察有效市场假说和快时尚时所解释的，有两种赚钱的方式：将很多钱压在有限的赌注上，或者大量下注但每注都只压很少的钱。当买卖差价从12.5美分或6.25美分下降到1美分，赚取相同数额金钱的唯一方式是增加交易数量。结果就是交易量的暴涨。赛尔·阿努克（Sal Arnuk）和约瑟夫·萨鲁齐（Joseph Saluzzi）报道说："2007年6月，在国家市场系统管理规则（Reg NMS）（旨在增加不同市场和个人投资者之间竞争的一系列举措）执行实施之前，所有交易所的平均每日交易量为56亿股。两年后，2009年6月，交易量已经上涨了70%，达到96亿股。"[11]此后，交易量继续以更快的速度增长。

这些规定还造成了另一个意想不到的后果，并且被证明是非常重要的。20世纪70年代初期纳斯达克刚成立的时候，市场还相当分散，贸易商很难找到可靠的价格比较信息。纽约证券交易所控制的股票可以在局部地区或场外交易所交易，股票行情显示，系统不会报告这些价格和交易。1975年，国会授权美国证监会制定一个促进国家市场的制度。然而超过25年后，本来预期将能够在美国证监会的长期目标精神指导下整合市场的国家市场系统管理规则，反而导致了金融市场的过度扩张和分散化。金融市场的私营化则进一步加速了这一进程。

直到最近，证券交易所仍然是会员制的非营利性企业，起着公共设施的作用。然而，随着20世纪90年代电子通讯网络的爆炸式增长，固定的交易所无法有效竞争。为了跟上竞争，纳斯达克在2000年成为营利性企业，六年后，纽约证券交易所上市。这些发展将证券交易所的结构和运作转变为向投资者

234 和寻求资本的企业提供服务的准企业，这些企业必须回报自己的投资者。由于收入是由交易产生的，所以增加利润的唯一途径就是增加交易网络的交易量。当美国证监会规定降低利差，并相应地增加交易量时，寻求利润的安全市场开始以牺牲小型机构和个人投资者为代价，让大额的交易者获得特权。从非营利转向营利也为创造新的交易所提供了动力。在 21 世纪的头十年，股市不再主要由纽约证券交易所和纳斯达克控制；相反，它成为"由超过 50 个交易目的地构成的一个大的、冲突的、追求利益的网络"。投资者较低的交易成本和佣金的优势被电脑交易的显著劣势抵消。华尔街退伍军人阿努克和萨鲁奇坦白说道，"我们今天的市场并不是以有利于你的方式来执行你的贸易和投资理念。它所关心的只是如何以数十台 HFT［高频交易］计算机接触和操纵你的订单，以便可以从你的想法中赚钱，而你甚至并不知情。"[12]

这里的模式正是我们在分析谷歌、微软、亚马逊和脸书对信息的垄断时发现的。市场大鳄已经开始吞咽小鱼，直到美国 13 个股票交易市场中的 10 个已被四大所吞并：

纽约证券交易所、全美证券交易所（NYSE Amex），以及纽约证券交易所高增长板市场（NYSE Arca）

纳斯达克、纳斯达克 PSX，以及纳斯达克 BX

BATS 交易所和 BATS Y 交易所

EDGA 交易所和 EDGX 交易所（属于 Direct Edge 交易所）

市场分化和整合带来的相关问题，被最近设计用来避免透明度的策略加深了，这一策略被称为"暗池"（dark pools）。官方市场对所有人都开放，但暗池是私人市场，对投资者是隐藏的，只对大型行业的大金融机构开放。由于这些交易是无管制并且匿名的，因此它们允许投资者买入或卖出大量证券，而不会泄露消息，从而以对交易产生负面影响的方式影响市场。私募期货基金（private pools）的大量交易产生的影响，无法与纽约证券交易所和纳斯达克等公共交易所相比，因为快速获取这些信息可能会压低股票。随着交易所和暗池的扩张，通过将交易分解成较小单位，且使用不同的交易渠道，可以隐藏交易规模。斯科特·帕特森（Scott Patterson）在他刺激性的著作《暗池：高速交易者，人工智能匪徒和对全球金融体系的威胁》中报告说，"到2012年，暗池中的股票交易量……是所有交易量的40%，并且每个月都在增长。"[13]由于"官方"和暗池市场现在都已经私有化，交易变得如此分散，人们很难知道其中真正发生了什么。暗池的扩张降低了美国证监会制定规则时想要创造的透明度。监管当局无力解决这些创新带来的问题，凸显出金融市场加速发展带来的日益严重的问题。

金融市场在过去二十年的演变重复了我们在其他地方发现的模式和悖论：不断发展的连接并没有创造更大的一体化，而是导致了更多的分散；追求更高的透明度、效率和平等导致的是更加保密、低效和不平等；去中心化和分散的网络创造了整合，在其中，大型企业越来越大，而越小的企业、公司和个人，则越来越处于不利地位。网络交易的自动化、规模和速度的结合，加深了透明度不对称的问题，这是当今消费者产品营销策略的核心。从每个交易中收集、处理和分发数据的能力为金融交易提供了资源，使其能够呈指数级增长。他们执行的交易越多，赚取的资金就越多；他们收集的信息越多，数据越是丰富，他们的交易就越是有利可图。在一个信息就是权力、权力就是金钱的世界里，富人比以往任何时候都富得更快。

有毒的速度

当今全球联网的金融市场代表了类固醇（steroids）的后现代主义。帕特森写道："通过电子交易，一个没有位置、匿名的后现代网络市场已经抹除了市场流动的物理感觉，在这个市场中，电脑以异乎寻常的高速进行通信。市场获得了新的眼睛——电子眼。计算机程序员设计了可以像雷达一样检测市场的寻猎算法。"[14]正如后现代艺术和建筑舞台上的符号（这些符号完全依赖于其自身）一样，全球网络中以光速流通的金融资产也无需奠基于任何真实的东西。我们追踪了交换货币从金属到金币到纸币再到信息这一逐步非物质化的过程。确定价值的方式也相应地发生了改变。金融资本主义中货币符号的价值已经不再取决于与真实商品、产品或资产（如库存、工厂或房地产）的关系，而是取决于与其他金融符号的关系，比如货币、期权、期货、各种金融衍生工具、信贷、抵押担保债券、比特币以及无数其他所谓的金融创新。

随着金融市场中高速、大批量交易的盛行，虚拟与真实的分离达到了高峰。金融市场几乎完全了脱离实体经济。伴随着
失业率居高不下，政府沉迷于削减开支，企业对未来的扩张持

谨慎态度，股市不断创下历史新高。2012 年 11 月，贝恩公司（Bain & Company）发布了内容丰富、题为《充斥着金钱的世界》的报告，在这份报告中，分析师写道："我们发现金融经济与潜在的实体经济之间的关系已经到达了一个转折点。全球商品和服务业的增长速度在近几十年来呈放缓态势，而全球金融资产则迅速扩大。到 2010 年，全球资本在过去二十年中已经膨胀到约 600 万亿美元，翻了三番。今天，金融资产总额几乎是全球所有商品和服务产值的十倍。"报告的结论是，"为了近十年的平衡，在资本超额的环境中，市场预计会继续抓住机会发展。即使发达市场的经济增长放缓，但是自 20 世纪 80 年代以来促使全球资产负债表不断膨胀的力量，比如金融创新、高速计算和对杠杆的依赖仍然存在……刨除这些因素，资本扩张的自我发展势头以及金融部门的庞大规模，都将影响全球经济增长的形态和速度。"[15]附图明白无误地显示了这一点。

这种情况的影响是惊人的。如前所述，天平从实体经济向金融经济的倾斜，可以追溯到 20 世纪 80 年代开始的新自由主义改革。在可以预见的将来，就像过去二十年一样，全球金融的庞大资产，将继续建立在相对较小的全球国内生产总值的基础之上，预计到 2020 年，全球国内生产总值将达到 90 万亿美元（今天为 63 万亿美元）。根据贝恩公司的报告，这意味着金融总资本将继续保持十倍于全球商品和服务总量、三倍于全球国内生产总值中非金融资产的规模。

基于这些计算，到 2020 年，全球货币数量将增长 50%，238 达到 900 万亿美元。然而，这一估算低估了金融部门的增长。《资本的死亡》一书的作者、投资分析师迈克尔·路易特（Michael Lewitt）指出，情况比贝恩预测的还要糟糕，因为报告没有考虑两个额外的变数：第一，美联储在印刷钞票方面的作用；第二，绝大多数新创造的资金都是以债务而不是股权的形式。路易特解释说："债务在全球资金总额百分比中的增长，将对未来的经济增长和稳定产生重大的负面影响。与股权不同，债务必须得到偿还。随着全球债的增长，资本也需要被用来偿还本金。在债务用于促进经济增长的情况下，用于偿还这笔债务的资本本身可以被认为对增长做出了贡献（虽然是间接的）。但是，在债务用于非生产性目的的情况下，用于偿还债务的资本也是非生产性的。可以说，过去十年来所产出的债务，绝大部分用于非生产性和投机性用途，而不是生产性用途。"[16]

还有一个额外的因素使这种已经变得十分脆弱的情况更加复杂化。我们已经一再发现，当市场达到空间限制后，其继续扩张的方式是加速。在这方面，金融资产与汽车、衣服、iPhone 等消费品没有什么不同，生产越快，利润就越多。路易特解释说，"高频交易将投资方式转化为速度的竞争。托管人不再持有任何账户，而是将其客户的证券通过一个无限的借贷链条，借给其他交易方。"在一个交易日结束的时候，投资者所身处的世界，不但充斥着金钱，而且这些金钱好像大部分都属于别人。如同华莱士·史蒂文斯（Wallace Steven）伟大诗歌中的听者一样，他们把钱视为"不在这里的虚无以及不是什么的虚无（nothing）"。[17]但是，这个虚无，却造成了真实的后果。

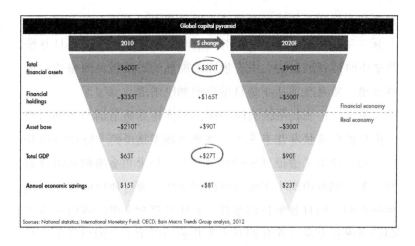

全球资本金字塔。到 2020 年，全球国内生产总值将增长 27 万亿美元，而总金融资产将增加 300 万亿美元。数据来源于国际货币基金组织；经济合作与发展组织；以及贝恩公司宏观趋势小组的分析，2012 年。图片使用经过贝恩公司许可；原图见 http：//www. bain. com/publications/articles/a－world－awash－inmoney. aspx

想要理解当今金融市场的速度是很难甚至不可能的。在21 世纪初，交易速度可能达到毫秒或千分之一秒，这是人类平均思维速度的两百倍。到了 2010 年左右，这一速度已经减少到了几微秒，甚至是百万分之一秒，而现在，交易是以纳秒或十亿分之一秒的速度执行的。2011 年，纳斯达克发布了其纳米速度市场数据网络系统（NanoSpeed Market Data Mesh system），使其客户能够接收六百纳秒的数据，即十亿分之六百（600/1 000 000 000）秒。这种难以置信的加速产生了四个重要的后果。第一，随着交易速度的增加，证券持有的时间减少。在高速、高频交易的世界里，一切都是最短的短期投资。计算不是以年、周、日，甚至几小时、几分钟或几秒为单位，而是纳秒。在这个世界上，一秒就已经是一个长时段的投资了。这种 240

高速和大量的交易使得赚钱或亏损就在不到十分之一分钱、二十分之一分钱甚至百分之一分钱之间。交易商每个交易日开始和结束时清空的做法，大大加强了彻底的短期投资的做法；也就是说，所有款项在交易日结束前都已结清。

第二，正如我所认为的一样，股价在高速市场的变动与现实世界的经济状况几乎无关。金融市场不是反映实际的经济状况，而是成为了虚拟现实的投机游戏。技术和金融创新结合监管改革，创造出两个不断分离的经济体。通过速度能够最好地理解它们之间日益增长的差异：实体经济和金融经济以完全不同的速度在发展。在我们对工业和消费资本主义的讨论中，我们看到，人和公司通过出售劳动力或物资来赚钱，其中大部分是物质的，如商品、产品、房地产等。投资者尝试通过投资于提高生产能力的业务和创新来赚钱。与之相反，在金融资本主义之中，人们通过投资以光速激增的非物质投机资产来赚钱。在这个新世界里，时间就是金钱在全新的意义上得到了确认。如路易特的观察一样："我们创造的这个体系，完全依赖于货币在全球金融体系中持续流通的能力。"虚拟资产流通得越快，投资者就可以赚到越多的钱或亏损越多的钱。当流动性冻结导致流通停止，如 2008 年金融危机期间一样，整个全球金融体系就会突然停止。虽然有许多评论家都对金融市场的加速发展表示担忧，但很少有人认识到，速度在越来越不平等的财富分配中也起到了重要的作用。由于实体经济和金融经济规模不同，财富差距实际上就是速度的差距。在实体经济中，你只能生产这么多的东西，劳动这么几个小时，或者在一个小时内为这么多病人或客户服务。而在金融经济中，一秒之内可以执行的交易数量，几乎没有任何限制。2011 年 8 月，Nanex，"一个跟踪速度交易的高科技公司，在一天内处理了当天所有美国股票、期权、期货和指数的数据，其数据量达到了惊人的一万亿（即 1 000 000 000 000）字节。这是两年前市场所能看到的信息峰值的四倍"。[18] 随着速度越来越快，慢速的人或者事物（the slower）无论工作多长时间或运行速度如何，都永远赶不上速度了。

在这一点上，意想不到的翻转出现了。速度虽然增加了很多，但与很多分析师长期预测的相反，速度的增加不仅没有通过取消位置（location）的相关性而消除空间，反倒加强了位置（place）的重要性。经过几十年的虚拟全球网络的实时交易，不动产已经变得非常重要，重要的话说三遍——位置、位置、位置！由于交易是以纳秒的形式执行的，所以经纪人下单买卖的时间变得至关重要。如果金融机构的电脑不能坐落在交易所服务器的附近，那么他们就将处于劣势。例如，芝加哥的公司就不能在纽约交易所交易。这种发展导致了一种被称为"托管"（colocation）的趋势：交易所在自己的服务器旁边建立大型数据中心。依托交易所进行交易的大型公司在这些设施中租用场地，以减少传输时间。2010 年 8 月，著名的纽约证券交易所——现在被称为纽约泛欧交易所（NYSE Euronext），在新泽西州 242 的莫瓦市（Mahwah）开设了一个超过 3 个足球场面积的大型新数据中心和交易中心。该综合体包括一个 10 万平方英尺的托管中心和 2 万平方英尺的资料库（pods），而这些场地当时就被全部出租。里奇·米勒（Rich Miller）报道说："抢在竞争对手之前哪怕一秒进行交易的需求，在超低延迟的托管中心里制造了一场军备竞赛，这一需求正在重塑交易行业的竞争环境。纽约泛欧交易所希望其新泽西州的数据中心和他们在英国巴塞尔顿（Basildon）的类似设施，能够覆盖对冲基金和交易公司的生态系统，这些公司机构渴望以微秒为单位进行交易。"[19]作为对一个已经逝去时代的敬意，人们在新设施的空地里种了六株梧桐树，以提醒大家纪念华尔街的梧桐树，正是在那棵梧桐树下，二十四名经纪人在 1792 年 5 月 17 日签署了《梧桐树协议》，成立了纽约股票交易所。

第三，高速网络和交易的扩张，加上频繁创新以利用这些新技术和新交易策略的新的金融工具，为市场操纵创造了新的可能性。这种策略的最有害的形式是动量效应（momentum manipulation）。在高速市场，"虚无"有多种形式。许多高速交易包含已发出的命令，但故意不予执行；相反，他们的目的是转移注意力以诱骗其他的大投资者。要理解这一策略的含义，有必要理解所谓的非法预先交易（front running）。这一交易是一种非法行为，涉及一家企业利用其对客户的未决交易的了解，从而为公司本身牟利的行为。当交易量大时，由于它们往往是高速交易，所以采购可以大幅度地改变股票价格。因此，有关即将来临的交易的知识，是非常有价值并且可资利用的信息。如果交易者在为客户下订单之前使用这些信息为自己下订单，他就可以赚取很大的利润。阿努克和萨鲁奇叙述了他们第一次遭遇这一交易，并努力弄清楚发生了什么的情形。

我们首先开始注意到它，是因为当我们出价一个股票，以便为我们的客户积累大的款项时，一旦我们进行出价抢先交易就会被自动触发。一个提议呈现在我们面前。然后是另一个。

快速订单按顺序相继进行，首先有一个出价呈现在我们面前，然后取消，然后再次出现一个更高的出价，然后再次取消。通常，这个序列涉及数百甚至数千个输入和取消的订单，其中只有几百股最终被 HFT（即高频交易）公司执行。市场参与者经常会听说，HFT 公司输入和取消 95% 的订单，其没有交易的原因是因为 HFT 在营销活动中只是"管理风险"。实际上，HFT 企业正在努力创造动量。他们试图误导遵循价格变化的机构算法订单，HFT 公司在以更便宜的价格购买了股票之后，希望能够操纵抬高股价。[20]

这些评论指出了在这种情况下必须考虑高速交易的最终后果。速度如此之快，因此，想要理解市场的高速并且加以管理——这是更为重要的——已经变得不再可能。虽然利用程序进行交易已经持续了几十年，但是今天的算法交易完全改变了金融市场，而且扩展了这个世界。市场已经不再被那些开着摩托车，痴迷于速度，浑身散发着男性荷尔蒙气息的人驱动，而是被越来越多拥有物理学或者天体物理学博士学位的宅男程序员和金融工程师驱动。文艺复兴科技公司（Renaissance Technologies）的创始人詹姆斯·西蒙斯（James Simons）（其公司管理了超过150 亿美元的资金，是世界上最大和最成功的对冲基金之一），甚至不会面试任何没有物理学或者天体物理学博士学位的人。大数据对金融市场的影响大于其对消费市场的影响，因为时间对于高速交易而言，远比对定位客户来得重要。如果信息在金融交易中很有用，那么大量的数据必须立即进行处理和传送。金融工程师创建算法，这些算法作为规则或程序，有时被称为机器人，旨在巡视不同的金融和新闻网络以及数据库，以获得 244

创造交易优势的信息。这些数据和信息被反馈到实际执行交易的其他算法。要了解这些变化的意义，重要的是要记住，美国市场上所有交易中有70%以上是算法交易。一旦算法被创建和选择，交易者就失去了对整个过程的控制。

不过实际情况更加复杂，因为现在可以编写算法来适应飞速变化的投资环境。换句话说，算法已被程序化地演进。在这一点上，人工智能已经渗透进计算机科学家所说的智能生活。交易算法的动态进化被与生物有机体相似的规则控制。实际上，进化本身也可能被解释为算法过程。统治着算法进化的是适者生存的规则，那些适应、生存，甚至通过自我编程和自我组织的关联过程而得到传播的算法会走向繁荣，而太慢或非生产性的算法则会死亡。在这一点上，有一些奇怪的事情开始发生，金融市场开始变得与根据自己的适应性规则发展的生物有机体相似。

如果高速金融市场源于个体的行为，但不能完全还原到个体经纪人的行为，那么他们的进化在哪里停止呢？我在本书的一开始引用了迈克尔·克莱顿的小说《猎物》，这本书讲述了一个自我复制和自我组织的微型机器人如何逃脱的故事。在这本小说的序言中，克莱顿写道："21世纪的某个时候，我们轻率的自我欺骗将与我们不断增长的技术力量相冲突。其中一个领域是纳米技术、生物技术和计算机技术的交汇处。所有这三种技术的共同点是，它们都有能力将自我复制的实体释放到环境中。"[21]在克莱顿的故事中，个人微型机器人就像蚂蚁一样笨，但是他们的互动导致了类似种群思想的出现。如果类比一下，人类的思想其实也源于数百万愚蠢神经元的发射和相互作

245

用。如同蚂蚁之于种群的思想，神经元就是人的思想。这种推理可以扩展到金融市场。通过视角必然有限的经纪人个体的决策和交互作用，一种类似市场思维的事物就会出现。这种集合的思维不仅仅是组成市场的个人的总和。虽然没有投资者的智慧，市场的思维不可能存在，但市场仍然能够知道个人所无法了解的东西，并通过反馈回路对个人投资者采取行动，这些反馈循环是有限的和相互加强的。

地球物理学教授迪迪埃·索耐特（Didier Sornette）（其工作的重要性将在第十章中得到清楚体现）写道："当远超人类的智能驱动进步时，这种进步将会变得更快，并且可能涉及在更短的时间尺度上创造更智能的实体。在过去的进化中，动物们适应问题并发明创新，将世界看作对自己的模拟，以数百万年的时间为尺度进行自然选择。然而超人智能可以通过以更高的速度进行模拟，导致自然演化的急剧加速。"[22] 随着进化从碳基向硅基迁移，变化速度将加速，并最终导致系统失效。既然我们已经认同了金融网络的速度远远超过人类思想、自然过程和实体经济的速度，那么，即使不能预测其精确时间，定期的崩溃也是不可避免的。科幻已经成为了日常现实。问题在于，太多人不了解复杂的网络如何在社会、文化、自然和金融体系中起到改变世界和人类生活的功能。

肥尾效应，短路，瞬间暴跌

值得记住的是，直到 1870 年代，经济学才成为一门独立的学科，并获得自己独特的研究领域。在此之前，今天被认为是经济学的东西仍然是自然哲学的一部分。毕竟，亚当·斯密是格拉斯哥大学的道德哲学教授。今天的经济学家，已经没有多少人还能拥有这一头衔。自然哲学的传统可以追溯到学科专业化开始之前，将当今的学术界分割成不同领域和各类分支学科的特征，在那时还没有变得如此清晰。到了19世纪后半叶，学院通过各种学科开始专业化，这些学科反映和扩展了斯密所发现的劳动分工，而劳动分工则是市场经济的核心。这导致了符合分割与竞争的工业化模式而出现的教育机构和学科，每个学科由此都建立了自己的生态圈。经济学作为自主学科的出现，预示着经济与其他社会、政治、心理甚至宗教进程的分化，尽管这一点并不总是被明确地承认。专业化的发展导致了知识的分割，这使得人们难以理解在复杂网络中运行的各种系统和子系统的相互关系。

导致了经济学与其他研究领域分化的决定性突破，是通过物理学方法建立作为科学的主体的努力。1900年，托尔斯坦·凡勃伦（Thorstein Veblen）创造了"新古典主义经济学"这一术语，来表示这一转变。这种在解释经济学时给予物理学优势的最重要的后果，是使用定量数学公式和模型。当经济学家们陷入孤立并且迷恋数学的抽象时，他们往往忽视了，他们的领域在多大程度上依赖于从其他思想家和学科借来的想法和隐喻。例如，我们只要考虑一下本书中探讨过的思想、观念和分析在多大程度上影响过经济学的理论和实践，这些思想包括奥卡姆的个人主义，路德的宗教的私人化、去中心化和放松管制，加尔文的看不见的手，笛卡尔的机械论，牛顿的第三定律，达尔文的进化论，曼德维尔的蜂箱，边沁的功利主义，泰勒的有效的科学管理，曼德尔布罗特的分形理论和香农的信息论。

1870 年代开始的经济学的数学化在 20 世纪 50 年代和 60 年代迎来了转折点，金融经济学和高速计算机的出现，使得有可能使用抽象的数学模型来分析市场并产生交易方案。正如之前对投资组合理论和有效市场假说的讨论所表明的那样，这些数学模型如同科学一样，需要做出足够多的哲学甚至意识形态的基本假设。要理解高速计算机和网络技术如何改变金融市场，就必须理解新古典经济学的基本原理：

1. 每个人都是一个自主主体，独立于所有其他人。

2. 整体只不过是其部分的总和，因此市场是个别行动者的行为的总和。

3. 所有的行动者都是理性的人，他们总是依自己的利益行事。由于他们都以同样的方式行事，所以这些人往往是同质的。

4. 当信息平均分配并及时提供时，市场效率高，价格一致。

5. 市场受均衡原则的约束，因此往往是周期性的。

6. 当市场运动过度时，就会有否定性的反馈系统减少失衡，这是由运动所预设的均衡原理决定的。

7. 在这个封闭的系统中，重大变化是外部（外因的）而不是内部（内因的）扰乱的结果。

8. 市场的运作与骰子和轮盘赌的运气类似。这意味着市场没有记忆，因此过去并不影响现在的决定。正如头或尾的机会总是五五开，无论以前的结果如

248

何，所以股票上涨或下跌的可能性与过去的表现无关。从这个角度来看，市场是随机游动的。不过，随机事件不是任意的，因此，随机事件不完全是不确定的；相反，它们是概率性的。

9. 由于市场是概率性的，金融经济学家可以通过计算概率，从而减少不确定性，设计出风险管理方法。

10. 市场变化遵循符合钟形曲线（bell curve）的正态（或高斯）分布。

11. 由于效应总是与原因成正比，小事件不会产生灾难性的后果。

12. 极端事件、异常值或肥尾效应（Fat tail）（译者注：肥尾效应是指极端行情发生的机率增加，可能因为发生一些不寻常的事件造成市场上的大震荡。如2008年雷曼兄弟倒闭、2010年的南欧主权债信危机，皆产生肥尾效应）是罕见的，对于投资者来说是无关紧要的。

在1987年的市场崩溃之后，越来越多的人认为，所有这些假设显然都是错误的。随着金融市场波动性的加速增加，大多数理性的观察者认为，传统模式已经过时，市场理论和投资实践需要根本性的改变。

在20世纪80年代后期，经过研究人员对各种情况下的复杂系统的研究，对金融市场的另一种解释开始出现。这种新的分析方法与传统的方法完全不同。复杂性理论家（complexity theorists）将经济视为与其他网络相交和互动的复杂网络，而不再

249

将经济领域视为专家们统治的独立领域。这个网络（network）的网络形式类似万维网（web），其结构是分形的。也就是说，网络的每个部分，从构成整体的个人或部分到这个整体，都具有相同的结构并遵循类似的规则。行动者不再是孤立的个体，他们更像是网络中的关系节点，由于其活动的结果而继续扩张和改变，尽管网络的整体结构为所有行动建立了约束的参数。由于个人和制度既不是分离的，也不是自治的，而是不可化约地联系在一起，因此他们只能通过引用来自多个领域和学科的洞见来理解。《纽约时报》专栏作家和诺贝尔奖获得者保罗·克鲁格曼在《自组织经济》一书中解释了这种方法的价值："复杂系统的跨学科研究中出现的一些想法——尝试找出适用于多个科学领域的共同原则，这些领域从神经科学到凝聚态物理学不一而足——对经济学也是适用的。"[23]

如果忽略它们的语境或者环境，不论这种语境是自然、生物、社会、政治、文化还是经济，复杂系统都具有相同的结构。此外，它们不是静态的，而是随着时间的推移，通过构成它们的个人和子网之间的共同适应过程而不断演变。由于这个过程导致了新的更有效的配置的出现，所以描述这些系统的更准确的方法就是进化的复杂适应网络（emergent complex adaptive networks）。这些网络的结构和运作对新古典主义理论的所有假设都提出了质疑。先不论它们的媒介是什么，在考虑进化复杂适应系统的一般特征之后，我将检讨它们如何在今天的金融市场上运行。

1. 进化复杂适应网络（ECANs）由许多并非自主但以多种方式连接的不同部分组成。这些连接或关系，确定了网络的成员和成分的特殊身份和特征。

2. ECANs 显示为自发的自组织，这使内部与外部之间的关系复杂化，使得分离它们的边界变得可渗透。换句话说，ECANs 是开放的而不是封闭的。如同构成它们的个体一样，构成复杂网络的网络是相互依赖的，并且通过相互作用而共同构成。

3. 在 ECANs 中，整体不仅仅是部分的总和。整体和部分是共同出现的，也就是说，一旦相互分离，它们就不再成其自身，想要保持自身，它们就需要依赖彼此。这意味着个体无法脱离共同体，共同体也无法脱离个体。

4. 整体源自部分，但并不能还原为部分。因此，没有任何还原的分析形式可以理解整体的运作。由于 ECANs 是整体结构，因此无法仅仅通过对其分离部分的分析来理解它。

5. ECANs 的行动个体、元素或组件的行动，始终受到参数的约束，而这一参数是由它们在整个网络中的位置决定的。完全自主和彻底的自由选择是幻想。

6. 由于由相互关联的网络组成的网络随着时间的推移而演变，每个配置也受到网络历史的限制。因此，ECANs 有记忆。

7. 不同的组件可以串行和并行进行交互，以产生相继或者同时的效果和事件。这意味着，单一原因和单一效应之间不存在简单直接的关系。相互作用可以是线性的和非线性的。

8. 网络成员之间的关系的复杂性产生了偏离均衡的正反馈回路。虽然负面反馈系统创建的平衡趋向于均衡，但正面的反馈意味着不断地加速进入混乱状态，这可能会达到混沌的边缘。

9. 随着正面的反馈加速，ECANs 接近自组织的临界状态或临界点，在其中，一个较小的事件也可能会产生灾难性的系统效应。

10. 灾难性影响不是由外部（外因）因素造成的，而是正反馈循环内多重关系连接的效果，其效应与其原因并不一定相称。这就是著名的蝴蝶效应。破坏对称性和均衡的"事故"不是偶然的，而是定期发生的。

11. 由于破坏是系统的，因此是不可避免的，发展并不总是持续；稳定的时期总是被不稳定的时期打破，这些时期通常而言是破坏性的，但是如果能及时适应其发生，这些时期也可能成为生产性的。

对进化复杂自适应网络的这种理解为解释今天的金融网络提供了一个比新古典主义或新自由主义经济理论更好的框架。市场——特别是当今的全球联网网络——是网络现象。在这些网络中，行动者个体和制度——无论是人类还是非人类的——本质上是相互关联的。也就是说，个人并不是首先孤立存在，然后再与其他人一起组成团体；相反，个人通过参与一个超过其部分单纯相加的整体，而成为他们自身。这个整体可能是生态系统、宗教社区、政党或金融市场。个人与网络之间的关系，或者说部分和整体的关系，是双向的，因此这一系统是非 252

线性的。与新古典主义和新自由主义经济理论以及近期的许多金融经济学思想所构想的孤立和分离的行动者不同，所有行动者都是相互作用的互联网的一员，在其中，所有的行动也是相互关联的。投资者的相互关系创造了市场，反过来又为投资者创造了游戏机会。在今天的金融市场中，经纪人可以是人或者算法。

在一本颇有启发性的名为《经济作为演进复杂系统》的书中，心理学、电气工程和计算机科学教授，复杂性理论家约翰·霍兰德（John Holland），以及发展了现代收益递增理论（后边将会讨论）的经济学家布赖恩·亚瑟（Brian Arthur），与他们的共同作者布莱克·勒巴朗（Blake LeBaron）和理查德·帕尔默（Richard Palmer）提出了非常重要的一点。他们写道，"资产市场具有递归性质，因为经纪人的期望是根据他对其他代理商期望的期望而形成的，这排除了通过演绎手段形成的期望。相反，交易者不断假设——并且不断探索——期望模型，以最佳表现为基础购买或出售，并根据他们的业绩进行确认或放弃。因此，个人的信念或期望对于市场而言是内生性的，并且不断与其他人的信念或期望形成的生态竞争。信念的生态学随着时间的推移而发生变化。"[24]使用生态和生物隐喻来理解经济过程，指出了我在第十章中将要考虑的信息、经济和自然系统之间的重要相似之处。在这一点上，有必要考虑人工智能的经纪人如何在 ECANs 中工作。

这些复杂网络最重要的特征之一是它们是分布式的、不受任何集中控制机制的影响。为了了解分布式网络如何运作，并创建市场模拟，研究人员使用"细胞自动机"（cellular automata）

或者像算法一样运算的计算机代码进行了各种实验。这些代码的相互作用与其他生物、结构和组织中细胞的相互形式相似。[253] 每个细胞都有一系列指令，指示如何响应周围细胞的行为。在没有任何总体程序或设计的情况下，细胞会根据简单的规则进行演化，以响应由周围细胞变化引起的环境变化。随着细胞的相互作用，复杂的形式和模式开始出现。我们可以通过想象一群鸟，来了解演进算法如何工作。一群鸟一般不会有领航者，相反，每只鸟与其周围的其他鸟类通信，并以协调的方式调整其运动。虽然没有一只鸟知道鸟群的整体模式或精确方向，但是鸟群却"知道"它们到底在哪里。换句话说，"群体的心灵"产生并指导了群鸟的运动，而这一群体中的个体仍然对此一无所知。

市场也是如此，市场产生于个人投资者的活动以及越来越多样的算法，这些活动和算法回过头来推动他们朝向他们并不清楚的终点行动。由此产生了一种并非隐喻意义的市场的心灵。由于市场像 ECANs 一样运作，它们同时具有短期和长期的记忆；因此，过去确定了未来投资决策的参数，但并没有事先确定结果。市场以那些在人类生活的各个领域都能看到得到自由和约束的相互作用为特征。市场并不全是持续和连续的，行动者之间的相互作用以及过去与未来的相互关系会导致不可避免的破坏。对市场的历史发展最好的描述来自于生物学家史蒂芬·杰·古尔德（Stephen Jay Gould）的"间断平衡"（punctuated equilibrium），虽然这是他描述另一个语境的术语。像生物有机体一样，经济系统经历了一个漫长的过程，在这个漫长的过程中，相对稳定的时期被灾难性事件中断，这一中断如我一再强调的一样，既可以是创造性的，也可以是破坏性的。小变化的逐渐积累最终导致质的转变。

根据复杂性理论家，这些中断的时刻是突发的。由于新的系统模式是从内部发展而不是由外部强加的，因此 ECANs 是自组织的。回顾往事，很明显，哈耶克与他的追随者相比，对复杂系统中部分和整体之间的关系拥有更为深刻的认识，他的追随者们出于对个人主义的执念，而无视了网络的动态性。

> 对未知的适应，是所有进化的关键，现代市场秩序所不断适应的事件的整体，对于任何人都是未知的。个人或组织在适应未知时所使用的信息必然是不完整的，它们是由一些信号（例如，价格）经过冗长的链条中的个人来传达的，每个人通过改进的形式，传递着抽象市场的信号流。尽管如此，通过这些部分和零碎的信号，整体的行为结构往往仍然能够通过任何个人所无法预见和知晓的条件来适应情况，即使这种适应并不完美。这就是这种结构生存下来的原因，也是使用它的人能够生存甚至繁荣的原因。

> 没有任何深思熟虑的计划能够替代这种适应未知的自发过程。理性和先天的"本性善良"都无法以这种方式引导人，在面对因为先人一步找到了一些规则而开始扩张的竞争性群体时，为了维护自己，他只能服从这些他并不喜欢的规则，存在的只有这种残酷的必然性。[25]

像他的追随者一样，哈耶克并不清楚他的市场理论背后的神学史。实际上，他发展了一种救赎经济，这是一个幸运的堕落（fortunate fall）的故事，市场总是能通过将个人的罪（自利）转化成对大众的好，从而从恶中带来善。这一愿景是彻底基督教的，更具体地说，是完全新教的。正如我们所看到的，对于中世纪天主教神学来说，个体只有通过参与普世教会这一更大的整体，才能被救赎，与之相反，路德将宗教私人化、去中心化和自由化。加尔文则通过发展一种创造学说——在其中，上帝全知、全在、全能的无形的手指引世界——系统化了路德的神学革新。在一场充满冲突和自我竞争的世界中，信徒们通过相信上帝以神秘的方式从罪恶中带来善好，而从绝望中得到了拯救。在这个模式中，赋予生命意义的秩序是被超越的（即外在的）上帝所强加的。

在路德、加尔文与斯密、哈耶克和弗里德曼之间的时代，这个神学的愿景并没有消失，而是世俗化了，这对于那些对历史、哲学和神学知之甚少的人们来说无疑是隐匿了。神学翻译成经济学过程中最重要的修订，是秩序来源的变化，也就是说，意义的基础变了。自组织的概念在进化复杂自适应网络中，代表了对加尔文眷顾人的神和斯密看不见的手的重新解释。斯密有效地将外在调控转变为内在自律原则，以形成市场秩序和意义。从这个角度来看，市场是一个自组织的、自我调节的系统，其中网络个体的互动带来了组织模式的出现，反过来，这一模式引导着行动者朝向他们并没有明确意向的目的行动。到20世纪末，这一网络已经变得虚拟和全球化了。不仅如此，人类已经被淘汰出局，也就是说，被断开了，网络正在按照自己的方式运行，这种方式对于凡人来说是无法理解的。

对于那些真正的信徒来说，这种市场永远都是最好的。但这是真的吗？对市场的信心是正确的还是一种危险的错觉？虽然今天不断扩大的市场几乎无处不在，似乎也无所不能，但它绝不是无所不知。

256　　2010 年 5 月 6 日下午 2 点 45 分，道琼斯工业平均指数下跌约 1000 点或 9%，然后几分钟内收回大部分损失。1010.14 点是道指历史上的第二大涨落，而 998.5 点则是最大的日内下跌和复苏。[26] 十分钟的时间内，股市下跌，然后重获约 7000 亿美元，总的涨落达 1.4 万亿美元。虽然过去二十年来，人们对市场的大规模波动已经习以为常，但这一事件仍然是极端的，并且吓坏了投资者、监管机构和政府官员。这次暴跌立即肆虐市场，造成了一个奇怪的、无法解释的不稳定状态。在这段混乱时期，宝洁公司（Procter & Gamble）和埃森哲公司（Accenture）等主要公司的股票交易量，在不到 1 秒钟的时间内，少到可以只有 1 分钱，多的时候又能高达 10 万美元。这一被称为"闪电崩盘"的事件，暴露出新兴的复杂自适应交易网络的不稳定性和脆弱性。

　　事故发生之后，工业界和政府的调查人员发现了导致问题的多重原因。所有这些分析的共同特征是金融网络和交易的不断增速。对闪电崩盘的最佳分析是一部荷兰电影人马利基·米尔曼（Marije Meerman）的小众纪录片，名为《金钱与速度：在黑匣子中》。这部电影只在这个国家作为 iPad 应用程序发布，逐秒详细分析了崩盘的瞬间。电影这样描述了崩盘的开始："2010 年 5 月 6 日 14 时 42 分 44 秒 75 毫秒，在芝加哥市场交易的电子迷你期货开始出现不稳定的价格波动。电子迷你期货的波动是市场情绪的重要指标,很快这一情绪就会蔓延到美国其他股票,最终将导致道琼斯指数历史上最快和最为戏剧性的下跌。"[27]但整个崩溃的过程很简短,简短到我儿子亚伦在1987年崩溃之后的问题——"钱去了哪里?"变得越发迫切。

在闪电崩盘之后的一段时间内,类似的事件仍然时有发生。2012年3月,苹果的一次交易使其股票在几秒钟内下跌了9%,当年的晚些时候,在纽约证券交易所上市的148只股票,其中许多是交易所最受欢迎的股票,显示"不规则交易模式"。调查人员最终确定,国内最强大的经纪公司之一骑士资本集团(Knight Capital Group)的"流氓算法",是导致这一问题的原因。在危机的高峰时期,骑士集团每分钟亏损1000万美元,到了交易日结束时,其股价下跌了25%。2012年5月18日,脸书第一次公开募股,这也是技术与互联网历史上最大的一次公开募股,却由于纳斯达克电脑在交易的第一个小时内出现故障,而导致数千万美元的交易量出现价格错误。也许最有说服力的是,2012年5月,巴兹全球市场(Bats Global Markets)过早发布了一个高速、大批量交易的交易平台,但由于编程错误而发生了故障。所有交易代号在A和BFZZZ之间的股票,包括它们自己的股票,都停止了交易,导致股市瞬间急剧下跌。分析师们将这一崩溃的原因归结为,维持市场不断加速的压力。不过,另一个原因也很明显,这就是市场的持续分化。在2012年发生的一系列灾难之后,《纽约时报》的纳撒尼尔·波普尔(Nathaniel Popper)报道说,"监管机构仍在努力摸索,高速公司的兴起到底给投资者带来了利益还是损失……许多市场专家认为，近期袭击市场的技术故障，是市场分化的广泛趋势的结果，现在市场已经分裂成数十种自动交易服务，并且缺乏人为的监督。"[28]

为了安抚公众，并掩盖问题的严重程度，过去二十年金融市场发展方式的维护者们，将这些失败归因于"流氓算法"或"流氓商人"，比如前高盛董事会成员顾磊杰（Rajat Gupta），就因为内幕交易被判入狱两年。其他人则责备大型银行和经纪公司的监管不足，以及风险管理不足。当摩根大通的黄金男孩（golden boy）杰米·戴蒙（Jamie Dimon）最近因为其风险管理团队损失了 60 亿美元而备受攻击时，他把这一"错误"归咎于"伦敦鲸"（一个超大批量的交易员），并把责任推卸给自己的黄金女孩（golden girl）伊娜·德鲁（Ina Drew），指责她和她的风险管理小组监管不足。不过，现在已经不再是 80 年代，今天市场的问题不是某一个人或机构失败的结果。问题是结构性的，因此是系统性的。

由于波动性日益加剧，国内外的投资者都对美国金融市场越来越警惕。2011 年 5 月至 10 月，投资者从国内股权基金中撤回了 900 亿美元。由于对这些发展感到震惊，前任美国证券交易委员会主席亚瑟·莱维特（Arthur Levitt）于 2012 年 8 月 2日在《纽约时报》发表了题为《错误的交易揭示了一个很少有人预料到的风险》的文章，他敦促证券交易委员会尽快举行听证会，以解决这些问题。莱维特的评论非常讽刺，因为如我们所看到的那样，正是他负责制定了改变金融市场的规则和条例，使得随之而来的增长速度和波动性变得不可避免。更糟糕的是，在他卸任了美国证券交易委员会主席之后，莱维特据说成为了一些高速、大批量交易公司的顾问，是他首先纵容了这些公司，现在又来假惺惺地批评。他不是唯一一个打自己脸的大人物。在闪电崩盘第二天的早晨，高速交易曾经的拉拉队长、纽约证券交易所首席执行官邓肯·尼德奥尔（Duncan Niederauer），在接受采访时表示："每个人都必须在技术上展开竞争，但我们所有人都必须问自己，多快的速度才是极限，什么时候才是尽头？"然后，他停顿了一下继续说道，"这是不可持续的。"[29]

259

然而，为解决这一问题而采取的措施并没有展现出紧迫感。由于当今的市场已经是全球联通，所以美国以外国家对此的关注也在不断增加。2012 年，德国政府批准了"一项立法，强制要求高速交易公司在政府部门登记，并限制其迅速下达和取消订单的能力，这一能力正是这些公司在股票价格小幅变动时期赚钱的核心方式。几个小时后，欧盟委员会就批准了一项类似但更广泛地适用于整个欧洲大陆的法规，当然这项法规还需要获得欧盟管理机构的批准"。[30]随着波动性日益增长和泡沫的增加，其他国家也开始产生和欧盟一样的担忧。

在美国，改革预计会变得更加缓慢。为了给自己的错误辩护，莱维特在《华尔街日报》的文章《不要给交易限速：为什么要惩罚效率？它创造了深层次和流动性的市场》中继续下注。为了吹捧他创造的系统的好处，他写道："由于高频交易的兴起，大型和小型投资者都能够享受潜在买家和卖家的深层投资，以及广泛的各种各样的方式来执行他们的交易。今天有30 多个交易场所，从成熟的全球交易到许多专业交易市场，可以适应机构和个人的特殊交易需求。选项众多，投资者现在享有比以往任何时候更快、更可靠的执行技术和更低的执行费用。"莱维特论点中的缺陷太多，无法一一列出。面对越来越多的相反证据，他得出结论："我们不应该设定一个速度限制，以降低每个人的速度，去适应那些在最高级别的市场活动中不愿意或无法参与竞争的人。那些为了潜在的买家和卖家而建立的资金池，将大大小小的投资者服务得很好，这使得交易能够维持在一个更好的价格，并且速度也足够快。更流动、更好的价格和更快的速度是健康、透明市场的基石，我们必须始终肯定这些目标。"[31]更好的定价？健康透明的市场？优点越多选择越多？分为三十个交易场所？可靠的执行技术？市场流动性更好，但突然冻结？莱维特和他的那些赞同者们，生活在与实体经济或现实世界无关的平行宇宙中。

当然，美国普遍存在着的对监管的厌恶，导致了一些连创可贴还不如的权宜之计。最常见的步骤是强制断路器（circuit breakers）暂停交易，使市场在任何急剧的运动发生之时，能够有喘息之机。但是证券交易委员会提出的断路器没有起到效果，是因为它们太慢，或者网络交易太快。如果价格在五分钟内涨幅超过10%，最常见的做法就是停止市场。但是在一个以纳秒为单位的世界里，五分钟就已经是永恒。这样的断路器与其说解决问题，不如说使问题变得更糟。高速交易者可以通过造成一些股票交易的延误来玩弄系统，从而提高价格。如同《金钱与速度》这部纪录片中的分析师指出的一样，"如果你是造成了这一后果的人（价格上涨，从而延迟），那么你能比任何人都会提前知道将要发生的一切。这就是机会。"乔治·戴森（George Dyson）继续解释道："如果我们在五分钟的时间里操作，你可以出去喝一杯咖啡，回来就会发现你已经损失了10亿美元。这将毁掉你的一天，但是对于那些在微秒中运行的计算机，这没有任何区别，因此使用断路器不过是将我们的时间尺度强加于计算机。"结果就是，高速进化复杂适应网络使旨在控制市场的断路器短路。

前证券交易委员会的风险、战略和金融创新总监，德克萨斯大学奥斯汀分校教授亨利·胡（Henry Hu）就这些发展评论道："逐渐清楚的是，对系统的随机冲击的代价，正在以人们从未预料到的方式发生。"[32]人们没有预料到这种毁灭性破坏的原因，是他们被自己的假设和理论蒙蔽，从而不了解进化复杂自适应网络的结构和动态。在非线性的正反馈系统中，破坏性事件不是异常值；相反，肥尾效应是周期性的，尽管他们的精确时间是不可预测的。突发性变化不仅仅是由外部事件或个人以及特定机构的异常行为引起的；相反，重大变化是系统内部因素逐渐积累的结果。自我增强机制和事件的非线性产生了正面的反馈回路，这又加强了相关行动者的倾向和行为，使得他们期望以更快的速度提高预期，创造出更多不同的网络效应。在某个时刻，市场达到一个"临界点"，导致类似相位偏移（phase shift）的效应。由于投资者——无论是人还是算法——不仅仅是独立的个人，更是相互作用的行动者，这些决策和行为就会变得自我强化。

布鲁克海文国家实验室（Brookhaven National Laboratories）物理系教授伯·巴克（Per Bak）利用他对自然系统的理解，解释渐进的变化如何导致了社会、政治和经济复杂自适应系统的突然中断。他解释说："自然界中的复杂行为，反映了包含许多部分的大型系统偏离平衡，演变成一个平衡的'临界'状态的趋势，其中一些轻微的干扰可能导致全方位的雪崩事件。大多数变化是通过灾难性事件发生的，而不是沿着平稳的循序渐进的路径发生。这种非常微妙的状态演变并不是来自任何外部行动者的设计。建立某种结构的唯一原因就是结构中各个因素之间的动态交互：关键性的结构都是自组织的。自组织的临界状态是目前唯一已知的复杂性通用机制。"〔33〕巴克用一堆沙子来说明他的观点。当我们一粒一粒地堆积沙子的时候，某个时刻沙堆会达到一个临界点，只要我们再多放一粒沙子，沙堆就会倒塌。然而我们虽然能够确定地知道沙堆一定会倒，却无法精确地知道到底哪粒沙子会让它倒塌。

伴随着更好的连接性和更高的速度，破坏性的影响通过网络传播得越来越快。对于那些致力于有效市场假说的均衡和理性观念的理论家和交易者来说，投资者处于临界点似乎是一种非理性行为。他们不是仔细评估他们的情况并作出独立判断，而是随着流程的加速而前进。然而市场运动不仅仅是单独个体作出的决定的结果，而是受到整个网络的影响。

为了理解促使这些网络中出现极限金融的关键因素，有必要为这种不稳定的混合体加上最后一个因素——信息和数据的可替代性。在数字环境中，数据变得可互换，因此传输不同数据的网络可以此前不可能的方式进行交流。我坚持认为，复杂自适应性网络具有相同的结构，并且以相同的方式工作，无论其运营的媒介如何。这意味着它们的共同进化遵循相同的轨迹——自然、社会、政治、宗教、文化、经济或金融网络都趋向于变得更加复杂，并不断加速使得它们更加不稳定。由于这些网络是开放的而不是封闭的，通过它们传播的信息和数据也是可互换的，它们形成的网络或者万维网，其功能就与其所有子网的原理相同。并且，由于网络的边界是可渗透的，因此数据可以在网络之间迁移，从而不可能将内部与外部区分开来。从这个观点来看，破坏既不是内生的，也不是外生的。信息流动的爆炸产生了商品价格，消费产品，金融资产，媒体，娱乐，有关地方、国家和国际事件的消息，甚至天气也通过互联网以加速的速度传播。影响的线路是多方向而不是单方向的。新闻²⁶³影响金融市场，反过来，金融市场又影响了新闻。例如，天气会影响作物价格，反映在初级、二级和三级全球期货和期权市场上，这些金融资产的价格又会影响到农业生产者可用的资本数额。这些事情仍然在不断发生，宗教信仰点燃了政治叛乱，推动了石油价格的上涨，反过来又引发了全球商品和证券市场的混乱。

这一互联网络在过去的二十年里大大地扩大和加速了。在20世纪80年代和90年代，投资者依赖的传统印刷出版物开始让位于金融市场的 CNBC（美国全国广播公司财经频道）、FNN（金融新闻网）和福克斯商业等新兴电视网络。随着网络热潮的蓬勃发展，金融成为一种新的娱乐形式。纳斯达克在时代广场的总部播放了像《财经论坛》、《华尔街动向》、《市场周》和《市场扫描》等节目。这些新兴网络和节目最重要的标志之一，是著名财经新闻记者的出现，如美国全国广播公司财经频道的《华尔街动向》和《财经中心》的联合主持人罗恩·英萨纳（Run Insana），他已经离任了；美国公共广播公司（PBS）《华尔街一周》的主持人路易·鲁克塞（Louis Rukeyser），他已经死了；玛丽亚·巴蒂罗姆（Maria Bartiromo），被称为"金钱宝贝"，是美国全国广播公司财经频道的《华尔街动向》和《金钱面纱》的联合主持人，现在是福克斯商业的《开盘钟》的主持人；以及卢·多布斯（Lou Dobbs），他以前是CNN的《金融在线》的主持人，现在在福克斯商业网就职。随着二十年来有线电视网络的发展，电视节目数量稳步上升。雪崩般的信息从无数专门针对经济和金融市场的网站中获得进一步发展的动力。金融市场和新闻媒体形成了另一个自我增强的循环网络，新闻媒体提供信息驱动市场，被驱动的市场进一步被新闻媒体报道。

264　　没有一家公司能比市值160亿的全球企业集团彭博有限合伙企业更能具体体现金融市场、新闻和娱乐业的交融了。该公司成立于1981年，由迈克尔·布隆博格（Michael R. Bloomberg）创立，拥有两百多个办事处，并提供全球范围内的新闻服务、电视节目制作、广播和互联网出版物以及印刷品。彭博电视台在全球共有145个分社，每天向约350个报纸和杂志提供超过5000个新闻报道。尽管这些服务也在继续扩大，但公司最具影响力的创新是彭博终端，它使用户能够实时分析金融市场的数据变化，并将交易放在电子交易平台上。这一系统的独特之处在于，它能通过彭博的专有安全网络提供新闻、报价和信息。它的桌面终端具有奇葩的30 146项功能，并且有2到6个显示器。大多数主要金融公司都订阅了彭博终端和服务，其月费为2400美元，一些交易所会收取客户的额外费用，以便在终端上获得实时价格报价。截至2010年5月，全球已有31万彭博终端用户。[34]彭博终端将每个交易者的桌面转变为全球网络中的一个节点，可以随时随地提供不断流动的信息和数据。

虽然彭博网络是为大玩家服务，但最近的技术创新也正在改变个人为投资目的消费信息的方式。社交媒体和移动设备（如 iPhone 和平板电脑）的出现增加了更多的层次，使互动网络进一步复杂化。移动网络上携带的数据量不断扩大。根据思科系统公司（Cisco Systems）最新估计，移动网络的数据量今年将增长约 66%。正如消费品和广告业中大众传播向大规模定制的转变一样，金融新闻和产品也从大众传播向大规模定制转变。随着高速移动设备和无线网络的广泛使用，个性化的消息²⁶⁵源和个性化的财务数据随时随地都可以使用。

随着每个网络以及这些网络的网络不断加速，整个系统接近了临界点。我认为，促成系统、结构和网络的可能性条件，最终也会消灭它们。对于金融经济的持续增长，许多投资者认为必须进一步加速，但即使在虚拟现实中也存在速度限制。在极限金融的世界里，与极端天气一样，灾难性事件变得越来越普遍，而我们将在第十章中看到，它们都是出于同样的原因。到达一定程度后，虚拟网络的速度与真实的人与自然的系统分道扬镳所产生的鸿沟，最终将难以弥合。这一事件的后果对于个人以及于与他们的生活纠缠在一起的互联网络而言，将是灾难性的。在这个高速世界中，人和金钱都永不眠。然而，人们追赶的速度越快，他们拥有的时间就越少，落后的也就越多。

9

生活的再程序化——心灵的去程序化

给老师上的课

266　　要成为一名合格的老师，就必须学会倾听学生，向学生学习。过去四十年里，我从学生们那里学到的东西时常令人惊讶，并引起我的反思。在威廉姆斯学院的最后一年，我和化学系的同事奇普·洛维特（Chip Lovett）共同教授了一门课程，名为《什么是生命?》。这不是一门与年轻人紧迫的生存问题相关的课，而是考察了生物学家和化学家如何理解生命的哲学含义。奇普是一位非常有才华的老师，他以最为清晰的方式，通过复杂的生物和化学的理论、模型和公式引导学生和我。我负责带领关于哲学家的讨论，这些哲学家撰写了有关生物学最新发展的文章。

　　我提议这门课程的动机来自于我自己的研究和写作。在过去的几年中，我一直在研究经济、社会、政治和文化系统中紧张的复杂适应性网络，并得出结论，他们在所有媒体中的结构和工作几乎相同。我很好奇，这种分析是否可以应用于生物体
267　和生物系统。随着基因组的解码和对作为基础编码机制的化学

相互作用的理解越来越复杂，我开始怀疑生物化学过程与信息过程起到的是同样的作用。如果是这样，那就意味着数据的可替代性可以扩展到生物有机体和化学过程。这反过来又意味着，网络的网络将包括社会、文化、经济、金融、政治、化学、生物和生态的网络和系统。

　　课程非常成功，学生的回应绝大部分是积极的。不过，这次课程令人难忘的另一个更为个人的原因在于：这是第一次，我课上的学生，其父母曾经也是我的学生。这个学期末，其中一名学生来和我讨论她的期末论文。我曾经教过她的父母，并且在她的父母还是本科生时，与他们特别亲近，但事情往往是，此后我就和他们失去了联系。她告诉我，她在上东区长大，在一个只有学业压力才能超越社交压力的贵族女子学校读书。她说，她想写关于注意力缺陷障碍问题的论文。她不想将她的讨论限制在社会问题上，而是想研究病情的生理基础。当我问她为什么对这个问题感兴趣的时候，她回答说，在高中时，父母强迫她去见一个心理咨询师，然后她被诊断患有注意力缺陷障碍症，并且规定服用利他林（Ritalin）。她坚持认为她没有患病，抗拒服药，但心理咨询师坚持己见。当她上大学后，她停止了服用利他林，并把这些药都给了她的朋友，让他们服用以集中精力写论文或参加考试。我问她大概有多少威廉姆斯的学生会服药，她回答说，超过50%的人使用这种药物。并且她还报告说，许多正在升学和已经上大学的学生都会去一些有名的可以随便开药的咨询师那里开一点药，希望能够通过这些药物在学业竞争中占据优势。我问她，你的父母是否知道这些事，她说是的，并且很多人都赞成这么做。这对把速度看作迷幻药（LSD）（一种完全不同的化学药物）的我们这代人来说，绝对是一次启示。

第二门课诞生于我课堂里的技术实验。20世纪90年代初，我意识到，改变媒体、通信和金融网络的技术的同时正在改变高等教育。在1992年的秋季学期，我与芬兰同事艾萨·萨瑞娜（Esa Saarinen）第一次开了一门全球电话讨论班。威廉姆斯学院的十名学生每周与赫尔辛基大学的十名学生举行题为《图像形态：媒体哲学》（Imagologies：Media Philosophy）的讨论班，讨论了高速技术变革的哲学、社会、心理、政治和经济影响。我们很容易忘记技术变革的速度有多快，当时讨论班上的学生都没有使用电子邮件，包括艾萨和我。这个课程取得了巨大的成功，受到了国内外的关注。

当我确认了对新媒体变革效应的怀疑之后，我开始定期举办课程，在要求学生们学习哲学作品的同时，批判性地分析我们以多媒体形式探索的问题。就我自己的研究而言，这些课程是我所提供的最有成果的课程之一，因为学生教给我有关高新技术的知识，他们的兴趣使我对变革的风潮变得非常敏感。

几年前，我对电子游戏越来越感兴趣，并决定教授一个与大规模多用户在线游戏相关的课程，这个课程叫"诸神、游戏和娱乐"。我不仅对研究电子游戏世界感兴趣，而且也想研究技术和不断变化的经济以及金融状况改变工作和游戏态度的方式。我最初预计，这门课程有18名男学生，其中一些人每周玩40个小时《魔兽世界》这样的电子游戏，然后还有2个女学生。由于学生不可能在一个学期内制作出一个电子游戏，所以最后的考试需要学生组团队设计一个电子游戏，并制定一个业务计划，向可能为其发展提供资金的风险投资家推销。该计划必须包括对游戏的描述，对技术要求的分析、项目预算、市场分析以及一个生产时间表。唯一的要求是游戏必须有一些社会补偿价值；我把这个要求留给学生，让他们确定什么是"社会补偿"的意思。在学期结束时，我带来了两个有相当投资经验的人，每个团队都把他们的项目交给投资人。投资者评估了游戏的可行性和演示的有效性。

课程在很多方面都非常成功，至少我从学生那里学到了很多东西，并且比我希望他们能从我这里学到的要多。我对我最后学到的关于视频游戏的东西感到惊讶，并且我也很惊讶有如此多的学生参与其中。我对这个新世界了解得越多，我就越觉得，这些游戏与这些学生的未来相关。他们中的许多人将会在极有竞争力的环境中以非常高的速度在电脑屏幕前面花费他们的生命来操作图像和数据。我开始意识到，许多学生希望去工作的对冲基金，实际上就是大量用户的在线游戏。

但是，排除掉对游戏的参与，以及正在研究的文本和问题的兴趣，我们的讨论中缺少了一些东西。这门课程没有能量、激情和热情。虽然这种情况在课程中时有发生，但我一直都知道靠哪些方法来激发讨论，但这一次我的尝试都失败了。有一天我说："我们要休息一下。事情不太对劲。你们完全投入电子游戏，对文本感兴趣，但是在讨论中没有任何的能量。你们似乎胆小谨慎。发生了什么？"我让他们只要有必要就相互沟通，在相当短的时间内，他们便就这个问题的原因达成了共识。他们解释说，即使在他们进入幼儿园之前，他们就已经被规划好，可以按部就班地一步一步最终进入大学。他们在课堂

中学到的一个教训是，失败不是一个选择，因为哪怕是某一门课程得了一个 B，就可以决定他们到底能不能进入他们所希望的顶尖大学。令我更郁闷的是，他们对于这个可怕的入学系统的看法是正确的。虽然有很多事情并未说明，学生们自己也很清楚，安全稳妥更好，不要去承担可能被否定的风险。更让我惊讶的是，他们害怕让自己的想象力自由发散。此外，他们还面临着他们从来没有想过的困境——他们成功地进入了其一生所追求的在《美国新闻与世界报道》中每年都排在全国第一的文理学院，但他们却还是不知道为什么要去那里，更不知道毕业后他们路在何方。

两年后，我关于那个班的记忆又被唤起。我的儿子亚伦，住在上西区，说道，

> "嘿，我有好消息！塞尔玛（当时两岁半）在 81 街接受了幼儿园的采访。"
>
> "不错！还有其他人在吗？"
>
> "十四个孩子在两个地方接受采访。她的采访是下周二。我们可以带她去那里，但采访时不能在场。"
>
> "他们会问什么样的问题？"
>
> "我不知道。"

与此相关的最后一课是我自己还是学生时的经历。随着高考逼近，在我上学的公立高中教书的父母，决定让我参加快速阅读的课程，这门课是由一名新聘用的教师上的。我当时想学汽车修理技术，但是他们坚持认为，上大学的时候若能读得快对我会有很大的帮助。在那个计算机还不普及的年代，老师用

电影和练习册教会学生如何阅读短语，而不是一个一个单词地读。像运动员缓慢地提升力量一样，一开始我们先读被标注出来的短语，然后逐渐延长，直到一眼就能读完整句话。每次我们观看完电影后，我们都会被要求做多项选择题以检查我们的理解。这个课程对我没有太大帮助，我的阅读速度还是很慢。我不算是一个好学生，但真正的问题在于，我感兴趣的大部分书籍都不可能快速阅读。

我经常会想起我在哈佛研究生院最后一年的一门课。海德堡大学的客座教授迪特·亨利希（Dieter Henrich）当时教授一门叫作"在康德与黑格尔之间"的本科哲学课程。由于哈佛与其他大多数美国大学一样，主要研究英美分析哲学，因此很多年来，都没有人能够教授大陆哲学家如康德、黑格尔、克尔凯郭尔和尼采等人。来自不同专业的一批研究生旁听了这门课程，发现很有帮助，于是我们给这门课做了笔记，并聘请了专人来誊录。这本单本三百页的手稿流传了好几年，直到其中一位学生作为图书编辑出版了这门课程。亨利希教授曾经为研究生同时开设了几个讨论班，来阅读黑格尔这本难如天书的《逻辑学》。我们整个学期讨论的文本，只是黑格尔这本重量级844 页巨著中的 14 页。亨利希解释说，由于黑格尔的体系是分形的（fractal），如果你理解了黑格尔的一部分，你就能理解整体。我很快就发现，整个西方哲学史上并没有比之更困难的作品了。一周接着一周，我们逐字逐句地分析文本，直到黑格尔整个体系的结构逐渐开始浮现。这次讨论班对我来说是一次 272 独特的教育经历，深刻地影响了我之后教过和写过的一切。事实上，没有我在这个讨论班上学到的东西，我就不能写出这本书。在亨利希对这几页文本缓慢而耐心地解读中，我开始慢慢领会这本书中意义深远的核心主题：一与多，统一与多元，共同体与个体，同一与差异，简单性和复杂性，整体与部分，综合与分析，整合与分割，线性和非线性体系。但最重要的一个经验——其重要性远远超出了黑格尔的《逻辑学》——在于，我明白了，真正重要的作品必须慢慢阅读，真正重要的思想需要时间来理解，有时甚至是一生。

F 型阅读

1882 年，阿尔伯特·罗比达（Albert Robida）撰写了一本惊人的带有预言性质的科幻小说《二十世纪》，其设定背景是 20 世纪 50 年代的法国。图像和文本创新的相互作用，创造出一种超文本效应，实现了罗比达书中的发展。他描述的世界与今天的生活有着难以置信的相似之处。新媒体模糊了新闻和娱乐的界线，电信消除距离，跨国公司主宰政治，创造出越来越均匀的社会和文化。随着全球金融网络的蔓延，法国变成有限公司，选民成为国家的股东。公共和私营部门通过隐藏在学校、办公室和卧室中的电话机监控，并连接在广泛的监控网络中。这个超连接的世界对它的公民造成了伤害。

现代科学对公众普遍的不健康状态负有责任。我们必须承认，电子时代过分劳累，有线连接、忙碌和紧张到恐怖的生活，已经超过了人类所能承受的极限，造成了一种普遍的退化……肌肉需要休息……大

273

脑，作为唯一的工作器官，吸收了身体其余部分承受的损伤，反过来也变得萎缩和退化。如果我们再不介入的话，未来的人最终将成为一个巨大的大脑，像一个穹顶一样安装在脆弱的四肢上！……更别提其他一千种疾病，比如由无所不在的电力所产生的普遍的紧张，这种液体循环在我们周围，并通过我们渗透。

家长和老师正在不断制定新的方法，帮助孩子们跟上这个节奏日益加快的世界。一个最近大学毕业的文科生解释了学校"高效"课程的逻辑：

> "哦！当然，你也意识到文学课程不是一个非常苛刻的课程。精炼的文学概论已经发明出来促进和节省文学研究。不要对大脑征税……古代经典现在已经浓缩成了三页！"
>
> "太好了！那些古老的经典，那些希腊和罗马的诡计，使得几代学生的生活困难重重。"
>
> "他们所做的改造使得学习更加容易，再也不用经受任何痛苦。每个作者都被总结成一首打油诗（mnemonic quatrain），既容易学习，又容易记忆。"[1]

罗比达的小说让人惊讶地预料到了今天越来越多的人的担忧。最近有越来越多的文章和书籍在表达一种担忧，担忧互联网、万维网、iPad、iPod、智能手机以及不断增长的其他电子设备的影响让人们变得歇斯底里：《谷歌是否让我们变得愚蠢？》；《互联网让我们疯了吗？》；《电子失控：理解我们对技术的痴迷，摆脱它们对我们的控制》；《电子大脑：从技术对现代心灵的改造中逃离》；《分心：注意力的侵蚀和未来的黑暗时代》；《数据烟雾：在信息爆炸中生存》；《浅薄：互联网对我们的大脑做了什么》。对于新技术的这种焦虑反应当然不是什么新鲜事。我们已经看到，20 世纪初，火车、电话、电报、摄影和电影引起了对技术将带来的身体和心理影响的严重关切。当时的科学和医学研究出来的治愈疗程和处方，在今天看来似乎是误导性的，如果不是彻头彻尾的愚蠢的话。现在的情况看起来不一样的原因在于，新技术已经越来越普及并渗透到方方面面，而且还在越来越快地扩散和运行。同时，神经科学和大脑研究方面的科学进步使得我们有可能了解技术如何改变我们心灵工作的方式，因为它改变了大脑的生理结构和运作。

技术加速应用的事实令人震惊。尼古拉斯·卡尔（Nicholas Carr）报道说，2009 年美国平均每人每周上网时间为 12 个小时，这是 2005 年平均水平的 2 倍。2007 年推出的 iPhone 情况变得更糟。今天，普通人每月发送或接收 400 条短信，是 2007 年的 4 倍，而青少年平均每月处理 3700 条短信。[2] 技术爱好者长期以来一直许诺，移动和无线设备会减少工作、增加休闲时间，但实际上，现在工作日的延长已经超出了所有合理的限度。对那些挂在 iPhone 和黑莓上忙碌的工人来说，亨利·福特的八小时工作、八小时休闲和八小时休息的模式似乎已经成为了一个古老时代的美好记忆。最近对 27 500 名年龄在 18 岁到 55 岁之间的工人的调查显示，受访者平均花费了 30% 的所谓闲暇时间上网。[3] 此外，在当今竞争激烈的环境中，越来 越多的美国人已经无法自由地享受假期。即使处于休息时间，他们也害怕失去联系，因此仍然全天候保持通话。

随着技术对我们生活的不断入侵，与技术使用相关的疾病名录也在不断增加。一些备受尊敬的科学家的研究，已经在互联网与焦虑、抑郁、无聊、分心、心血管紧张和视力不佳等疾病之间建立起关联。越来越多的证据表明，这种新媒体实际上会让人上瘾，而这是令人不安的。加州大学洛杉矶分校塞默尔神经科学与人类行为研究所所长彼得·怀布罗（Peter Whybrow）甚至认为，"电脑就像电子可卡因。"〔4〕心理学家拉里·罗森（Larry Rosen）总结了研究结果："最近对非物质或行为成瘾的讨论，已经覆盖了这些研究的绝大部分范围，从研究得比较充分的赌博成瘾，到研究还比较少的糖瘾和色情成瘾。有证据表明，即便考虑到大脑方面，如同对吸毒成瘾一样，行为成瘾仍然是赌博成瘾最主要的原因；并且，还有证据表明，网络成瘾可能像吸毒成瘾一样。宾夕法尼亚州的布拉德福德地区医院，最近推出了我国首例针对网络成瘾症的住院治疗方案。创建了该方案的金伯利·杨（Kimberly Young）博士声称，网络成瘾'在这个国家可能比酗酒更为普遍'。"〔5〕这个方案10天的费用就需要14 000美元，而且这个方案不包括在医疗保险中。以"匿名酗酒者"的成熟方法为基础，该计划包括72小时的"数字排毒"，在此期间，患者将被切断与互联网和电脑的任何联系，同时也不会与心理评估和治疗小组联系。

最近对互联网成瘾的青少年的脑组织研究，毫无疑问地表明了，成瘾者和正常人之间在大脑系统方面存在着差异。研究人员发现，"成瘾青少年与'健康'的同龄人相比，在与神经元的结构和功能相关的脑灰质和脑白质方面有相当大的差

276

异。"[6]虽然证据尚未明确，下一版的《精神障碍标准诊断和统计手册》（*Diagnostic and Statistical Manual of Mental Disorders*）仍然会将网络成瘾确定为进一步研究的领域。

这些研究证实了许多人的怀疑，他们认为数字媒体和技术对儿童和青少年会产生有害影响。对那些只能被描述为注意力缺陷多动障碍症（ADHD）的流行病的关切，再明确不过地表明了这些担忧。疾病控制和预防中心（The Centers for Disease Control and Prevention）最近报告说，约640万4–17岁的儿童已被诊断患有ADHD。这一数字自2007年以来增长了16%，过去十年增长了53%。这一情况在学龄男孩（15%）中比女孩更常见（7%）。随着诊断数量的增加，使用利他林、阿德拉（Adderall）、专注达（Concerta）和赖右苯丙胺（Vyvanse）等药物治疗的情况也在相应增加。从2004年到2012年，治疗ADHD的兴奋剂的销售额，从40亿美元增长到90亿美元。这些报导引起了部分家长、医生和新闻媒体的警醒。许多急于批评制药公司的批评者认为，制药公司强制推销他们的药物给医生，使得医生过度诊断，这些医生甚至可能与药物公司存在违反伦理的伙伴关系。

虽然这些批评不一定是错的，但简单地指责制药公司和医生，简化了这个实际上非常复杂的问题。要弄清楚ADHD实际上或感觉上的增加，就有必要将问题置入我已经追踪过的许多相互交织的线索所构成的语境中。最紧迫的问题不仅在于，我们在用技术做什么，而且还在于什么技术正在作用于我们。这里有一个反向的循环，人类发明的技术回过头来作用于人类，并且依照技术自己的样子重新塑造了它们的创造者。正如277 工业技术使身体和心灵标准化和工业化一样，数字技术也会定制和重组身体和心灵。后现代的数字化和中介化通过其内在化过程，已经扩大和激化了现代工业化进程中的私有化、非物质化、加速和分裂，这一内在化过程已经开始重制大脑，重组心灵，并改变人类自我的结构。

要了解这些动态过程是如何运作的，我想回到一个经常被问到的问题：自从你教书以来，学生有什么变化？对于这个问题，我认为我们的回答必须考虑到周围世界是如何变化的。我所看到的最重要的变化是，学生的阅读与我刚开始教学的时候完全不同。以下的言论不是以学术研究为基础，而是根据我自己的经验和四十年教学的思考而得来的。然而，值得注意的是，目前正在进行的大量研究证实了我的个人观察。

我必须强调的是，有关技术方面的事务，我是通过成为学生的学生而学到的。我比大多数学院中人都更早地认识到，通信和媒体技术具有改变世界的效应，但我也很早就认识到，我永远不会成为这个新领域的专家。一个曾经当了我二十多年老师的学生，何塞·马尔克斯（José Márquez），他现在为德莱门多（译者注：Telemundo，NBC的一个子公司，美国排名第二的西班牙语电视网）编写电视和在线频道的脚本程序。20世纪90年代中期，他帮我在办公室里组装了一台新电脑。我当时很烦恼，抱怨说我的办公室太小了，我需要更多的空间来放书。何塞微笑着，看着狭窄的空间跟我说："马克，这里不再是你的办公室了。"他转过头来看着电脑显示屏说："这才是你的办公室，而且它的空间比你需要的还大得多。"对于我来说，那是一个惊讶的瞬间，因为我突然间意识到何塞与电脑的关系完全不同于我。他面对的并不只是一个屏幕，他把它看作一个可以通过的窗户。当他进入电脑时，电脑也进入他，直到他们相互依赖，电脑实际上改变了他的心智。看着何塞在这个我对之一片茫然的新领域里遨游，我开始明白，他和他这一代人与我在阅读、创造，甚至思考上都是完全不同的。

虽然思维很显然具有神经学的基础，但心灵并不是硬件，而是在人的一生中都可以被塑造并不断改变的。心灵作用的方式、思维的运作以及知识，是与生产和再生产模式共同进化的。从口语到书面再到印刷文本的转变，就如从书籍到屏幕的变化一样，其中每一次规训领域的转变都是颠覆性的。当古腾堡时代的出版商用印刷取代手写卷轴时，文本的形式和实质都改变了。标准化巩固了体制和规则，并改变了书写和阅读。打印出现之前，单词之间是不分开的，也没有标点符号，没有句子或段落。另外，手写誊抄的手稿是非常不规则的，充满错误。由于卷轴都是边展开边收拢，所以它们永远不能被整体地掌握，因此是严格线性的。

随着印刷术的到来，所有这些都改变了。标准化的标点符号、分页和字体，使生产规范化了，同时也使写作和阅读规范化了。除此之外，诸如标题页、内容表、索引和参考书目等文本编码作为原始的搜索引擎，可以帮助读者寻找他们想要的材料。脚注的发明引入了一些超文本网络，它们将不同的文本整合在一起。强加于作家和读者身上的印刷的逻辑，在为思想和表达创造新可能性的同时，也对其施加了新的限制。像本书中考察过的其他技术一样，打印包容了矛盾的内容——它不仅使生产和消费标准化了，而且也使它们个性化和私有化。以这种方式，印刷文化通过培养孤独的写作和阅读，促成了对口头文化的社团主义的侵蚀。

这些年来我教授过的大部分作家，都写过很多大部头，这些书是非常难读的：黑格尔、克尔凯戈尔、马克思、尼采、弗洛伊德、梅尔维尔、坡、海德格尔、德里达、拉康、布朗肖、威廉·加迪斯、保罗·奥斯特、朗·鲍尔斯、丹尼利斯基、唐·德里罗，这里只举一些最有名的为例。他们的书籍不能读得太快。理解他们需要时间，有时候也许是一生。我的职业生涯的大部分时候都是教授本科生，但我从来没有因为某本书太难而犹豫要不要指定学生去读。我告诉学生，你必须与伟大的作品相伴足够长的时间，好让他们能真正进入你们。文本的要求越高，教学的挑战就越大，学生和老师的回报也就越高。这么多年来，这一方法一直很有效，一代又一代的学生通过与真正重要的作者交流而获得了纯真的快乐。虽然他们中很少有人进入学术界，但我不时收到的信件表明，我们一起阅读的作品改变了许多生命。然而，在过去十年中，愿意阅读这些苛刻的作者或对他们感兴趣的学生不断减少。这并不是说这些学生不那么聪明；而是他们的兴趣有所改变。此外，他们阅读、写作和思考的方式并不适合学习那些我认为应该学习的作者。毫无疑问，这些变化是广泛使用电子和数字媒体的结果。

许多人感到遗憾的是，年轻人不再像以前一样读书或写作了。但这是错误的。问题不在于他们读了多少书，写了多少东西，实际上他们比以往任何时候读的和写的都多。问题在于，他们到底应该**如何**阅读和写作。越来越多的证据表明，当人们在线阅读和写作时，其方式确实不同。关键变量仍然是速度。"更快的总是更好的"这个说法，在阅读、写作和思考的领域无疑是最成问题的。纵观历史，哲学家和科学家们用不同的比喻来理解人类的大脑。今天最流行的比喻是电脑。但是当大脑被理解为电脑时，思维就成了一个信息处理的过程。虽然这里似乎确实有与人工智能的算法相似之处，但是将思维，或者说写作和阅读，都还原成一个电脑程序，则肯定是错误的。

在线阅读通常都像是快速的信息处理，而不是缓慢、细致、深思熟虑的反思。浩瀚而复杂的作品让位于简明扼要的文字，可以快速理解或一目了然。当速度至关重要时，越短就越好；复杂性让位于简单，深刻的意义被消散在表面的游戏中，肤浅的目光在这些游戏里浮光掠影。隐喻、模糊性和不确定性，这些艺术、文学和哲学的命脉，最终成为了编码问题，被数字逻辑的还原论解决。然而，现实可能在某种程度上是模拟（analog）的，而不仅仅是数字的。速读助长了浮躁感，导致读者跳过任何并不明显或相关的东西。与其他媒体一样，在线阅读和写作都有优缺点。数据的可替代性使得人们可以在多媒体中创造新型作品。这些新型作品不再限于使用文字，作者可以创建包括图像、视频、动画和声音的文本。电子媒体也为设计和互动提供了新的机会。最后，在线写作和阅读通过创建可以立即搜索的超文本网络，打破了以前相互孤立的作品之间的障碍。书籍成为了杜威十进制系统中的一连串数字，作品也就成为了不断变形和扩展的网站中的一些节点。

读者在线行为的变化不再是思想的问题。2006年，尼尔森诺曼集团（Nielsen Norman Group）利用可视化眼球追踪（eye-tracking visualizations）来研究232名被要求查看数千个网页的人的行为。研究人员发现，他们所描述的这种"阅读网络内容的

F 形图案"，在所有网站上都是一致的。雅各布·尼尔森（Jakob Nielsen）在研究报告中写道："F 意味着快（fast）。这就是用户阅读宝贵内容的方式。几秒钟内，他们的眼睛以惊人的速度掠过网站上的所有词汇，这种方式与我们在学校学到的方式非常不同。"阅读时眼球运动的热图揭示了这种 F 模式，正如尼尔森解释的一样：

> 用户的阅读首先在水平方向上运动，通常位于内容区域的上部。这个初始元素形成了 F 的上边一横。
>
> 接下来，用户向下移动页面，然后在第二个水平方向上阅读，这次阅读覆盖的区域通常比之前的更短。这一附加元素形成 F 的下边一横。
>
> 最后，用户在垂直方向上移动，扫描左侧的内容。有时候，这是一个相当缓慢和系统的扫描，因此会在眼球追踪热图上形成一个牢固的条纹。而其他时候，用户阅读速度很快，因此会创造了一个断断续续的热图。最后这个元素形成了 F 这个字母中的那一竖。[7]

这项研究的结果现在已被广泛接受，并影响到网站的设计。在高速世界中，词语的位置与产品的位置一样重要。当电视观众可以通过电视录制技术和任意调换时间来快进和跳过广告时，节目开始前的几秒钟就成为了最昂贵的广告时间点。伴随着快速阅读中 F 型模式的发现，屏幕左上方的位置就成为了网站上最能吸引眼球的位置。其他位置的文字从视野中消失，则不会引起读者的注意。

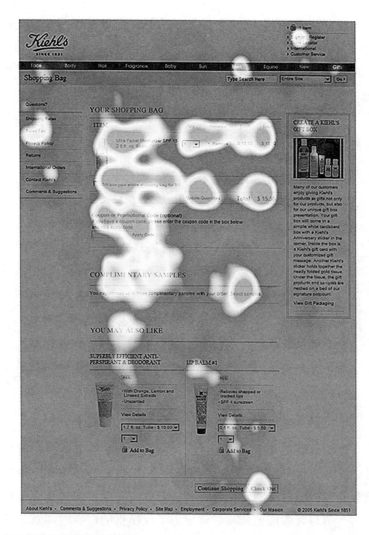

在三个网站中使用眼球追踪得到的热图。

转载经尼尔森诺曼集团许可，网址为 http：//www. nngroup. com/articles/f - shaped - pattern - reading - webcontent

快速浏览不是在线阅读的唯一问题；超链接（hyperlinks）和超文本还有其他的缺点。正如尼古拉斯·卡尔（Nicholas Carr）指出的那样，"当网络吸收媒体时，它会以自己的形象重新创造出媒体。它不仅溶解了媒体的物理形式；它还用超链接注入媒体的内容，将内容分解成可搜索的组块，并将它从所有其他媒体那里吸收的内容组织起来。内容形式的变化，同时也会改变我们使用、体验甚至理解这些内容的方式。"[8] 在这里，我们又发现了我们在其他网络中看到过的连接－断裂模式，随着连接性的增加，碎片化也在产生。对于在线多媒体超文本来说，这种分割是组合和搜索方法的一个功能。超文本是组合创造的杂交体，但它也不全是不同来源和媒体的材料的混合。其结果是一个拼贴的东西，其中的意义——如果有意义的话——是通过并置和结合产生的。这种混合性鼓励一种联想式的阅读，这种阅读从一个来源迅速跳到另一个来源，从一个文本迅速跳到另一个文本，而不是就某一个单独的文本进行持续的分析和反思。多任务模式进一步加重了这个问题。打开多个窗口的屏幕，允许用户从一个网站或文本来回跳转到另一个网站或文本。不仅文本是分散的，阅读者的意识和无意识也变得分散。需要强调的是，这种差异不能还原到线性和非线性的写作和阅读方式。与通常的假设相反，屏幕实际上比书更加线性。像手写卷轴一样，屏幕文本不会一次性地呈现所有全貌，而是必须以线性的方式按照顺序导航。相比之下，书本实际上一目了然，它允许读者自由而随意地前后探索。

目前的搜索技术状况进一步割裂了我们的阅读体验。卡尔正确地认为"搜索也导致在线作品的碎片化。搜索引擎经常用

283

某一段特别的文字，或者几句话或几个句子来吸引我们的注意，这些碎片化的文字与我们正在搜索的任何内容都有很强的相关性，但却与我们的整个工作没什么关系。当我们搜索网页时，我们看不到森林。我们甚至连树都看不到。我们看到的只是树枝和树叶。像谷歌和微软这样的公司，他们的搜索引擎对于视频和音频内容来说是完美的，但他们的更多的产品正在割裂已经碎片化了的书面作品"。[9]正如我已经指出的那样，能够处理语境的语义搜索尚未完善，所以搜索仍然是针对孤立的单词。当前搜索技术的一部分问题在于，机器无法索引页面上没有明确显示的内容。不仅是语境缺失，那些没有明确说明的意图或建议，也无法被记录和存储。计算机化的索引和搜索当然更快，但在避免过度字面化的搜索所带来的陷阱方面，它并没有比以前的技术和方法更好。

正如打印改变了文本生产一样，互联网和万维网也正在改变人们阅读以及写作的方式。在过去二十年中，有一个有趣的逆转。虽然软件程序是以模仿印刷媒体的桌面、文件夹和页码开始的，但现在，印刷媒体已经开始模仿屏幕：杂志、报纸和书籍越来越像网站。随着形式的变化，内容也开始产生变化。写作变得越来越短，越来越快，这不仅包括140字的推文，而且还包括140字的"小说"、手机"小说"、电子"小说"、不断更新的定制新闻，以及不断更新的娱乐八卦（也有时被称为"新闻"）。这些发展使传统的《读者文摘》或《给傻瓜的白鲸》（*Moby - Dick for Dummies*）（译者注：《白鲸》是美国著名作家梅尔维尔的名著，而《给傻瓜的白鲸》则是美国著名动画《辛普森一家》中恶搞的小说）看起来都像是高雅的文学作品。随着阅读习惯的改变，很多成熟的出版商也开始鼓励更短、更易读的书籍。一位受人尊敬的编辑最近对我说："写更短、更简单的书；现在已经没有人有时间去阅读深刻的长篇作品了。"

在线出版的速度还产生了另外一个很少被人注意到的负面影响——负责任的编辑和修订实际上已经消失了。如果真如通常所说，新闻是历史的初稿，那我们今天所拥有的一切就是这个初稿。正如任何严肃的作者所知道的那样，手稿在"完成"和印刷之间所需的工作量是非常耗时的，通常需要长达一年的时间。但是，这一包含了事实检查、修订和文本编辑在内的修订和改进过程，会大大提升作品的完成度并增加其价值。当所有与这一过程相关的人员都被削减之后，最终的成果就会受到影响。资深技术作家肯·奥莱塔（Ken Auletta）曾经评论亨利·布洛杰特（Henry Blodget），亨利现在是一位媒体大亨，但他曾经作为证券分析师被指控证券诈骗，并且被永久禁止进入证券行业。布洛杰特在解释他的新出版的在线读物《业务内幕》时说："它既有点像广播又有点像打印……它是极其有争议的。不过当你坐在电脑桌前的时候，空气中确实飘荡着一些实实在在的元素。"奥莱塔指出了布洛杰特这一商业冒险的意义，"这个谈话的本质就是速度；即便事实或结论是错误的，也可以稍后再解决。"[10]如果这就是我们这个时代被普遍接受的做法，我该如何坚持让我的学生准确而负责任地写作？

虽然现在的许多年轻人比以往任何时候都写得更多，但他们的写作却被他们所沉迷的技术改变。他们可能能够高效地发推或在脸书页面上发布转发的消息，但是太多人不知道如何撰写长篇而严谨的论文，提供一个明确的论点和一致的论据。在高年级的本科课程中，我经常要求学生写 20 到 25 页的研究论文。正如我所指出的，这些课程通常关注非常深刻的艺术家、作家和哲学家。学生必须阅读其他的经典原著，并研究许多二手文献，来理解研究者和评论者如何以不同的方式解读这些作品。期末论文必须有脚注和参考书目，并且没有拼写或语法错误。我解释说，一个**学期**研究论文意味着，这是一个持续一整个学期的项目，你需要在一个学期的长度中慢慢打磨出一件最后的成品。我强调，这种阅读和写作需要时间，不是冲动可以完成的；因此，学生不能期望在最后一刻开始写论文还能得到满意的成绩。而对于现在的许多学生来说，这还是他们第一次被要求写这样的论文，他们不知道该怎么做。他们不知道如何进行研究，很少去图书馆；相反，他们做所有的一切都是在网上。尽管我多少次提醒他们，一定要在开始撰写之前先列出自己的提纲，还是有很多人不遵循我的建议。同样，无论我多少次提醒他们，必须至少在截止日两天之前完成这篇论文，以便他们可以进行校对和修改，但他们交过来的还是初稿。必须强调的是，他们都是非常好的学生，在最好的文理学院和研究型大学读书，但还是有很多人不知道如何写好一篇论文。

这一错误并不完全归于学生，老师也得承担部分责任。当我 60 年代上高中时，我在高三和高四写的期末论文，就和我后来在大学里要求学生写的一样。暑假我们也需要读书，开学第一个星期，我们会交上暑假的读书报告。我在英语课上的表现一直很好，但是高三一开始，我的读书报告就得了个 C，当时我非常难过。高三那一整年，萨瑟兰（Sutherland）女士摧毁并重建了我的写作。这是一个痛苦的过程，但它真是一份厚重的礼物——到了这个学年的末尾，我才真的学会了如何写作。但今天的中学教师在多重压力下工作，这使得他们难以投入足够的时间在写作上。此外，沉迷于评估和结果的文化，导致人们更多地依赖标准化的测试来衡量教育是否成功。由于老师的工作依赖于学生的考试成绩，老师们教授的内容自然就会更多地与考试相关，因此也就不会对缓慢、细致的写作指导给予足够的重视。考虑到写作的重要性和学校教学在这方面的不足，几年前我就决定自己教我的孩子亚伦和克尔斯滕如何写作。从他们上六年级的夏天开始，一直到他们上大学之前的夏天，每周他们都会以他们自己选择的题目，写一篇三页的论文。论文的唯一要求是，它不能是创造性的写作，而是提出一个论点，并构建论据来支持它。这也是一个漫长（七年）而痛苦的过程，其中包含着许多眼泪和冲突。但最后他们都学会了写作，这可能是我将留给他们的最宝贵的遗产。

　　大学的情况并没有好多少。太多学生来到大学却无法写 287 作，并且丧失了赶上的时机。许多教师认为，他们没有时间与学生一起研究论文、阅读和回应他们所提出的问题。有些学校要求学生参加写作密集型课程，但这是例外而不是规则。随着对出版物的要求越来越高，与之相应的，则是教学价值的下降，对教师来说，他们几乎没有什么动力要求学生撰写耗时的论文。因此，近年来，许多课程的写作任务，已经从长篇论文转向短篇论文，甚至是定期的博客文章。虽然较短的写作形式具有某些实际目的，但是当学生不再学习如何进行研究，并撰写持续论证的长篇论文时，他们会失去很多。随着世界不断加速，并变得越来越复杂，仔细的思考和分析比以往任何时候都显得更加重要。而这正是我们疏于培养的技能。

注意力管理的紊乱

多年来，我常常说，有两件事情无法提高——你无法跑得更快，也无法变得更聪明。但技术创新证明我错了。考虑一下兰斯·阿姆斯特朗（Lance Armstrong）的例子，他是法国环法自行车赛的七届冠军，可以说是历史上最好的自行车手，同时也是一名在巅峰时期遭遇戏剧性挫折的癌症幸存者。2012 年 6 月，美国和世界反兴奋剂机构均指控阿姆斯特朗服用了非法兴奋剂，两个月后，他被终身禁止竞争，并被剥夺了自 1998 年以来所获得的所有头衔。虽然阿姆斯特朗最终公开承认了服用兴奋剂，但他从来没有解释过他的方法或承认他的欺骗程度。他服用兴奋剂的唯一原因，是希望在自行车比赛中获得竞争优势。即使是在一个类固醇和性能增强药物的时代，阿姆斯特朗也受到了运动员和公众的广泛批评。

虽然阿姆斯特朗的行动不应该被宽恕，但他提出的问题比他引发的辩论要复杂得多。技术创新，包括遗传工程、激素治疗、性别变化手术，日益有效的药物治疗、植入剂和移植物，使得自然和人为越来越难被区分。什么药物、程序和操作不会提高性能？这一领域最激进的发展是将增强性能（performance - enhancing）的技术从身体扩展到心灵。菲利普·波菲（Philip Bof-fey）在其关于奥巴马总统最近的脑计划（brain - mapping project）

288

的文章中写道："纳米技术、微电子、光学、数据压缩和存储、云计算、信息理论和合成生物学方面的最新进展，使以前难以想象的研究成为可能。例如，科学家可以通过植入神经传感器、无线光纤探针或基因工程的活细胞来渗透脑组织，以此扩大传统脑部扫描的价值，并探测哪些神经元在响应各种刺激。"[11]这项研究已经产生了许多重要的结果，并用于治疗脑外伤患者以及帕金森症等疾病。但是这些技术也被用于更多成问题的目的。

我们已经看到，工业革命需要一种新的规训制度。通过将泰勒的原则应用于工人的身心，管理人员试图提高生产的速度和效率。当时新兴的广告业，利用大众媒体，通过刺激和管理人们的欲望，来促进大众消费。神经科学、神经药理学和神经外科学将科学管理首先扩展到大脑，然后是心智。随着越来越多的信息、媒体、图像和数据被处理得越来越快，管理自己的注意力变得越来越困难，也越来越有价值。当时间就是金钱，289通过操纵注意力就有利可图。

具备了这些见解，让我们回到注意力不集中症（ADHD）的问题上。许多评论家认为，今天的高速联网世界创造了一种分心的状态，使得人们几乎不可能集中精神并维持这种专注的状态。虽然这一状况自从现代性发明了速度之后就已经出现，但在过去的一个世纪里，随着越来越多的人使用药物来应付不断加速的生活，这一状况迅速恶化。矛盾的是，他们认为治疗速度问题的解药仍然是速度。这种药物治疗是新兴的注意力管理业务的一部分，其形式多种多样。青少年使用利他林和阿德拉有三个主要原因：控制被认为不正常的行为、减肥，以及变得更聪明。对于那些有许多孩子却没有多少时间的父母、老师、行政人员和医生来说，药物似乎是一个便利的解决方法。政府、制药公司和保险公司也是这一情况的重要组成部分。正如保险公司拒绝支付精神分析和行为矫治疗法的费用，会导致针对心理障碍的药物治疗增加一样，学校预算的削减使得指导教师和辅导员越来越少，由此导致使用药物来管理学生"破坏性"行为的增加。哈佛医学院教授杰尔姆·格罗普曼（Jerome Groopman）博士强调了这些药物危险的副作用，并警告对它们的过度使用。"许多人认为，如果孩子们不是安静地坐在桌前，他的行为就是病态的'不正常的'，而不会去想，他们还只是个孩子。"[12]

虽然许多病人并没有自愿使用利他林和阿德拉米进行行为管理，但许多人仍然使用药物减肥（这在女孩中比较常见），或提升精神能力、提高学术或专业表现。比如许多运动员就服用药物来获得竞争优势。当我们以这种方式来理解利他林和阿德拉，以及其他增强心理效能的药物时，它们就是大脑的类固醇。曾将阿德拉称为"竞争药"（the competition drug）的罗杰·科恩（Roger Cohen），报道了马萨诸塞大学一位 24 岁的大学生的经历："我在大学第一年就开始服用它（阿德拉）。我的表现一直波动很大。即使是我感兴趣的课程，我也很难集中注意力，我得到了一个 D。我觉得有些事情必须改变。阿德拉在校园里到处都是。第一次服用之后，我写了一篇出色的天文课的论文。难以置信，我是如此受到鼓舞，以至于我想成为一名医生！"[13]正如在我以前的学生的女儿身上所发生的那样，父母经常鼓励甚至强迫孩子服用这些药物。事实上，正是同一批人，他们唾弃阿姆斯特朗，并呼吁棒球名人堂禁止贝瑞·邦兹（Barry Bonds）和罗杰·克莱门斯（Roger Clemens）加入，但另一方面他们却告诉自己的孩子服用流行的药丸来提高成绩，并提高他们的 SAT 分数。

已经有一些机械和电子假肢以及化学补充品可以用来增强身体和精神功能。这个领域最雄心勃勃的项目之一是由布朗大学、马萨诸塞州总医院和美国退伍军人事务部的科学家们开发的大脑之门（BrainGate）。大脑之门是一种植入物，用于帮助那些失去肢体或身体控制功能的人。大脑之门将传感器植入大脑中，外部解码器将假肢与外部物体相连。传感器的使用符合大脑神经元电磁功能的电极，在大脑负责控制运动的区域内发射。传感器将活动转换为发送到外部解码器的电子信号，外部解码器使用大脑信号来移动机器人手臂或移动光标。大脑之门使一个人能够移动他/她的身体，并且通过精神活动来操纵身体。[14]

虽然这项技术还处于起步阶段，但不难想象，它会将我们291导向何方。当大脑被更准确地描绘之时，人们就可以开发更复杂的增强功能，从根本上改变心灵的工作方式。科维理基金会（The Kavli Foundation）与几所主要的研究型大学合作，赞助了创新型神经技术计划，其目标是使研究人员能够制作大脑的动态图片，以"显示个体脑细胞和复杂神经回路如何以思维的速度相互作用。这些技术将为探索大脑是如何记录、处理、使用、存储和检索大量信息开辟新的道路，并且将揭示大脑功能与行为之间的复杂联系"。[15]基金会科学计划副总裁全美永（Miyoung Chun）预计，完成所提出的大脑活动图"将会使从机器人植入物和神经假肢，到远程控制的所有事物产生革命性变化"，这将让人们"通过思考改变通道（channel）"。[16]这种先进的无线技术将制造出前所未有的隐私问题，它可以远程攻击大脑而不仅仅是电脑。据布朗脑科学研究所神经科学家兼主任约翰·多诺霍（John Donoghue）介绍，目前的技术已经可以让人们读解人的大脑。一种名叫 P300 的程序"可以根据人在看到满屏的字母时被激活的大脑区域，来确定人们思考的是字母表中的哪个字母。但即使脑阅读技术的进步加快，科学家也将面临新的挑战，因为科学家还必须确认，此人是想要搜索特定的网页，还是正在思考任意一个主题"。[17]到那时候，人们恐怕连网页是大脑的假肢，还是大脑是网页的假肢都分不清楚了。

由于科技具有自身的逻辑，所以不可避免地会产生一些意想不到的影响。在历史上，解放人的技术常常也用来奴役人，有时甚至同步进行。计算能力、数据处理、纳米技术和神经科学的非凡进步，正在扩展我们对人类大脑和心智的理解，并创造出前所未有的医学突破，但它们也被用于一些不那么高尚的目的。大卫·申克（David Shenk）恰当地将其描述为"数据烟雾"（data smog），它创造出的环境，让人们的注意力竞争变得如此激烈。迈克尔·汉格（Michael Hanger）在他富有启发性的文章《文化和科学中向注意力的历史转变》（*Toward a History of Attention in Culture and Science*）里写道：

> 作为新媒体无所不在的直接影响的体现，注意力已成为利益关注的焦点。由于视觉刺激和娱乐的范围变得如此广泛，好奇心、愉悦和赞美不再被视为需要鼓励、满足的美德和激情。现在的问题是如何在更短

的时间内获取和管理越来越多的信息。在这种情况下，注意力是非常宝贵和昂贵的，因为它不能自行增加，它是任何想要"销售"商品、观念、知识或意识形态的人的目标。作家们，比如乔治·弗兰克（Georg Frank），将其称为"注意力的经济"，并且将它视为一种货币，人们必须决定如何投资于人们的注意力，以及如何引起别人的注意。[18]

我已经考察过信息、媒体和通信技术如何以定制信息和广告的方式被用于追踪客户。神经科学和脑科学研究正在创造新的技术，这些技术是企业、政府和各种机构用以管理人们注意力的强大工具。当然，这些发展并不新鲜，科学研究和技术创新已经提高了精神管理的有效性和效率。这些新方法将潜意识广告（subliminal advertising）提升到了另一个层次。迄今为止，开发过的最极端的注意力管理形式是神经营销和神经广告（neuromarketing and neuroadvertising）。这些技术试图通过黑进大脑 293 的神经网络来将人类行为编程。研究人员通过使用磁共振成像（MRI）和脑电图（EEG）来观测客户对广告刺激的感觉、认知和情感反应，以测量大脑特定部位活动的变化。他们还通过测量心率、呼吸频率和皮肤电反应（galvanic skin responses）来描绘生理变化。最成功的神经营销公司是神经聚焦公司（NeuroFocus, Inc.），该公司是一家在伯克利、纽约、达拉斯、伦敦、东京、特拉维夫、首尔和波哥大设有办事处的全球性公司。

2011 年，信息、测量和分析公司尼尔森（Nielsen）以 50 亿美元收购了神经聚焦。神经营销先驱和神经聚焦公司首席执行官普拉迪普（A. K. Pradeep）解释说，他通过研究 ADHD 研究人员的研究成果，开发出了广告技术。他认为广告的神经效应可以通过扩展神经科学家研究 ADHD 时所使用的方法来计算。他解释说："我们通过控制大脑来测量你的大脑脉冲。我们不断测量大脑的所有部分。一次又一次地，我们测量你付出了多少注意力。我们捕捉到［学习］你所体验的情绪和记忆。"[19]每个广告的分级从 1（完全无效）到 10（完全有效）。神经营销业务目前以每年超过 100% 的速度增长，神经聚焦不断扩大的客户名单包括谷歌、微软、雅虎、英特尔、贝宝（PayPal）、惠普、迪士尼、百事可乐、菲多利（Frito－Lay）、雪佛龙、麦当劳、联合利华、宝洁和花旗。出于对其公司技术被越来越多的批评的敏感，神经聚焦公司的领导层聘请了一些备受尊敬的学者在公司的顾问委员会任职，以示他们的支持。

294　　神经营销不仅限于商业领域，它也逐渐开始改变政治进程。正如政治运作会使用大规模定制的广告技术来定位潜在的选民一样，他们也使用神经科学来管理选民的态度。在 2008 年总统大选前的几个月中，加州大学洛杉矶分校塞默尔神经科学与人类行为研究所的马可·亚科波尼（Marco Iacoboni）、约书亚·弗里德曼（Joshua Freedman）和约纳斯·卡普兰（Jonas Kap-lan）进行了一项研究，将被实验者放置在大脑扫描仪中一小时。研究人员解释说，"在扫描仪中，被实验者通过一副护目镜观看政治图画；首先是随机呈现的每个候选人的一系列静态照片，然后是从演讲中摘选的视频。之后我们再次向他们展示了这一组照片。在问卷调查前后，被实验者被要求以投票中经常使用的 0－10 型刻度计进行评价，从'非常不喜欢'到'非常喜欢'。"结果有点令人惊讶。"当我们展示'民主党人'、'共和党人'和'独立'这些词时，他们的大脑中被称为杏仁核（amygdala）的部分表现出活跃的运动，这表示着焦虑。而当人们看到'共和党人'这个词的时候，大脑中与焦虑和厌恶相关的杏仁核和脑岛（insula）部分表现得特别活跃。但是所有三个标签也引起了大脑中被称为腹侧纹状体（ventral striatum）的与奖励有关的区域的活动，同时还引起了一些与欲望和感觉相关的区域的活动。仅有一个例外：有一个人在看到'独立'这个词时几乎没有表现出任何积极或消极的反应。"[20]

最近在南卡罗来纳大学医学院脑刺激实验室（Brain Stimulation Laboratory）进行的一项研究证实了这些结果。首席研究员罗杰·纽曼·诺伦德（Roger Newman Norlund）认为："民主党人和共和党人在大脑中的身份认同有天生的不同。"他报告说："结果发现，民主党人大脑中神经活动活跃的区域更多与更广泛的社会关系（朋友、整个世界）相关，而共和党人大脑中神经活动活跃的区域更多与更紧密的社会关系（家庭、国家）相关。在某些方面，这项研究证实了对双方成员的刻板印象——民主党人往往更加全球化，共和党人更加以美国为中心，然而实际 295 上，这项研究与其他最近的研究完全相反，最近有一些研究表明，民主党人更享受一种关心其他人的虚拟生物关系。"[21]

这项研究的结果可以从两个相反但同样令人困扰的方向来解释：一方面，大脑是基本固定的，不能改变；另一方面，大脑又是高度可塑的，可以在人没有意识到的情况下操纵。我认为，自然和文化，或者在这个例子中，大脑和心智都是相互依赖的，因为它们是相互影响的反馈循环。大脑为心智活动创造了条件，其心智活动反过来又重新配置了大脑。广告商和政治操盘手对心脑的动态互动很有兴趣，他们可以以此管理注意力，操纵偏好和程序决策。对注意力缺陷多动障碍症的关注导致了一种可以被描述为注意力管理混乱的现象。在当今超负荷的高速关注经济中，竞争对手们将毫不犹豫地为心智编写程序。这些发展将通过曾经非常个人化的决定程序化，而对社会和文化产生了革命性的影响。当蒂莫西·莱里（Timothy Leary）声称，不仅速度（即 LSD），而且电脑也在改变人的心智时，他是正确的，虽然他表述的方式有些奇怪。五十年前，没有人会想到神经营销和神经广告会以这样的方式将人们的注意力和态度程序化：我们通过在云端流通并传递给我们大脑神经回路的算法，被引导做出某一行为。当马克思宣称历史事件第一次发生是悲剧时，他可能并不完全正确，但当他坚持认为第二次是闹剧时，他肯定是正确的。

　　这些发展有深刻的讽刺意味。我们看到，过去四十年来，个人选择的意识形态一直是新保守主义政治和新自由主义经济学的基石。此外，对"选择越多就越好"的信念一直是推动消费和金融资本主义发展不可置疑的前提。但是，正如克尔凯郭尔在两个世纪前告诉我们的那样，真正的自由选择不可避免地涉及不确定性和风险。而没有什么能比不确定性和风险更让金融市场焦虑的了。在高速、超链接的世界中，寻求盈利回报的企业的主要问题就是如何管理风险。随着股价上涨越来越快，投资者得出结论认为，人类是不能信任的，因此最安全的策略是将他们踢出游戏。由此，金融市场、消费市场和政治运动被运行在全球高速计算机网络上的算法控制，通过大量数据资源直接和间接地与大脑进行互动。

心灵的去程序化

克尔凯郭尔与历史上任何其他的思想家一样，非常理解个体自我的结构和动态的个人决断。他认为，个人是彻底自由的，因此对自我负有完全的责任。虽然人们受到自然能力的制约：他们出生的环境，他们所处时代的社会、政治和经济条件；但他们必须自我意识到自己是谁，并通过自己的决断对自己要成为什么样的人承担全部责任。当下的决断时刻必须在超越了个体的过去与包含了丰富可能性但同时也充满危险的未来之间保持平衡。负责任的决断，要求个体接受他们的过去给他们施加的限制，并自觉地朝向开放的未来前进。

克尔凯郭尔在1842年至1855年出版的一系列匿名著作中发展了对自我的这种解释，在这些作品中，他描绘了自我的本真性从少到多的演进。他确定了人类生活的三种基本形式：审美、伦理和宗教。当然，在此我们不需要关心他的分析中的细节问题，我们只需知道，他关于审美生活的叙述照亮了我一直在梳理的谱系的含义。审美阶段作为生存的本真性最少的阶段，其特点被克尔凯郭尔描述为"直接性"。审美的直接性有两种看似不同的形式：感性和反映（reflection）。一方面，个人会受到自身无法控制的欲望和感性倾向的宰制；另一方面，个人会被他人的抽象观念和态度塑造，这些观念和态度来自教育、历史传统以及最重要的——新时代媒体中的公众意见。在这两种情况下，这个人都不可能成为一个拥有自我意识、能够

297

自主做出决断的人。一个人要么在欲望的刺激（感性）下被编码，要么被非人格的习俗和大众媒体（反映）编码。审美的人被他们既不理解也无法控制的强大力量驱动，而无法成为一个拥有个人记忆和开放未来的内在一致的自我。就像布鲁斯·斯普林斯汀（Bruce Springsteen）的歌词"喝醉在一条小巷里……愚蠢盲目，以恶劣的速度没有目的"，他们没有秩序、方向或意义。

克尔凯郭尔两百年前写下的著作，很好地描绘了今天许多人的生活。为了理解他的分析的相关性，有必要追溯一下现代性、现代化和现代主义早期的漫长历史。19 世纪开始的速度、非物质化、私有化和碎片化的过程在 21 世纪初就达到了它的极限。由技术变革与金融危机的交互作用所造成的生活加速，导致了注意力分散的文化，使得人们几乎不可能集中或保持注意力。药物和神经干预只是最极端的管理注意力混乱的形式。并且，如前所述，这些技术加剧了他们想要治愈的问题。但是，对注意力分散的普遍关注作为当今生活的决定性状况，错过了正在发生的事情中最关键的要点。问题实际上不在于注意力分散，而是对注意力的过度侵扰造成了意识的割裂和自我的分裂。去中心化、去管制化和私有化网络的结构性离散，体现在自我生存的分裂性中。这不仅是哲学意义上的，同时也是生物学意义上的。加州大学洛杉矶分校塞默尔神经科学与人类行为研究所的记忆诊所和老龄化中心主任加里·斯摩尔（Gary Small），以及他的合作者吉吉·沃根（Gigi Vorgan）认为，"多任务处理使数字原住民能够持续得到自我满足，由此抛弃长期目标。同时产生的相互竞争的任务，通常会对所呈现的信息提供一些肤浅的看法，而不是深入的理解。教育工作者抱怨说，生活在多任务时代的年轻人，在完成学校的任务时效率较低。长期紧张的多任务处理，可能会延缓额叶皮层（frontal cortex）的充分发展，这一大脑区域能够帮助我们看到大局、延续满足感、抽象思维，并提前做计划。如果一个青少年拥有工具，并知道如何从实时新闻或玩电子游戏中获得直接的心理快感，那么这位青少年什么时候才能学会悬搁每一个紧迫的幻想或欲望，以彻底完成一个繁琐的项目或沉闷的任务？"[22]

这未免让人们以为这种情况只局限于玩电子游戏的青少年，重要的是要注意到，对冲基金实际上也是一种大规模多用户在线的游戏。高速、大批量的交易者无法再通过长期负责任的投资来延迟满足感的到来，就像青少年玩家无法掌握其行为的长期后果一样。屏幕创造出一个像是电磁场的东西，吸引用户进入轨道，并让他们瞬间沉入之中，从而将他们与世界其他地方隔离开来。当长远投资瓦解为短期行为，所谓实时的同时性就会使真实的现实变得虚幻。这就是融合连接导致裂变的瞬间，在其中，整体内爆成无数的碎片化的部分。当这种情况发生时，席勒曾用来描述工业革命带来的社会和个人分裂的话语，穿过几个世纪的时光在我们耳边回响："人永远被束缚在整体的一个孤零零的小碎片上，人自己也只好把自己造就成一个碎片。他耳朵里听到的永远只是他推动的那个齿轮发出的单调乏味的嘈杂声，他永远不能发展他本质的和谐。他不是把人性印在他的天性上，而是仅仅变成它的职业和他的专门知识的标志。"[23]这架机器现在虽然是数字化的而不再是机械式的，但是其模式仍然保持不变。

随着时间的缩紧，它的速度不断加快，而随着速度的加快，它又不断在缩紧。除非时间重置，否则受到技术奴役的人们在此之前都无法被解除编码；瞬息万变的现在，将不断积累的过去以及充满可能性的未来都囊括了进来。重置时间的过程只能通过节省时间而不是加速来促其发生，我们必须慢下来，用足够的时间来反思、深思甚至是冥想。

10

大崩溃

丧失时间

1928 年，约翰·梅纳德·凯恩斯在剑桥大学做了一场讲 300
座，在当时失业率上升、社会动荡和令人绝望的大萧条背景
下，凯恩斯的讲座意在劝说那些敏感的本科生资本主义更为可
行。两年后，他以《我们后代在经济上的可能前景》为名出
版了这次讲座的内容，凯恩斯承认暂时存在的经济问题，但他
坚持认为这些困难是因为适应技术变革的速度而导致的。"现
在我们所遭受的痛苦，不是老年性风湿病，而是由于发育过快
引起的发育性阵痛，是两个经济阶段之间重新调整的过程所引
起的痛苦。技术效率的提高速度超过了劳动力吸收问题的解决
速度；生活水平的提高，速度也稍快了一些。"他以一种长远
的眼光，简要追溯了经济自中世纪，经过工业革命，直至 20
世纪的发展过程。凯恩斯指出，1919 年至 1925 年间，美国的
工厂产量增加了 40%，凯恩斯认为："粮食生产效率的进步，
将与矿业、工业和运输业所取得的进步同样巨大，而我们也许

正处在这种巨变的前夜。许多年以后——我的意思是就在我们自己这一代——也许可以只付出原来一般使用的人力的四分之一，就能够完成在农业、矿业和工业上的操作了。"这些变化的快速发展创造了他所谓的"技术进步导致的失业"（technological unemployment），这是由于"发现节约劳动力使用的方法的速度远远超过了我们为劳动力开辟新用途的速度"。凯恩斯相信这是一个暂时的问题，从长远看，"人类正在解决他们的经济问题"，他认为资本主义的成功将迎来一个休闲的时代，人们每周只需要工作 15 个小时就能满足他们的需要。

> 因此，人类自从出现以来，第一次遇到了他真正的、永恒的问题——当从紧迫的经济束缚中解放出来以后，应该怎样来利用他的自由？科学和复利（compound interest）的力量将为他赢得闲暇，而他又该如何来消磨这段光阴，生活得更加明智而惬意呢？
>
> 那些孜孜不倦、一心一意的图利者，也许会把我们大家都带上通往经济丰裕的跑道。但当这种丰裕实现以后，只有这些人才能在这种丰裕中获得享受：他们不会为了生活的手段而出卖自己，能够使生活的艺术永葆青春，并将之发扬光大，提升到更高的境界。[1]

摆脱功利主义的赚钱斗争，人们将会有足够的时间投入到生活中所谓的更美好的事物上。

作为布鲁姆斯伯里团体（the Bloomsbury group）的活跃成员，凯恩斯的承诺总是在艺术和金钱之间分裂。他对审美生活的不切实际的赞赏，反映了他对于早已褪色的休闲的价值及其社会地位的欣赏。托尔斯坦·凡勃伦（Thorstein Veblen）在他1899年出版的颇有影响力的著作《有闲阶级论》中认为，到了20世纪初，社会地位的衡量标准是看一个人工作得多么少，而不是看他工作得多么多。他认为，"有闲的生活，是金钱力量以及优势地位最简单、最有力的证明；这些有闲者除了悠闲之外，日子显然也过得很从容、很舒适……明显地不参加劳动就成为金钱上的优越成就的常见标志，也就成为声望所在的常见标志；相反，从事于生产劳动既然是贫困和屈服的标志，它就同在共同体中获得崇高地位格格不入了。"有闲阶级的基本原则是"生产性劳动是与其尊严不匹配的"。[2]凯恩斯和凡勃伦在有闲的美德上达成的一致，不应该掩盖他们的重要分歧。凯恩斯不同于凡勃伦，他关于即将到来的休闲社会的预测不是阶级分化的。

凯恩斯并不是唯一一个坚持休闲重要性的人。在1932年的一篇题为《闲散颂》(In Praise of Idleness) 的文章中，伯特兰·罗素（Bertrand Russell）承认，他和他这一代的许多人一样，是在这样的谚语中长大的，"游手好闲，魔鬼也嫌"。或者，像我的新教祖母总是说的那样，"闲散是魔鬼的学习班"。罗素继续解释道："虽然我的良知控制了我的行动，但我的意见却经历了一场革命。我认为在这个世界上，人们做的工作实在是太多了。工作即美德的观念，对人们造成了极大的伤害。现代工业国家需要传播的信念，与传统是完全不同的。"罗素坚持认为，"只有愚蠢的、通常是代人受过的禁欲主义，才会要求我们继续坚持过量工作，尽管这种工作已经毫无必要"，这让我

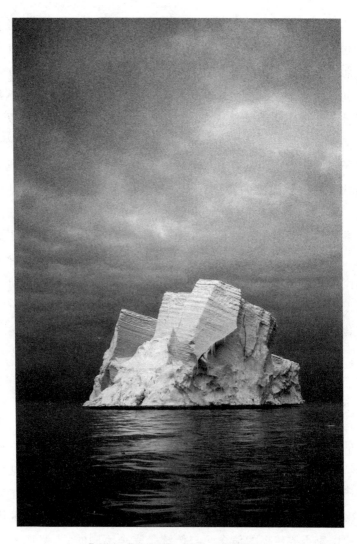

最后的冰山/搁浅的冰山 2，伯德角，南极洲，2006 年。

由 Camille Seaman Photography 提供

们回想起韦伯关于"内在世界的禁欲主义"（inner worldly asceti-cism）这一新教原则的概念。因此，与现在一样，许多人面临的选择是需要更多的时间，还是更多的金钱——更多的休闲或者更多的利益。罗素选择时间。"在一个无人被迫每天工作四小时以上的世界，每一个怀有科学好奇心的人都可以全身心地投入；每一个画家都可以专心绘画而不致挨饿（不管他的画是好是坏）；年轻的作家们不必被迫用耸人听闻但却粗制滥造的作品来吸引注意力，以使自己有经济能力来写出不朽的作品，否则时机一旦来临，他们或许已经丧失了品位和能力……最重要的是，生活中将会有幸福和欢乐，而不是神经紧张、身体疲倦和消化不良。"[3]

随着冷战的到来，这场辩论加剧了。我们看到，二战结束后，资本主义和共产主义之间的冲突从战场扩大到经济。每个阵营都声称能够比另一方更快、更有效地达到目的，经济增长成为了衡量人类福祉的标准。卡尔·霍恩（Carl Horne）报道说："1956年，理查德·尼克松告诉美国人，为'即将到来的'一星期只需工作4天做准备。10年后，美国的一个参议院小组委员会说，到2000年，美国人每周的工作时间只有14个小时。"[4]整个60年代，哲学家、社会学家和神学家以及反文化的嬉皮士和雅皮士自信地预言，水瓶座的黎明时代（dawn-ing Age of Aquarius）将会是一个休闲时代，当生活节奏放慢，玩耍会取代工作成为人们的主要职业。

不用说，事情的发展显然并非如此。尽管自1948年以来，美国的生产力翻了一番，但休闲时间一直在下降，工作时间则在不断增加。朱丽叶·斯格尔（Juliet Schor）在她具有里程碑意义的著作《过度劳累的美国人：休闲意想不到的下降》中指出，"从 60 年代末开始，美国已经进入了工作时间上涨的时代。"换句话说，在社会评论家预测的休闲时代应该到来的时代，人们的工作时间开始增长，休闲时间由此缩短。斯格尔解释说，"美国人休闲时间的下降，与生产率增长的潜力形成了鲜明对照……当生产率上升时，工人可以在较短的时间内生产当前的产量，或者保持相同的工作时间并产生更多的产量。每当生产力提高时，我们就有可能获得更多的空闲时间或更多的钱。这就是生产效率的分红。"[5] 到 20 世纪 90 年代初期，技术进步使得许多人可以每周工作四天甚至一年工作六个月。但是当面对着"更多的时间还是更多的钱"这一选择时，大多数美国人都持续地选择更多的钱和更少的时间。在这个新的财务计算中，如果你不能有效地工作，你就是在浪费时间。其他国家的人们，尤其是在欧洲，会做出其他选择。美国制造业的员工，每年的工作时间比他们的德国和法国同行要多出 320 个小时。对工作的痴迷伴随着越来越多的对休闲的怀疑。在 21 世纪初，美国人平均要少休 20% 的有薪假期。

为什么凯恩斯和其他许多人的预测都错了？这个问题没有简单的答案；文化、科技、经济和政治因素都牵涉其中。虽然凯恩斯自信地预测工作将会减少，休闲时间将会增加，但他仍然对冲了他的赌注。他承认，"没有任何国家、任何民族，能够在期待这种闲暇而丰裕的时代的同时，不怀有丝毫的忧虑。长久以来，我们都是被训练着去奋斗而不是去享受。对那些没有一技之长傍身的普通人来说，这是件可怕的事，特别是当他再也不能在传统社会的温床和他所珍视的那些风俗习惯中找到自己的根基时，这个问题就显得尤为严重。"[6]太多自由的时间带来无聊，而无聊又会引起不满。不过，当凯恩斯写道"长久以来，我们都是被训练着去奋斗而不是去享受"时，他暗示 了一个更深层的问题。新教的幽灵又一次困扰着资本主义。我们已经看到，新教不仅鼓励私有化、去中心化以及放松对宗教和经济结构的管制，还促进了扫盲，提升了计算能力，并且实行了规训制度，没有这些，我们所熟悉的资本主义是不可能的。在这个传统中，辛勤工作和世俗繁荣是神的拣选的标志；相比之下，休闲和娱乐是威胁导致人们误入歧途的诱惑。服从教规的劳动者们不是享受他们的劳动成果，而是节省他们的钱财，并投资到可以获得丰厚的此世和彼世回报的事业上。

随着新自由主义经济的兴起，这种潜在的新教已经导致了休闲的社会地位的变化。休闲不再被看作是社会优越性的标志和某种美德，而被认为是社会底层阶级、不成熟的人们以及衰败社会的恶习。在当今联网世界的世俗化新教中，社会地位的衡量标准是看一个人工作得多么多，而不是看他工作得多么少。如果你没有整年整月整天（24/7/365）地工作，那你就是一个无足轻重的人。这种对工作的新态度，代表了对凡勃伦式的有闲阶级享有社会地位的分析的完全颠倒。不过，值得注意的是，这里仍然存在阶级的变动。以长时间工作作为成功标志的新的无闲阶级，主要是由有抱负的专业人士组成的，他们的黑莓、iPhone以及彭博终端使他们全天候在线。对他们来说，情况已经糟糕到连卧室也不再是私密空间。《华尔街日报》的一篇文章《更多的工作在秘密进行：为了凌晨3点来自中国的邮件将办公室带到床上；Wi-Fi床垫》报道说，纽约80%的年轻专业人士经常在床上工作。为了适应不断变化的工作模式，一个可调节床的制造商 Reverie，现在"在其床垫上提供内置电源插座，以插入灯具、电视机或笔记本电脑。电源插座和床的运动都可以用手持遥控器操作，也可以通过内置 Wi-Fi 和蓝牙与用户的智能手机或平板电脑相连来进行操作"。豪华床制造商 ES Kluft&Co 为工作的夫妇提供了一个 7×7 英尺的床，比标准的特大号床大 16%。"首席执行官厄尔·克鲁夫特 (Earl Kluft) 表示：分离模型以每一方可分别进行调整为特征，部分功能在于，它可以让夫妇在床上铺开他们的文件并在床上工作。克鲁夫特先生说，最近的一个广告显示，一对夫妇期待将笔记本电脑并排放置在床上，他们将床铺描绘成'见面地点，工作场所，夫妇的舒适区'。"[7]

荒谬的情况越来越明显。正如斯格尔强调的那样，"时间挤压着年轻的城市专业人士。这些精英人士每周需要工作 60、80 甚至 100 个小时。在华尔街，他们经常会留在办公室直到午夜，或者连续几个月工作而没有一天休息。工作消费着他们的生命。他们如果没有工作，就在扩大网络。他们吃工作餐，为了工作锻炼，和工作结婚。随着生活节奏的加快，时间成为日益稀缺的商品，所以他们用钱去买时间……他们在减少睡眠时间，推迟生孩子。（'你能在公文包里装一个婴儿吗？'当被问到生孩子的问题时，华尔街一位执行官反问道）"[8]

随着工作成为美德，休闲成为了缺点，越来越多的批评指向了欧洲。虽然美国人一直在增加工作周的长度，但欧洲人的工作时间却一直在减少。1993 年，欧盟规定的一周最长工作时间为 48 小时，而到了 2000 年，法国人已经开始实施 35 小时工作周制，承诺的假期则为 6 到 9 周。然而，随着苏联的解体和新自由主义在美国和英国的兴起，欧洲的社会主义已经成为集中规划和政府监管问题的缩影。为了强调这一点，许多美国高管开始以道德术语来批评经济问题。2013 年初，法国工业振兴部长阿尔诺·蒙特布尔（Arnaud Montebourg）会见了泰坦国际（Titan International）董事长和前共和党总统候选人莫里斯·泰勒（Maurice Taylor），提议挽救一个即将关闭的固特异轮胎厂，并保留 1173 个法国人的工作。这个要求是在与法国最大的共产党联盟进行了 5 年毫无成果的谈判后提出的。一篇题为《美国企业家炮轰法国人的职业道德："懒惰"联盟太扯淡》的文章，报道了泰勒对收购企业的回应：

和大多数美国人一样，泰勒对蒙特布尔的回应直率而一针见血："你觉得我们是傻吗？"

在一封周三由《回声报》刊发的信中，因其强悍的谈判风格而被戏称为"灰熊"的泰勒，毫不留情地批评了法国的职业道德，"我曾访问过这个工厂几次。法国的工人们拿着很高的薪水，但工作时间只有 3 个小时。"

这封注明时间为 2 月 8 日的信中写道，"他们有 1 小时的休息和午餐时间，聊天 3 小时然后工作 3 小时。我当着这些工会工人的面指出了这些问题，但他们告诉我，这就是法国的行事风格！"[9]

泰勒的评论反映了如今金融街和华尔街的普遍态度。法国风格与美国风格的对抗，不仅仅是资本主义的两个版本，也是两套价值观和两种不同的生活方式。

但是，如果就此得出结论，认为工作时间的增加只是个人选择的结果，那就错了。更大的技术和经济因素迫使一些人工作更多，而其他人工作更少。过去的几十年里，经济衰退、技术创新和全球化结合在一起，给那些长时间工作，以及失业或未充分就业的人们造成了越来越大的压力。20 世纪 70 年代，石油价格的上涨以及社会福利计划的成本，导致了生产率和增长放缓，从而造成了更深层次和更长的衰退。斯格尔指出："企业面临越来越大的压力来降低成本，提高利润率。可以肯定的是，大部分的负担被'下放'到员工身上。美国企业的压力在 20 世纪 80 年代达到了最大。而他们应对的策略一直是要求员工工作更多。"[10] 由于要求员工增加工作时间比雇用更多员工要便宜，因此加班时间和休假时间都会减少。在目前的制度下，没有经济动机来减少员工的工作时间，以便将工作分配给更多的人。工作压力较大的工人不会抵抗更长的时间，因为他们需要收入；即使这些人想要减少工作，其他人也不可能这么做。

　　同时，制造业、交通运输和通讯技术的新发展，使公司可以把工作外包给工资较低的国家。全球化导致了日益激烈的竞争环境，公司必须在人力更少、资源更少的基础上加快生产。自 1973 年以来，全球竞争导致每小时工资下降。随着工会力量的下降，1981 年里根对职业飞航管制人员组织（Professional Air Traffic Controllers Organization，简称 PATCO）的强硬措施使这种下降进一步加剧，劳动力无法抵抗工作时间增长、工资逐渐降低的压力。此外，日益增长的经济不安全使得工人出于对失业的担心，更无法抵制管理层的要求。在竞争激烈的就业市场中，员工几乎没有任何砝码，只能放弃追求自己兴趣爱好的时间，被迫长时间地工作。当今这种涡轮增压式的金融资本主义给工人们创造了一种无法脱离的困境（catch - 22），他们工作得越多，失去得就越多，而他们失去得越多，就不得不工作更多。

工作时间的增加和休闲时间的减少不仅在于竞争性生产日益增长的需求。攀比性消费（competitive consumption）自 20 世纪 310 60 年代以来的快速传播，也同样重要。凯恩斯做出了另一个假设，表明为什么许多人倾向于选择更多的钱而不是更多的时间。

> 现在可以肯定的是，人类的需要是永无止境的。不过，人类的需要可以分为两类：一类是绝对的需要，就是说，不管周围其他人的境况如何，我们都会感到这种需要的存在；另一类是相对的需要，就是说，只有当这种需要的满足能够使我们凌驾于他人之上，产生一种优越感时，我们才会觉察到这种需要的存在。这第二类需要，即满足优越感的需要，也许才真正是欲壑难填的，因为当一般的水平有了提高之后，这种需要也会水涨船高。不过，绝对的需要也许将很快达到，其实现的时间也许比我们大家所意识到的还要早得多，而当这些需要得到了满足，那时我们就愿意把精力投入到非经济的目的上去。[11]

虽然食物、衣服和住所的绝对需要是有限的、可以满足的，但相对需要，或者更准确地说，那些无休止的欲望，是潜在的、无限的。从原始的冬季赠礼节仪式（译者注：potlatch ceremonies，美国印第安人在冬天的一个节日）开始，财富的大胆展示就为彰显社会地位提供了一种途径。社会地位体现在对艺术、珠宝和时尚等没有实用价值的奢侈品资源的过度消费上。随着艺术市场价格的飞涨，当今的华尔街大佬们延续着古老的冬季赠礼节仪式，用金钱堆积起卓越的声誉。正如我们所看到的，对史蒂夫·科恩来说，掌控着世界上最大的对冲基金之一，或在康涅狄格州格林威治拥有最大的房地产是不够的；他还必须花巨资购买在甲醛上漂浮的腐烂的鲨鱼和一串串在聚会上闪闪发光的气球来统治艺术品市场。

在攀比性消费的同时，还有另外一些事情在发生。虽然涓滴效应的理论是值得怀疑的，但涓滴的攀比性消费是当代生活中不可否认的事实。炫耀性消费当然不是什么新事物；大众消费则是工业革命时期大规模生产带来的。资本主义利用的一直是人类永无止境的欲望。在当代资本主义社会，攀比性消费比以往更为必要。我认为，经济持续增长的唯一办法，就是让人们花钱去买他们不需要的东西。在资本主义的核心有一个根本性的矛盾：一方面，为了资本主义的繁荣，人们必须努力工作，省钱、聪明地投资；另一方面，为了经济的扩大，人们必须花钱，即便他们无力负担。随着竞争和经济增长需求的增加，消费速度的加快就变得至关重要。信息和通信技术创造了更复杂的营销技术，将曾经被认为是奢侈品的商品，转变成了普通大众所认为的必需品。这种情况产生了斯格尔所描述的"工作－消费周期"。[12]例如，我们可以考察一下房地产带来的全球金融灾难。当威廉·莱维特（William Levitt）在20世纪50年代兴建莱维特镇（Levittown）时，标准的房屋面积为750平方英尺（译者注：100平方英尺大约相当于9.3平米）；到了

311

1970 年，美国的平均家庭面积为 1400 平方英尺；到了 2009
年，它已经增长到惊人的 2700 平方英尺。为了购买远超他们
需要的更大的房屋，人们就必须承担远超他们能力的贷款，直
到像那些给他们转嫁通货膨胀的银行一样负债累累。在这个充
斥着高速竞争性生产和攀比性消费的世界中，欲望永远难以
满足。

尼采极富远见地在一个多世纪前就预见到，金钱与时间之
间的天平将向金钱倾斜。他在《快乐的科学》（1882）中评论
"美国的淘金热"时写道，

> 闲暇与懒散……他们干活匆匆忙忙，连气都喘不
> 过来。新世界这种固有的恶习已经传染到欧洲，古来
> 的欧罗巴也变得粗野起来。奇怪的倒是，人们对此竟
> 毫无想法。时下，人们多以休息为耻，长时间的沉思
> 简直要受良心的谴责。思考时，手里要拿着表；午饭
> 时，眼睛要盯着证券报。过日子就好比总在"耽误"
> 事一般。随便干什么，总比闲着好。……追逐利益的
> 生活总是迫使人们费尽心机，不断伪装，耍尽阴谋，
> 占得先机。要比别人在更短的时间内成事，现在已经
> 成为一种特殊的美德。[13]

速度本应是为人们节省时间，让人们有更多的休闲时光，
让生活更美好，但现在，我们走得越快，拥有的时间似乎就越
少，生活也变得越来越分裂和疯狂。如果时间就是生命，那么
失去时间就是失去生命。杀死时间的速度显然让我们付出了太
大的代价。

312

随着速度的不断加速，个人、社会、经济，甚至我们赖以为生的地球都在接近崩溃。更快并不总是更好。我们被身处崩溃边缘摇摇欲坠的金融体系哄骗着去崇拜速度，渴望新事物。但加速产生的是普遍的焦虑感而不是提升生活。焦虑与恐惧不同，它没有明确的对象或来源；它反映出由不安全感导致的深深的担忧，这些不安全感不能被精确地辨认，而且永远都无法掌握。当陷入焦虑的痛苦中，未来看起来是一种威胁而不是保障。用忙碌来分散注意力，成为一种暂时的应对机制，但它无法最终解决问题，因为被压制的东西总是会回来骚扰那些试图逃跑的人。

当多任务成为一种生活方式时，人们在许多方面都被撕裂。时间并没有遗失在日常生活的冲刷中。由于失去了空闲时间，人们会失去与那些真正重要的东西的联系——家庭、朋友和简单的乐趣。随着生活失去控制，意料之中的事情发生了，越来越多的人意识到知足常乐，并试图放慢生活的节奏。

313　　1986 年，卡尔洛·佩特里尼（Carlo Petrini）抗议快餐食品巨头麦当劳在罗马的西班牙广场开设新的餐馆，这导致了慢食协会（Slow Food organization）的创立。在接下来的几年中，"缓慢生活"（Slow Movement）运动逐渐发展，它鼓励人们减缓生活节奏。这些改革运动迄今最为雄心勃勃的举措，是 1999 年 10 月在意大利成立的慢城（Cittaslow，Slow City）。受到慢食运动的启发，慢城建立了一个国际宪章，参与城市和城镇必须正式接受这一国际宪章。该组织的目标是"通过放慢城市生活的整体节奏，尤其是放慢城市空间使用人流的速度，来提高城镇生活质量"。自成立以来，慢城已经不再局限于意大利：到 2009

年，14个国家至少有一个城市属于正式的慢城联盟。[14]其他缓慢的举措也在不断产生。世界慢慢来机构（The World Institute of Slowness）由吉尔·伯特森（Geir Berthelsen）于1999年成立。机构网站上的标语引自克尔凯郭尔："大多数人匆忙地追求快乐，以至于快乐匆忙而过。"在过去的十年中，缓慢运动持续扩大，直到包含了生活的方方面面：慢园艺、慢金钱、慢咖啡、慢啤酒、慢育儿、慢旅游、慢媒体、慢时尚、慢软件、慢科学、慢商品、慢教会、慢咨询、慢教育、慢革命。虽然这些运动的兴趣和目的各不相同，但出于对共同的敌人"邪恶的速度"的抵制，他们结成了统一战线。发表在国际别干太多活机构（International Institute of Not Doing Much）网站（www. slowdownnow. org）上的缓慢宣言，很好地捕捉了缓慢运动所共享的感受。

有些人呼吁我们加快速度。我们抵制！

我们不会奋进也不会失败。我们应该在办公室和道路上放慢速度。当我们身边的所有人都处于激动的多动症状态（莫名其妙）时，我们应该自信地放慢脚步。我们将保卫我们的冷静状态，无论代价如何。我们在田野和街道上要慢下来，我们在山上要慢下来，我们永远不会投降！

如果在周围的速度加快时，你可以放慢速度，那么你就是我们中的一员。骄傲吧！你是我们中的一员，而不是他们中的一员。他们很快，我们很慢。如果一件事值得去做，那就值得慢慢去做。有些人生来就是缓慢的——其他人却总在推动他们。但仍然还有另外一些人知道，躺在床上享用一杯早茶就是全

314

世界。[15]

但是早上躺在床上喝一杯茶并不能解决我们面临的紧迫问题；致力于创造一个有可能摆脱世界狂潮的地方的缓慢运动也不能解决问题。单纯的缓慢无法治愈对速度的沉迷。随着复杂系统和网络的扩大以及连接性的增加，变革的速率将继续加快，大崩溃的频率也将会增加。已经发生的灾害指示了即将到来的灾难，这些灾难是现实的可能性，而不是启示幻想。如果要避免大的灾难，就有必要采取迅速行动。但时间很短，对速度的沉迷必须速度打破。

原爆点

灾难一：2001 年 9 月 11 日

在一个似乎越来越虚拟的世界里，现实的地点仍然有其重要性，甚至比以往任何时候都更重要。我们一再发现，灾难现场既不是任意的，也不是偶然的。在今天的网络世界中，有一些中心比其他中心更重要。半个世纪以来，全球资本主义核心中的核心是曼哈顿南部。这个金融帝国的象征是世界贸易中心（WTC）或双子塔。世贸中心最初于 1943 年由时任州长的托马斯·杜威提议，并于 1973 年 4 月 4 日开放。该项目由港务局设计，意在将工业化的过去与后工业的未来联系在一起，恢复纽约和新泽西州之间的铁路服务。建成后，世贸中心成为了当时世界上最高的建筑。当双子塔还未能吸引参与世界贸易的公司和组织时，大型金融公司如摩根士丹利、所罗门兄弟公司（Salomon Brothers）和康托菲茨杰拉德公司（Cantor Fitzgerald）都搬了进来。这栋综合大楼同时也是一个电讯通信中心。在北塔的110层顶楼，有一个360英尺的天线，电视和无线电网络可以用它来广播节目。在席卷华尔街的金融狂潮中，港务局在1998年决定将世贸中心私有化。这笔交易直到2001年7月才结束，在9·11之前不到两个月的时候，兆华斯坦地产公司（Silverstein Properties）拥有了这栋大楼。

警报信号曾经出现过，但它们被忽视了。1993年2月26日晚12点27分，一辆载有1500百磅炸药的卡车在北楼的地下车库爆炸。这次爆炸炸出了一个100英尺的洞，并洞穿了4层混凝土，造成6人死亡。这次袭击事件由拉米兹·尤塞夫（Ramzi Yousef）策划，他之后逃往巴基斯坦，并于1995年在伊斯兰堡被捕。两年后，尤塞夫和伊雅德·艾莫尔（Eyad Ismoil）被判犯有驾驶货车运送炸弹罪。审判法官的结论是，他们的意图是炸毁两座塔楼。

灾难二：2007年8月7日

自大萧条以来最严重的金融危机始于2007年8月7日，当时法国巴黎银行（BNP Paribas）由于流动资金的大量流失最终从三家对冲基金撤出资金。反常的是，两个月后的2007年10月9日，道琼斯工业平均指数收于14 164点，创历史新高。但由于金融危机的影响已经开始显现，对银行、金融机构乃至国家偿付能力的质疑削弱了投资者的信心，如高速网络相连的全球金融市场急剧下跌。截至2009年1月2日，道琼斯指数已下跌至6594点，仅在17个月内就下跌了50%。

316

危机之后，所谓的专家无法就这次危机的原因达成一致，这些原因包括：过度负债的银行，过度扩张的消费，影子银行系统失控，被广泛使用但几乎没有人理解的新型复杂高风险金融产品，未公开的利益冲突，监管机构和信用评级机构的失败，不合理的繁荣，人潮的疯狂。然而，达成一致的是，过去十年来金融市场的转型，以及全球网络市场高速、大批量交易的出现，在危机的严重性和传播速度上起到了重要的作用。

警报信号曾经出现过，但它们被忽视了。1997 年到 1998 年的俄罗斯债务危机和亚洲金融危机；1998 年长期资本管理公司（Long - Term Capital Management）的破产和救助；1997 年到 2000 年间的网络泡沫；2001 年安然公司的破产；2006 年美国的房地产泡沫。

灾难三： 2012 年 10 月 28 日

飓风桑迪袭击曼哈顿南部，街道、隧道和地铁被淹，34 街以南的整个市区都陷入黑暗中。损失估计在 750 亿美元以上，"飓风桑迪"是美国历史上造成损失第二高的飓风。在此之前，2012 年已经遭受了一次昂贵的灾害：中西部平原地区一年的干旱已经损失了 350 亿美元。桑迪在 7 个国家至少造成了 285 人死亡。整个东北部的空中和铁路交通服务暂停，曼哈顿南部几天内都没法恢复电力。这是 14 个月来的第 2 次，整个地铁系统由于飓风而被关闭。美国股市交易也于 10 月 29 日至 30 日暂停。

317　　警报信号曾经出现过，但它们被忽视了。近年来，世界范围内的极端天气事件一直在增加，风暴的强度也在不断增加。尽管不可能将任何特定的风暴归因于气候变化，但越来越多普遍的共识是，全球气候模式的变化对气候事件有重要的影响。2012 年，美国的冬天相当温暖，而欧洲则非常寒冷。科学家们认为，这种温度变化是造成桑迪飓风严重程度的因素之一。另一个似乎不太可能的因素是北极海面冰块的融化。在题为《气候变化导致飓风桑迪》的文章中，马克·菲斯切特（Mark Fischetti）解释说，桑迪如此强大的原因是"因为它沿着美国海岸向北移动，而这一年这个时候的海水仍然很热，将能量吸入了漩涡系统。但是当冷气流从加拿大向南经过美国东部时，旋涡变得更大了。冷空气与温暖的大西洋空气相遇，增加了大气层的能量，因此给桑迪增添了动力，桑迪此时正好进入这一地区，进一步扩大了其风暴"。更有趣的是这冲突的原因：

> 这里是气候变化的地点。将喷射气流送到南方的大气模式被称为"阻塞高压"——一个大的压力中心滞留在北大西洋和北冰洋南部。是什么导致的呢？一种称为北大西洋震荡（North Atlantic Oscillation，简称 NAO）的气候现象，本质上，这是该地区大气压力的一种状态。这个状态可以是正面的或负面的，在桑迪到达之前两周，它正在从正面变为负面。这是气候意料之外的转折吗？康奈尔大学的查尔斯·格林（Charles Greene）和其他气候科学家最近的研究表明，由于全球变暖，越来越多的北极海冰在夏季融化，在秋季和冬季，NAO 更有可能是负面的。负面的 NAO 使得喷射气流更有可能以大波浪的形式经过美国、加拿大和大西洋，导致在桑迪期间发生的这种大的南方降雨。[16]

318

当冰川在北极融化时，华尔街和金融市场通明的灯火也会关闭。

可疑的市场

2013 年 5 月 11 日。雷克雅未克，冰岛。

应路德教会牧师组织的邀请，我访问了雷克雅未克，在冰岛宗教与和解研究所进行了题为"崩溃：极限金融危机"的演讲。冰岛是一个人口仅 31.8 万人的小国，面积大致与爱荷华州相当。雷克雅未克位于北极圈以南，是世界上最北的首都。从 1262 年到 1918 年，冰岛一开始是挪威人，后来是丹麦王国的一部分。虽然该国在 1918 年获得独立，但直到 1944 年才成为共和国。冰岛第一批已知的长期定居者是来自爱尔兰的凯尔特僧侣。9 世纪，来自挪威和其他斯堪的纳维亚国家的移民开始进入这里。早期的冰岛主要被北欧的异教和天主教统治，但在 16 世纪中期，丹麦国王克里斯蒂安三世开始强制全体人民改信路德宗。1874 年的宪法在保障宗教自由的同时，也规定了"福音派路德教会是国家教会，因此受到国家的保护和支持"。在现代，冰岛与北欧其他地区一样，变得非常世俗，但大约 85% 的人口仍然属于国家路德教会。

我在丹麦生活了好几年，为了学习克尔凯郭尔，我开始学习丹麦语。在丹麦的这几年学术生活中，我很早就想访问冰岛。这个国家独特的地质和令人惊叹的自然美景是吸引我的原

因。然而，我想来冰岛的真正原因，不是要学习更多的神学或
哲学知识，而是探索金融资本主义与气候变化之间的冲突。在
冰岛，人们可以看到，非物质和物质流动如何促进了全球经济
的相互交融，创造了快速变化的金融和物理景观。2001 年，
美国国家科学研究委员会（National Research Council）发表了题为
《突发性气候变化：不可避免的惊喜》的报告，"最近的科学
证据表明，气候正以惊人的速度产生着重大和广泛的变化。例
如，自上个冰河时代以来，北大西洋大约一半的温室气体都是
在十年内产生的，而且它还伴随着全球大部分地区的气候变化
而扩散……开发理论和实证模型来了解突发的气候变化，以及
这些变化与生态和经济系统的相互作用是当务之急。"[17]十多
年后，这个当务之急还没有得到解决，而且在过去的每一年
中，了解经济增长与气候变化之间的关系正变得越来越迫切。
速度的有害影响在世界气候和生态系统的变化中显现得最为明
显。冰川的变化正在以令人忧虑的速度加速发展，虽然这种影
响已经开始在世界范围内被感受到，但经济利益和政治意识形
态仍然阻碍一切试图解决这一问题的努力。新教、金融危机和
气候危机在冰岛的融合，使其成为威胁到人类地球生活前景的
灾难的原爆点。

　　2008 年秋天，冰岛经济崩溃，冲击的余波扩散到整个金
融世界。冰岛银行业崩溃和它随后造成的经济危机之间不成比
例的关系，是全球金融网络体系效应的结果。冰岛金融危机让
人费解之处在于，投机风潮与这个国家整体的经济和文化历史
格格不入。从冰岛有史以来，它的经济就是以农牧业和自然资
源——绵羊、羊毛、水电、地热能，特别是渔业为基础。像其

他斯堪的纳维亚国家一样，对社会平等的深刻体认导致了广泛的社会福利制度，国家提供普遍的医疗保健，直到大学阶段的义务教育、退休人员的社会保障，甚至还支持国家教会。按照美国标准，支付这些服务的税率是相当高的：收入低于24 000美元的税率为37.32%；收入在24 000美元到74 000美元之间的税率是40.22%；收入高于74 000美元的为46.22%。另外，增值税为25.5%。额外的税收使得汽油价格高于每加仑9美元。但这个制度一直运作良好，2008年冰岛在联合国人类发展指数中名列第一。

所有这一切在戴维·奥德森（Davíe Oddsson）担任总理期间都改变了，他于1991年至2004年担任总理，并将这个国家带入全球金融资本主义的狂潮。迈克尔·刘易斯报道，"20世纪80年代，奥德森已经被经济学家米尔顿·弗里德曼迷得七荤八素，这位杰出的经济学家甚至能够说服那些为政府工作了一辈子的人相信，在政府工作就是浪费生命。因此，奥德森决定给予冰岛人民自由，这意味着不受政府控制的自由。作为总理，他降低税收，将工业私有化，推行自由贸易，最后在2002年将银行私有化。虽然他作为总理的职责已经很重，他还是兼任了中央银行行长——尽管他在银行业方面没有任何经验，他一直作为诗人被培养。"[18]很难描绘这些变化的速度——在短短几年的时间里，这个国家从一个几乎没有金融业，以鱼和羊毛而闻名的国家，变成了一个以金融服务和投资银行业为主的经济体。干了一辈子的渔民停靠了他们的船只，开始交易货币，使用连他们自己都不了解的奇怪的金融工具。按照现在通行的说法，冰岛人借款过度，投资于高度投机的金融产品和房地产。无知的投资者们甚至开始购买国外银行以及从航空公司到足球队的各种公司的大量股票。随着年回报率接近 14%，欧洲主要银行开始投资冰岛银行，扩大了最终被破坏的网络。除了贷款和投资外，人们过度消费购买他们不需要的东西。这个以新教徒的节俭和谨慎闻名的国家，仿佛从长达数百年的沉睡中醒来，开始在世界各地举办狂欢派对，购买珠宝首饰、私人飞机和全世界的房产。对于许多年轻人来说，新兴繁荣的象征是路虎汽车；雷克雅未克的狭窄街道因为超大型的 SUV 而变得拥挤不堪。冰岛曾经是一个信奉平等的国家，然而这一切都被刮过冰岛的风扫进了垃圾堆，银行和投资公司为年轻的股票经纪人和中层管理人员提供配备了白色皮革内饰的黑色路虎运动型 SUV，为高管配置了更大的黑色路虎 SUV，当然也有白色皮革内饰。有一段时间，社会地位是由一个人座驾的大小和型号来衡量的。几年后，当一切都分崩离析，路虎则被称为"游戏结束"，其中大部分被收回或被遗弃，运往其他国家，在其他国家被回收，就像其他的不良资产一样。

虽然并不是人手一辆路虎，但是从虚拟资本增长中获益的人数，却比现在的冰岛人以为的要多。金融业稳定的时候，人们借贷和消费得越多，经济增长就越快，股价就越高，而经济增长越快，股价越是高涨，人民消费和投资得就越多。有那么几年，赌博似乎已经得到了回报。"从 2003 年到 2007 年，随着美国股市的价值翻了一番，冰岛股市的价值倍增了 9 倍。雷克雅未克的房地产价格翻了两番。2006 年，冰岛家庭的平均富裕程度是 2003 年的 3 倍，所有这些新增的财富几乎都以某种形式与新的投资银行系统相关。"[19]

但这个虚拟经济高速发展的幻想很快就将被迫面对现实。描绘其衰落的速度同样也是困难的。随着分析人士越来越担心冰岛的银行体系，放贷人变得更加谨慎。当危机爆发时，三大银行［格里特利尔（Glitnir）、兰德斯班克（Landsbanki）和考普森（Kaupthing）］的债务总额是国内生产总值的 6 倍。2008 年，所有这些私营商业银行都难以偿还短期债务，并在荷兰和英国引发了连锁效应。这次银行事件引发了一个剧烈的反馈循环，损失迅速加速，直到整个银行系统都处于崩溃的边缘。由于其他国家的主要银行对冰岛银行进行了大量投资，冰岛的危机由此就成为了世界危机。在冰岛发生的危机并没有停留在冰岛，而是以越来越快的速度扩散到全世界。冰岛人从当地银行取出的钱越多，国际银行体系就变得越不稳定，银行系统变得越不稳定，人们取出的钱就会更多。

　　冰岛对这一危机的应对方式与美国和欧洲大部分地区采取的行动有很大的不同。虽然冰岛不是正式的欧盟成员国，但在 2008 年之前，冰岛克朗与欧元挂钩，这使其实际上成为了欧盟的一个成员。当危机爆发时，这一联系被打破，货币大幅贬值。三家最大的银行被接管（亦即是说允许银行破产），国内存款人受到保护（政府保障所有国内存户）。而外国债权人和存款人没有受到保护，遭受了重大损失。换句话说，与其他国家不同，冰岛任其银行业崩溃，并允许外国领导人和存款人蒙受损失。虽然围绕这一策略产生了许多争议，但它是有效的，至少有一位经济政策顾问和分析师杰夫·马德里克（Jeff Madrick），在冰岛处理危机时看到了其他国家的经验教训。就其整体经济规模而言，冰岛经历了历史上任意一个国家最大的银行倒闭。银行的损失超过 1000 亿美元，这也导致平均每个冰岛人的损失超过了 33 万美元。[20]

今天，雷克雅未克的街道似乎仍然没有多少变化；很少的商店是空的，商业即使没有蓬勃发展，至少也正在恢复。但外表是具有欺骗性的。危机发生五年后，许多人仍然着迷于理解，到底发生了什么，以及为什么会有这么多人，允许自己被一个背叛了这么多传统价值观的金融信心游戏欺骗。他们所渴望的解释，不仅仅是一些数学公式、图表和图形。

冰川变化

在我演讲前两天，我和我的妻子沿着冰岛南部海岸旅行。我们的目的地是杰古沙龙冰河湖（Jökulsárlón），冰岛最大的冰川布雷达莫库桥库尔（Breiðamerkurjökull）在那里入海。任何愿意花点时间了解正在发生的事情的人们都会承认，气候变化对这里的影响是不可否认的。冰岛是一个由火山爆发形成的年轻岛屿，岛上拥有众多温泉、间歇泉（geysers）和火山，地质活动非常活跃。冰岛的位置位于形成全球洋流的多个矢量的交叉点。冰岛作为世界第十八大岛，位于北大西洋和北冰洋的交界处。同时它也位于中大西洋海岭上，这条海岭是北半球的北美和欧亚大陆、南半球的南美洲和非洲的分界线。北美大陆板块和欧亚大陆板块的分界线就在辛格维利尔（þingvellir）大裂谷，而自 930 年开始，这里一直是冰岛议会召开的地方。

这里质朴粗犷的乡村风景令人难忘。狭窄的双车道沿海公路横跨无数的黑砂海滩和悬崖峭壁，沿着熔岩地带时不时就有悬崖耸然矗立。岛上丰富的溪流和河流创造出令人眼花缭乱的瀑布。黑色的沙丘、熔岩和山脉之间，偶尔会出现嬉戏着绵羊的青翠田野。在一个岔道口，我停下来拍摄了一座典型的原始白色农舍，它还有一个五颜六色的红色屋顶。我惊讶地发现路边的一个标牌上说，农场后面陡峭的悬崖是著名的埃亚菲亚德拉（Eyjafjallajökull）火山，2010 年 3 月 21 日是它自 1821 年以来的首次爆发。4 月 14 日的后续爆发使得整个欧洲和北美的一些空中线路暂停。2011 年 5 月 21 日冰岛发生了更大的火山爆发，当时强大的格里姆斯沃特（Grímsvötn）火山爆发，其熔岩和灰烬的喷发高度达到 20 公里，对北大西洋和欧洲各地的喷气式飞机都构成危险。就在同时，冰岛的银行危机也在威胁全球金融网络，一个遥远的冰岛火山正在扰乱全球交通网络。

在埃亚菲亚德拉火山和杰古沙龙冰河湖之间，有许多熔岩区，其中还间或有几处村庄。一些熔岩区由细砂组成，其他的则被鹅卵石和小石头覆盖，这些石头被水和风打磨得非常光滑，当然仍会有一些覆盖着柔软的灰绿色苔藓的岩石和巨石。我们开得越远，风就变得越强，当我们到达最大的熔岩区时，风力达到我不得不用两只手握紧方向盘，以防汽车被风从路上吹走。风吹过熔岩刮起巨大的风沙砸在车上，道路也被掩盖了，直到我根本看不清前面的路。路上没有其他人，也没有地方可以停车；即使我们害怕得要死，也别无选择只能继续开车。幸好风最终停了，风沙消散；自然再一次向那些愿意倾听他的人露出了善意。

杰古沙龙冰河湖是一个小海湾，北大西洋和北冰洋的海水

杰古沙龙冰河湖，冰岛，2013 年

与冰川融化的淡水在这里汇合。世界各地的冰川融化速度越来越快，布雷达莫库桥库尔冰川则是融化速度最快的，它比欧洲其他任何冰川都消失得更快。20 世纪初，这里的冰川还一直延伸到海洋；自 1932 年以来，它已经下降了 7.1 公里，并以每年 100 米或每天几乎 1 英尺的惊人速度持续融化。随着冰块融化、冰川崩解，冰块都融化进冰湖之中。强风席卷冰块，每个小时都创造着不同的景观。我们乘船穿过冰湖。蓝色、灰色、黑色和白色的冰块比任何人类雕塑家所能创造出的形式都更加繁复，我们无法不被自然的壮美震惊。海豹躺在冰上，偶尔也有一只北极燕鸥，它们从南非到冰岛的迁徙时间比任何其 326
他的鸟类都长。舵手停下船，从水面上舀出一块像乔治·杰森的水晶一样的冰块。他说："这比你所触摸过的任何东西都要古老，至少在 1000 到 5000 年之间。"沉浸在这个令人间美景黯然失色的天堂之中，我不断提醒自己，我来到这个世界边缘的角落的原因是观察正在形成的，但现在正在威胁全球经济和金融网络的自然洋流。我的后代们将无法体验这种美丽，因为当他们长到我这个年纪的时候，冰川大概已经消失很久了。紧迫的问题在于，冰川的消失是否也会导致其他网络的消失。

当务之急

2013 年春天，北京房地产开发商黄怒波建议在冰岛的格里姆斯塔济（Grímsstaðir）地区，为富裕的中国人建造一个豪华酒店和"生态高尔夫球场"。同时，中坤集团提出在格里姆斯塔济地区改造一个小型飞机场，并购买了十架新飞机。在一篇题为《在北极边缘发球？一个中国的规划使冰岛困惑》的文章中，安德鲁·希金斯（Andrew Higgins）报道说，"与咆哮的大风斗争了一辈子的布拉吉·本尼迪克松（Bragi Benediktsson）看着他的土地笑了，一个中国亿万富翁想要购买一大片贫瘠的冰原改造成一个高尔夫球场，'在这里很难玩高尔夫，'这个 75 岁的老牧羊人说。"[21] 为了使他的提议通过，黄先生还宣布捐款 100 万美元，成立一个中冰文化基金。与此同时，国家开发银行和他的公司达成协议，提供 8 亿美元用于冰岛的开发项目。

327   虽然冰岛的很多人可能会感到困惑，但许多其他国家的人都能理解这一点。2007 年 8 月 2 日，一艘俄罗斯潜艇在北极海底四公里处插了一根钛制国旗。北极的融化越来越快，这将产生新的领土，这些土地里藏有大量的石油、天然气和可供开采的矿产。据估计，冰岛储藏有世界上未被发现的石油资源的13%和近1/3未被发现的天然气。格里姆斯塔济提议中的机场靠近最富有的石油地区。位于华盛顿的国际海洋保护组织Oceana的资深科学家克里斯·克伦兹（Chris Krenz）表示："北极与世界密不可分。正如我们在气候变化中所看到的，在世界其他地方发生的事情会影响北极。对于世界其他地方来说重要的东西，在这里往往是相反的。"[22]

我们已经看到，自早期工业革命以来，物质和非物质的流动不可分割地相互关联在一起。金融资本主义的虚拟现实基于真实的电缆和电线，计算机、平板电脑以及运行它们的电池和芯片需要储量越来越少的珍贵贵金属，这些贵金属在世界上一些最贫穷的国家被真实的人从恶劣的环境中开采出来；并且，最重要的是，高速网络需要能源，而这些能源仍然主要由自然资源的消耗和化石燃料的燃烧来提供。安德鲁·布鲁姆（Andrew Blum）指出，"根据2010年的绿色和平组织报告，数据中心的电力使用量占世界电力使用量的2%，而且其用量以每年12%的速度在增长。按照今天的标准，一个非常大的数据中心可能是一个需要50兆瓦电力的50万平方英尺的建筑，这么多的电力已经可以供一个小城市使用。但是，世界上最大的数据中心'校园'（campus）可能包含四个这样的建筑物，总面积超过100万平方英尺，是纽约贾维茨中心（Javits）的2倍，与10个沃尔玛超市一样。我们才刚开始建立数据中心，而它们积累的影响已经如此大了。"[23]从1998年到2004年，联邦数据中心的数量从 432 个增加到了 2094 个，但政府官员不能确定他们消耗了多少能源。根据《纽约时报》发表的文章《电力，污染和互联网》报道，"全球范围内，数字仓库使用了约 300 亿瓦特的电力，大致相当于 30 个核电站的发电量……美国的数据中心占该负荷的 1/4 到 1/3。"[24]

比数据中心消耗如此大量能源更令人担忧的事实是，这些消耗的能源中有 90% 被浪费了。在一个速度意味着费用的世界里，一切都必须全天候立即提供，任何延迟都是不可接受的，并且，溢出的浪费是生意中必须接受的费用。事实上，企业不计成本地避免对客户的服务造成一丝中断。麦肯锡（McKinsey Associates）最近的一项分析得出结论，数据中心平均使用"仅 6% 至 12% 的电力来供应其服务器执行计算。其余的基本上用于保持服务器闲置，并准备好在活动激增的情况下避免速度减慢或使其运营崩溃"。高德纳技术公司（Gartner）的执行副总裁兼研究主管大卫·卡普西奥（David Cappuccio）解释说："是什么驱动了大规模的成长？任何时间、任何地点的终端用户的期待……我们自己就是造成这个问题的原因。"[25]问题越来越严重。伊莱·帕里泽（Eli Pariser）报道说，"国家安全局复制了旧金山 AT&T 公司主要枢纽中流通的大量互联网流量，并正在西南地区建造两座新的数据中心，以处理所有这些数据。他们面临的最大问题是缺乏电力：电网上的电力实在不足以支持这么多的计算。"[26]

竞争激烈的能源正在加剧本地社区与主要互联网公司之间的冲突。2006 年，微软在华盛顿昆西（Quincy）的农业社区收购了 76 英亩土地；戴尔和雅虎也随后跟进。这个沙漠中的小镇的吸引力在于，哥伦比亚河沿岸的水力发电厂可以提供便宜的能源。虽然互联网公司精心打造了一个洁净行业的形象，但它们肮脏的秘密不仅在于他们日益增长的能源使用，也在于由对增长和速度的贡献所造成的污染。为防止电网中断服务造成的数秒钟干扰，这些公司使用了大量的备用发电机，配备数千台由柴油燃料运行的铅酸蓄电池（lead – acid batteries）。大数据仓库所需的大量发电机造成了太多的空气污染，硅谷的许多数据中心都"进入了州政府的有毒空气污染物清单，这个清单列出了该地区最大的固定柴油污染源"。[27]在当今竞争激烈的市场中，利润压倒了环境，甚至在某些情况下能够压倒儿童的福祉。昆西当地关注污染，特别是关注一所小学附近发电机问题的官员，批评了微软谎报能源使用量的做法，并对微软罚款21万美元。作为回应，微软"开始浪费数百万瓦特的电力……它们威胁要继续以它们承认的'不必要的浪费'的方式燃烧能源，直到罚款大幅削减"。[28]

驱动这种能源浪费式消耗的是持续地沉迷于速度，而这又是由对经济增长不加质疑的肯定所导致的。经济学家威廉·鲍默（William Baumol）认为，"在资本主义制度之下，创新是强制性的，这是攸关公司生死的事情，而创新在其他的经济类型中则是偶然和可选的。在其他经济制度中，新技术的发展和普及保持着稳定的节奏，经常需要几十年甚至几个世纪的时间，而在资本主义制度下，新技术的发展普及经常是以加速度进行，原因很简单，时间就是金钱。简而言之，也就是自由市场难以置信的发展。资本主义经济可以有效地被视为是一架以生产经济增长为主的机器。事实上，它扮演这个角色的效率是无与伦比的。"[29]但是，这种成功也包含了系统性失败的前景。正如市场扩张有其空间限制一样，它们也有时间限制。保持增长所需要的增长和速度正在快速接近其临界点，这不仅危及经济和金融体系，而且威胁到地球上的人类生活所依赖的条件。

速度限制在杰古沙龙冰河湖体现的再明显不过了。北极每年的融化速度越来越快，随着融化的加速，气候突变的可能性也在急剧增加。当今金融市场的非物质流动以及物质和能源的原料周转，通过紧急复杂自适应网络的非线性动力特性影响着环境和气候（见第八章）。更具体地说，金融泡沫和气候突变遵循着相同的模式。承认金融和气候系统之间的相似性，表明了对美国国家科学院提出的相互作用问题的回应的开始。该研究所的报告将气候突变定义为"气候被迫跨越一个临界值，触发了向一个新状态的过渡，这个过渡被气候系统本身决定，但其变化速度远超其原因。气候系统中的混沌过程可能导致这种气候突变的原因变得无法察觉"。[30]这种一触即发的状态同样也发生在高速、大批量的金融市场中。在这些复杂的网络中，变化速率逐渐加速，直到看似无关紧要的事件可能引发导致系统失控的雪崩。在金融体系中，自我增强机制和事件的非线性产生的积极反馈循环，固化了相互关联的行动者们的倾向和行为，这些行动者可以是人类，也可以是算法。如果这些相互作用继续加速，就会产生网络效应，系统越过临界值，导致相位突变（abrupt phase shift）。这既有可能导致牛市，也有可能导致熊市，价格也随之上涨或下跌。随着连接性的增强和速度的加快，破坏性的影响通过网络能够更快地扩散，极端值（outliers）变得越来越普遍。

我们可以考察海冰和冰川融化的动力学，来理解这一动态如何在生态系统中发挥作用。美国宇航局戈达德太空研究所（NASA's Goddard Institute for Space Studies）前主管兼哥伦比亚大学地球研究所前主任詹姆斯·汉森（James Hansen）甚至声称"全球变暖的主要问题是海平面变化，以及冰盖崩溃的多块的问题"。[31]虽然桑迪飓风的原因有多种，但海平面变化的影响至少导致了曼哈顿南部的洪水。海冰融化的效果不太明显，但同样重要。在调节全球气候系统中发挥关键作用的海冰正以惊人的速度消失。1979年，北极海冰面积约为美国大小；从那时起到现在，它已经缩小了40%，这相当于纽约州、佐治亚州和德克萨斯州面积的总和。同一时期，冰的平均厚度减少了三分之一，根据可靠的估计，到2016年，海冰可能会完全消失。海冰和冰川的融化是全球变暖的直接后果。通过所谓的反射效应（albedo effect），海冰将太阳光反射远离地面并防止温水蒸发进入大气层，以此调节地球的温度。国家大气研究中心的科学家们的一份报告解释说，"海冰既是海洋的防晒霜，也是海洋的毛毯，它可以防止太阳光线将海底的水加热，以阻止海洋热量逸出，加温上面的空气。但如果逐渐变暖的温度随着时间的推移融化了海冰……只剩下较少的明亮表面可以反射阳光，更多的热量就会从海洋中逸出，让大气加温，冰块就会进一步融化。因此，即使温度的小幅升高也可能随着时间的推移导致发生更大的变暖，这使得极地成为全球对气候变暖最为敏感的地区，气候变暖的效应会在极地地区被放大。"[32]

海冰的融化与金融市场一样，是积极反馈系统的一个例子。回想一下金融公司因为使用杠杆过度带来投资恶化的例子。

332 如果投资者借用太多钱投入投机市场赌博，又使用所购资产来保障贷款，则当抵押品价值下降时，他们就没有足够的流动资金来满足保证金的要求。然后，他们将不得不出售证券以筹集所需的资本，但这进一步降低了价格，从而导致额外的保证金追加。这个过程继续加速，直到跨过临界值，投资公司崩溃。

同样的过程正在融化海冰。由于海冰通过反射阳光有助于调节气候，防止海洋蒸发到大气中，因此，当海冰融化时，隔热材料和反射面就会变少，海水变暖。随着水温升高，冰块融化，融冰越多，水温升高越快。这个过程继续加速，直到一个临界值被跨过，所有的海冰消失——在没有海冰的情况下，大气温度的升高加速。常常被忽视的关键点在于，金融和自然网络都是紧急的复杂自适应网络系统，其中某一个单一次要的事件就可能会牵连穿透整个系统，造成灾难性的变化。导致了全球金融网络增长加速的相同动力正在推动全球气候系统变化的加速。正如小国冰岛的银行崩溃可能引发全球金融危机一样，大气温度的逐渐上升也会产生相互联动的变化，这些变化可能导致气候在一个非常短暂的关键时间内突然改变。

这种动态也在永久冻土的融化中发挥了作用。术语"永久冻土"（permafrost）是指冻结至少两年的土地。永久冻土的深度可以从几英尺到一英里不等。今天的大部分永久冻土可追溯到十二万年前的最后一个冰川时期。夏季永久冻土最外层融化，从
333 而可以支撑植被甚至树木。然而，北极生态圈与其他地方不同。由于低温，植物和树木在死亡时不会完全分解。随着这种有机材料在几个世纪的沉淀和冻结，永久冻土成为大量碳的储存容器。当永久冻土融化时，会释放出二氧化碳和甲烷，这些

温室气体提高了全球气温。2012年联合国环境规划署发布的题为《永久冻土变暖的政策意义》的报告总结了这一发展的意义。"从永久冻土解冻中释放的二氧化碳和甲烷将会加快全球变暖的速度,并进一步加速永久冻土的融化。这种由于永久冻土解冻产生的二氧化碳和甲烷排放造成的地表变暖,被称为**永久冻土碳反馈**(permafrost carbon feedback)。永久冻土反馈在人类时间尺度上是不可逆转的。"[33]

正如我在杰古沙龙冰河湖中看到的一样,气候变化的影响在冰川融化的情况中最为显著。快速的冰川融化,被称为冰川消退(deglaciation),不仅限于冰岛,而是自20世纪60年代以来一直在世界各地发生。例如,19世纪的美国冰川国家公园还有150个冰川;今天只剩下35个,电脑模型预测到2030年将完全消失。在瑞士,融化的冰川正在威胁着村庄,而从秘鲁到喜马拉雅山,冰川消退正在加剧海啸的严重性。尽管融化的加速直到20世纪90年代才开始在冰岛出现,但现在速度正在加快,科学家们估计到21世纪末,冰岛将不会有任何冰块。冰川融化的影响比多年冻土和海冰的融化更为复杂。冰岛最近的发现表明,冰川的融化实际上可能导致火山活动的增加。随着冰的重量的减少,岩浆则更容易冲到表面。[34]火山喷发会让空气被灰烬污染,进一步为全球变暖作出贡献,从而使冰川融化得更快。

北极融化最明显的结果,可以通过海平面上升以及随之而 334 来的各种相关问题看到。如果整个格陵兰冰盖融化,全球海平面将上升23英尺。但是冰川融化造成的更为严重的问题也更加复杂。不仅金融市场与全球网络相连;全球气候也是一个复杂的适应性网络。此外，金融和气候网络不仅在功能和操作上相似，而且都以互为依赖的方式相互联系。经济政策和实践对气候系统有直接和间接的影响，而全球气候变化反过来也将以或正面或反面的方式推动市场。

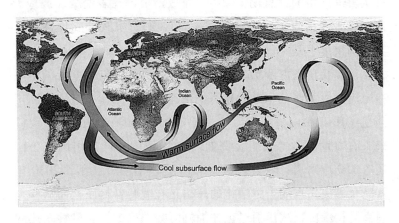

全球海洋传送带，说明了全球海洋的流通。在整个大西洋，流通带着温暖的海水流向北部海域的表面，带着寒冷的海水流向南部海域的深层。图片由 NASA 的喷气推进实验室提供。

最重要的自然网络之一是所谓的"传送带"（conveyor），它将世界海洋的洋流连接进了一个巨大的全球循环，将水从北极移动到南极，并灌入了大西洋、太平洋和印度洋。哥伦比亚大学的地质学家华莱士·布洛克（Wallace Broecker）于 1952 年发现的传送带是指该系统的大西洋部分。"包括墨西哥湾暖流（Gulf Stream）在内的地表水将热带的热量运送到大西洋北部地区，在这里，冬天的时候，热量被吸入水中并进入大气层。因此，就像传送带将煤炭运送到发电厂的炉子里一样，海洋传送带向大西洋北部地区提供热量。"[35]洋流的流动影响着气流的流通，从而给影响洋流的气候带来了变化。换句话说，冰川融化会改变洋流，从而影响天气模式。这是因为冰川由淡水制成，密度与盐水不同。当冰川融化时，它们会改变海水中淡水和咸水的混合，咸水下沉，而淡水仍然靠近表面。这反过来又可能导致水和气流的转变。科罗拉多大学地理学家康拉德·斯蒂芬（Konrad Steffan）解释说，传送带系统是"世界气候的能量引擎。它有一个来源：下沉的水。尽管你只是转动旋钮一点点……我们也可以预期基于能量的再分配导致的明显温度变化"。[36]

有两种方式来转动这个旋钮：增加海洋的热量，或增加极地海域的淡水量。这两个过程都已经发生。格陵兰岛的冰盖每年损失大约两千亿吨的冰块，整个北极地区的融化速度也在持续增加。这种趋势的欺骗性之处在于，这些变化如此缓慢，它们一直非常微弱，直到有一天，阻止它们为时已晚。我们已经反复看到，复杂的系统可能会趋向一个临界点，以至于细微的转变也可能导致突发甚至灾难性的变化。许多科学家越来越担心，气温升高和冰持续的融化可能会颠覆世界海洋的全球流通。这不是无中生有——传送带系统失灵是有先例的：在过去六万年中，这发生了至少7次。虽然下一次失灵似乎并非迫在眉睫，但很少有负责任的科学家怀疑北极的崩溃已经在影响全球气候模式。甚至有可能的是，海冰、永久冻土和冰川的融化导致了令桑迪飓风加剧的气候模式。当来自北方的冷空气阻挡了南方暖空气的运动时，大西洋继续升温，风暴加剧，直到席卷东海岸，淹没曼哈顿南部，关闭纽约证券交易所，破坏全球金融市场。

2013 年春季，夏威夷大岛的莫纳罗亚火山（Mauna Loa）上测量的大气中的二氧化碳日浓度超过了 400ppm（parts per million，百万分之一），一直以来科学家们担心这就是气候突变的临界点。自人类进化的三百万年前，这还是第一次空气中的二氧化碳浓度达到了这一水平。在人类文明八千年的历史中，二氧化碳水平一直保持相对稳定。但是，随着工业革命肇始的化石燃料的使用量增加，形势已经大大改变。自此之后，大气中的吸热气体（heat - trapping gases）增加了 41%，这些气体的数量持续增长。在谈到这一变化轨迹的影响时，拉蒙 - 多哈堤地球观测站（Lamont - Doherty Earth Observatory）的莫雷恩·雷莫（Maureen Raymo）甚至警告说：“这就像是不可避免的灾难正在到来。”[37]全球气候越来越极端，飓风、气旋、干旱、严重雷暴、龙卷风，这都是即将到来的灾难的早期迹象。

尽管如此，世界各国仍然不愿意处理日益严重的气候变化问题。随着中国和印度的经济继续增长，以及美国和欧洲拒绝限制他们自身的能源消耗，情况只会变得更糟。黄安伟（Edward Wong）报道说，

337

> 就中国经济数十年的增长带来的巨大环境成本已经达成了共识。但增长仍然是优先事项；中国官方估计，其 2012 年的国内生产总值（GDP）为 8.3 万亿美元，今年将以 7.5% 的速度增长，计划到 2015 年，未来五年的平均增长率为 7%。德意志银行上个月发布的报告（2013 年 2 月）显示，目前的增长政策将导致未来十年环境持续大幅下滑，特别是考虑到预期的煤炭消费和汽车销售热潮。[38]

在美国，公私人员自身的经济利益和政治意识形态几乎不可能使他们采取纠正措施。近半个世纪以来，气候变化被认为是美国的严重威胁。1965 年 2 月 8 日，林登·约翰逊总统发表了《关于保护和恢复自然美景的大会的特别致辞》，他指出："这一代人通过燃料化石燃料导致的二氧化碳的稳步增长，在全球范围内改变了大气的组成。"在我们这个时代，当一个分裂的政治制度使我们连进行理性辩论都不再可能时，我们确实很难记住，不久之前，环境与气候变化还是两党共同的议题。不仅肯尼迪和约翰逊，就连尼克松（译者注：肯尼迪和约翰逊是民主党总统，尼克松是共和党总统）也支持立法保护环境。的确，正是在尼克松总统时期，对《清洁空气法》（1970）以及《清洁水法》（1972）和《濒临灭绝物种保护法》（1973）进行了重要修正的《国家环境政策法案》（1970）获得通过，环境保护署（1970）成立。

尼克松对这些措施的支持遭到了传统的共和党商业领袖们的抵制，他们对自由市场的信仰使得他们怀疑政府的任何规定。当罗纳德·里根的新保守主义政治纲领和米尔顿·弗里德曼的新自由主义经济政策建立起来之后，关于环境与气候变化的辩论就成为了冷战政治的焦点。纳奥米·奥利斯克斯（Naomi Oreskes）和埃里克·康威（Erik M. Conway）在他们极有启发性但又让人焦虑的著作《贩卖怀疑的商人：从二手烟到全球变暖，一小群科学家如何掩盖真相》中表明，保守的智囊团，如乔治·马歇尔研究所、美国企业研究所（American Enterprise Institute）、卡托研究所（Cato Institute）和宇宙俱乐部（Cosmos Club），全部由赞成放松管制的公司资助，他们一直支持科学家对气候变化的怀疑。这个运动中最有影响力的科学家之一是弗里德里克·辛格（Frederick Singer）和弗里德里克·塞茨（Frederick Seitz）。辛格是国家气象局卫星服务中心的第一任主任，里根政府交通部的首席科学家。塞茨曾参与研究原子弹，后来担任了国家科学院院长，这为他的意见提供了更多的权威性。辛格和塞茨招募志同道合的同事组成游说团体，以支持里根的战略防御计划（被称为"星球大战"）。奥利斯克斯和康威认为，"冷战结束时，这些人开始寻找新的巨大威胁。他们在环保主义中发现了这种威胁。他们认为环保主义者是'西瓜'：外面是绿色的，里面是红色的。"奥利斯克斯和康威坚持认为，每一个最紧迫的环境威胁代表着"市场失灵，自由市场造成了'可能是致命的'严重的'相邻效应'（译者注：neighborhood effects，相邻效应又称为外部性，指在社会经济活动中，一个经济主体［国家、企业或个人］的行为对他人和社会造成的非市场化影响。分为正外部性和负外部性。正外部性是某个经济行为个体的活动使他人或社会受益，而受益者无须花费代价，负外部性是某个经济行为个体的活动使他人或社会受损，而造成外部不经济的人却没有为此承担成本。负面的外部性是导致市场失灵的重要原因）和全球性的影响。为了解决这些问题，政府必须加强管制，在某些情况下必须加强法规，以纠正市场失灵"。[39]

这不是辛格和塞茨首次代表反对政府监管的公司提供"科学"证据。20世纪70年代，他们参与了对酸雨、臭氧层，以及最为臭名昭著的对"吸烟有害健康"的怀疑。多年来，他们改进了策略，但其策略的本质仍然是一样的：在看似有公正性的期刊上发表文章，其中许多并不经过同行评审，涉及与理性的科学调查结果相抵触的研究，然后攻击成功的科学家们的声誉。这种经验使这些"贩卖怀疑的商人"精通媒体。商业、工业和政治利益集团为实现这些活动提供了必要的财政资助。当参议员罗伯特·伯德（Robert Byrd）和查尔斯·哈格尔（Charles Hagel）在 1997 年 7 月提出了一项禁止《联合国气候变化框架公约京都议定书》的议案，该议案以 97：0 通过，这一框架公约针对工业化国家规定了减少温室气体排放的义务。十多年后，保守派专栏作家乔治·威尔（George Will）表示，环保主义是"绿色但有红色根源"。威尔的同事查尔斯·克劳萨默（Charles Krauthammer）进一步谴责应对日益恶化的环境的负责任的努力。奥利斯克斯和康威报道说，当 2009 年世界各国领导人再次试图达成一致的温室气体排放协议时，克劳萨默"在《华盛顿邮报》中宣称，环保主义企图将财富从富人转移向穷人。……一个巨大的阴谋现在被提出来为最新的宗教恐慌服务：环保主义……左派一直在随波逐流，直到它又找到了一个光鲜的话题：从红色到绿色的转变……由于我们的经济绝大多数以碳为基础运行，环保局将很快控制一切……自从国税局设立以来，联邦机构还是第一次获得了这种能够侵入经济生活各个方面的权力……老大哥不是潜伏在中情局的斗篷下。他正在敲门，戴着环保局的帽子微笑着"。[40]令人难以置信的是，这一切简直让我们想要回到尼克松时代。

新自由主义者和新保守派人士不断肆虐，情况继续恶化。许多商业领袖和政治家没有认识到，北极冰盖融化的速度越来越快是全球性灾难的前兆，因此他们仍然沉迷于市场扩张和经济增长，为此所采取的行动使问题更加恶化。随着冰块的消退，美国与中国、俄罗斯和欧洲一起在北极展开了争夺石油的竞争。此外，新的水力压裂（fracking）技术现在可以提取大量的石油和天然气，这将进一步增加对化石燃料的依赖，并将这个国家的清洁能源产业推迟至少一个世纪。化石燃料消费的增长将导致更多的碳排放，这将助长气候变化的加剧，反过来又会造成经济不稳定和经济不安全。议员们无法或不愿意了解问题的严重程度和紧迫性。随着气候变化的速度加快，华盛顿负责任的政治行动的速度，反倒在放缓甚至停止。极少数通过了的国会立法，也经常达不到效果。例如，我们可以想一想2012年的夏天，这是美国最热的夏天，导致了五十年来最严重的干旱。然而，就在这个当口，国会通过了一项农业法案，不仅"通过鼓励更多的温室气体排放来加速全球变暖，而且会使整个国家的农场更容易受到这些排放的影响"。更糟糕的是，补贴的增加鼓励农民使用过量的化肥和农药来增加产量。这些由石化产品生产的商品，进一步增加了吸热气体的排放。[41]

这些政策不仅是无知和愚蠢的，而且也是破坏性的。无休无止地促进经济增长的同时，各国和各企业不但面临着无法挽回的环境危害，而且增加了世界各地的经营成本。2005年，卡特里娜飓风造成的损失估计为810亿美元，这只是全球484起自然灾害中的1起，而484起灾害损失总计为1760亿美元。2011年，自然灾害造成的损失上升到3500亿美元以上。与此同时，美国的雷暴造成了250亿美元的损失赔偿，是以往纪录的2倍以上，一年后，桑迪飓风额外增加了780亿美元。[42]即使出于经验原因考虑，促成了这些破坏的政策也没有任何意义。并且，从长远来看，衡量损失的标准不仅有金钱，而且有人们的生活质量甚至生命。

恢复时间

语言不仅仅是描述性的，它同样也是规定性的。因此，隐喻的重要性就在于，它既塑造了我们理解自己的方式，又指导着个人、社会、政治和经济的决定和政策。托马斯·弗里德曼(Thomas Friedman) 一个广为流行的观点认为，在全球资本主义的勇敢新世界中，地球是平的。这个形象表明，在今天超级竞争的世界中，地平线是无限的，朝着每一个方向无止境的扩张都是可实现的可能性。但是，世界当然并不是平的；不论在物理上还是隐喻意义上，它都是圆的。物质和非物质的交流相互交叉回环，形成的是一个循环的交流系统，它并不能无限扩张，而是具有自己的极限。在这些复杂的网络中，扩张不可能是无限的，增长不可能是无止境的。存在着物理、环境、经济和速度的限制，构成了注定约束我们生活的参数。当我们超越这些限制时，我们就在威胁维持生命的系统本身。

还不清楚是否还有时间恢复。寻找这些已经出现了几个世纪的问题的解决之道，需要很长的时间，而我们可能已经没有这么多时间了。速度总会停止，并不一定是突然停住，而是逐渐地减慢。速度不断创造的世界是不可持续的；当前紧迫的问题是，已经开始的进程是否已经过了临界点，并且无法扭转。

清楚的是，我们正在快速到达自宗教改革以来的发展轨迹的终点，这条轨迹为工业革命所延续，被消费资本主义加速，并在当今的金融资本主义中达到高潮。速度正在撕裂身体、心灵、国家、共同体，甚至是地球本身。随着网络的扩展和连接性的增加，速度接近极限，是到该减速的时候了，否则就将面临系统的崩溃。拖延甚至避免灾难所需要的减速，不仅仅是暂停下来闻一下路边的玫瑰，也不仅是花更多的时间与家人在一起，虽然这些事情也很重要；相反，有必要花费大量的时间和巨大的资源来理解带领我们到达这个临界点相互交织的矢量。只有这样，才有可能制定出战略和政策来调整互相联系的网络，使其有可能在不可逾越的限制内有效运行。短期措施当然是必要的，但它不足以应付加速发展的问题；更深层次的问题是需要尼采所描述的"重估一切价值"。让西方资本主义蓬勃发展的价值观现在已经使其面临崩溃的威胁：这些价值观包括对部分、分离、个人主义、竞争、效用、效率、简单性、选择、消费、忙碌、过剩、增长和——最重要的——速度的肯定。被这一制度压制的价值观现在需要被培养起来：整体、关系、共同体、合作、慷慨、耐心、敏锐、审慎、分析、复杂性、不确定性、休闲和反思，首先需要的是反思。

被连接性日益加剧的分裂，使得我们甚至难以理解未来几年内将面临的挑战的性质和规模。越来越多的人陷入意识形态的泡沫和自私的孤岛之中，生活所依赖的整体感消失了。从新教改革开始的内在转向，已经退化为具有破坏性的竞争性个人主义。在今天的网络世界中，所有的一切都相互依赖，这需要我们比以往任何时候都更加重视恢复清明的理智，同时也是恢复对构成和保护我们的综合整体的整全理解。经济、社会、政治、心理和生态问题相互之间并没有界限。面对市场扩张和增长不可避免的限制，合作比竞争更为重要。这个星球根本无法维持当今的金融投机的进一步扩张，同样，所谓的发达经济体以现在的全球消费水平扩张也是难以为继。一切都是不可分割的；一个地区的扩张最终就会导致其他地方的收缩。因此，世界各国人民之间资源和财富的再分配，就既不是自由的选择，也不是社会主义的梦；相反，它是由不可避免的参数约束的一种实践必然性。

虽然这些约束强加了一些界限，但它们也可以为新形成的创造力的出现创造必要的条件。如果这种创造力能够繁荣，那么就有必须打破滋养了当今这种压抑的单一文化的温床和过滤器。在自然、社会或文化体系中，创造力通常都是由那些分离的东西意想不到地组合、合作和综合产生出来的。当人民、国家和组织仍然被限制在他们的回音室里，结果就是自我加强循环的永恒重复，并导致更深刻的分歧。创造力要求向那些与自己不同的世界和人群开放。要对话而不是唠叨；要回应而不是反击；要妥协而不是对抗。正是在转型的关键时刻，这种创造力的可能性往往是最大的。

未来不仅取决于对其他人的开放，而且还取决于对自然世界的复杂性、模糊性和晦涩性的开放。对于许多真正的信徒来说，物质、身体和大地都是困扰心灵的负担。当富裕的硅谷企业家将太空旅行商业化以逃脱地球的重力，幻想通过将意识上传到超级计算机而离开身体时，他们就与那些渴望世界末日，好让他们得以进入非物质和永恒的天堂的宗教狂热分子一样虚无主义了。当今的挑战在于，要通过节省时间而不是逃跑来拯救大地。毕竟，"人类"（human）源于"腐殖质"（humus）这个词，即让生命出现的同时，也是其归宿的有机物质。失去与大地的接触只能成为非人类。

对整体的感觉既是时间性的也是空间性的。所谓的实时（real time）是虚幻的；在这个高科技的网络时代，过去和未来经常崩溃成为瞬间的碎片，永恒轮回但又永远不会真正存在。真正的实时是一种张力——过去和未来在一个不断消逝的现在中交织。新的不断变老，过去成为一种资源而不是负担。米兰·昆德拉说得好："缓慢和记忆之间、速度和遗忘之间有一个秘密的纽带……用数学的形式，这种经验可以用两个基本方程的形式来表达：缓慢的程度与记忆的强度成正比；速度的程度与遗忘的强度成正比。"[43]我们走得越快，我们忘记得越多，我们忘记得越多，我们就越不知道我们是谁，该去哪里。过去从未死亡或消失，因为它永远界定着未来得以出现的视野。当我们失去记忆或将其下载到云端时，我们就不再是人类了。

当然，即使我们努力去策划，未来也不完全在我们的控制之内。谷歌对有计划的偶然性的愿景代表了一个疲惫的现代主义的漫长信念，这一信念试图通过规划未来生产出不为自己思考的自动装置，来延续自己的权力意志和掌控意志。对未来开放也包含了向那些意想不到和无法计划的东西开放，这不可避免地给生活带来了不确定性和潜在的神秘与活力。这种不确定性所涉及的风险是无法管理的，试图管理它的尝试通常会使事情变得更糟。我们所面临的问题很复杂，不可能快速简单地解决。当记忆和期望在真正的现实中相遇时，短期的视角就可以转变为长远的目光，这个目光指的不仅仅是几年、几十年甚至几个世纪，而是从古代地质时代的冰岛火山和冰川延续到华尔街的虚拟现实，直到超出我们想象的未来。只有在这样漫长的历史时期内，才能计算出我们行动的成本。

我们走向未来的同时，未来也在走向我们，我们对未来最切实的回应，不是期待去控制它，而是耐心的等待。等待时间的恩赐，也就是生命本身。当生活慢下来，我们才可能仔细反思经常冲击着我们以至于我们都忘掉了的东西。对那些沉迷于效率、生产力和盈利回报的管理者和投资者来说，这种空洞的反思似乎是无用的浪费时间。但真正有用的是什么？什么是真正的有效？什么是真正的浪费？什么是真正的利润？什么是真正的无利可图？将生活挂在收支平衡中？在他的笔记《反思》³⁴⁶中，弗兰茨·卡夫卡（Franz Kafka）写道，"坐在你的桌子旁边。不要听，只要等。甚至都不要等，只要保持安静和孤独。世界将卸下它的面具，将它自身自由地呈现给你，它没有任何选择，它会在你的脚下达到绽出（ecstacy）。"反思的绽出阻止了速度的迷狂（ecstacy）。

我写这本书的桌子在一个改造的谷仓里，可以俯瞰马萨诸塞州的伯克希尔山（Berkshire Mountains）。这些日子里，我的生活分为两个部分——乡村和城市，分别对应缓慢和快速两种速度。我可以在城里读书，但不能在那里写作。问题不仅仅是噪音、匆忙和分心，更重要的问题在于节奏。思考和写作有自己的节奏，并且不完全在本人自己的控制范围内，因此不能冲动。思想和想法出现时，它们经常会很快消失，以至于来不及写下来。但是他们的光晕仍然存在，而下一个想法到来时，它已经被滑落的东西遮蔽了。虽然我已经写了很多书，但每次开始写一本新书时，都跟我很多年前写第一本书时一样神秘。

在许多方面，写这本书的过程呼应了我一直在探索的快速和缓慢的复杂相互作用。我考虑速度问题已经好几年，读了一百多本书和无数相关主题的文章。我读得越多，就越了解速度和它所产生的问题之间的关系，这些问题我已经思考了四十多年。我逐渐认识到，快速和缓慢之间远非简单的对立关系，而是有着深刻的相互关联。一方面，不断地加速不可避免地导致系统故障，导致突然减速；另一方面，长时间积累的时间有时会导致突然的事件，从而在日益多样化和连接起来的网络中产生相移。在个人层面上，加快生活节奏带来的压力会达到临界点，药物不再有用，一个人在身体和精神上都分崩离析；或者，多年的学习和反思会在某一个时刻灵感迸发，所有的问题都串联了起来，突然变得无比清晰。

我对速度问题的阅读和反思比我预期花费的时间更多。经过如此漫长的时间和如此多的阅读之后，去年一月份，我决定在学期之间的假期重新逐字逐句地重读我的笔记，并尝试理清我的想法。第二个学期非常繁忙，我知道我没有时间做更多的阅读，也肯定无法写作。我的计划是当生活节奏慢下来之后，在夏天开始写作。然后，一些意料之外但又在情理之中的事情发生了，我一下清楚了我要写些什么。这不是我第一次经历这样的事情；在我的生涯中经常发生。一旦一本书浮现出来，我就无法停止写作，无论我时间多紧。不过，我描述这一情况的方式并不准确，尽管跨过了临界点，但并不是我写出了这本书；相反，这本书本身通过我而写了下来，写作的节奏和韵律并不是我自己的。事实上，很多时候，我写作的速度完全无法赶上思想的冲击。与所有预期相反，我在二月初开始写，六周后这本书就已基本完成。虽然还要经过许多必要的改进、修订和增删，但本质上来说，这本书已经完成了。

无论这样的事情发生过多少次，这个过程总是保持神秘。正如我已经指出我对速度的研究如何与我的写作速度相关，我也意识到，写作的创造过程，可能也受到我一直研究的复杂自适应系统相同的控制。我认为，创造性是通过将通常来说无关的东西整合到一起而产生的。就像炖汤一样，思想和想法通过漫长而缓慢的过程逐渐积累起来。在这些想法达到一定的密度和多样性之后，汤就该沸腾了。在可能是几天、几周、几个月甚至几年的过程中，各种想法相互冲撞，直到有一天，它们自己组织了起来，书就这样出现了。这个过程的突发性和颠覆性，堪比金融市场崩溃或海冰和冰川的消失。

348

　　在《四个四重奏》中，艾略特写道：
　　我们将不会停止探索
　　我们一切探索的终点
　　将到达我们开始的地方
　　并且是第一次知道这个地方。

写作如同生活一样，清晰只会在终点时到达。克尔凯郭尔是对的，他认为，生活只有在回望的时候才能得到理解，尽管我们总是向前。当我现在回头看时，我还是想知道，我父亲是否还会坚持认为，在他的时代，世界所经历的变化比我的时代更大。在研究和写作这本书的过程中，我发现我们的世界和生活并没有我曾经想过的那么不同。他一百多年前在葛底斯堡农场学到的经验教训，塑造了我理解生活的方式，现在它们创造出一种紧迫感，即时间可能会耗尽，因为生活的速度接近极限。我父亲最伟大的教育不是在教室里——他尝试教我物理，但并不成功——而是在户外，他让我修剪草坪、挖花园和铲雪。虽然他从来没有解释过他在做什么，但我现在明白，他教我的这件事真的很重要，而我们都在自己的冒险中忘掉了这个教导。无论世界变得如何虚拟，没有物质基体支持和维持的生命，就不是生命。

当我写下这些话时，谷仓里的窗户并不只有微软的视窗（windows），在电脑屏幕之外，谷仓的窗户通向我设计和培育了多年的花园、池塘和溪水。最近，我增加了一些由金属、石头和骨头创造的雕塑。这个物质领域平衡了消耗了我大部分生命的非物质世界。它所拥有的重力，包含着让人清爽的解放的力量。与之相比，非物质世界的轻盈时常显得难以承受。当你拥有足够悠长而缓慢的时间，可以通过培植土地来培育反思时，现实的轴线就会发生转变，即使这种转变如此微弱。在这一刻，对时间本身的欣赏得以恢复，这使得留给我们恢复自己和这个星球的时间，也似乎不再寥寥无几。

349

石山，威廉姆斯镇，马萨诸塞州

　　我思考的最好时机，通常不是坐在桌前或电脑前，而是当我移动岩石，翻动土壤，扳动金属或给骨头钻孔的时候。挖得足够深，你就会发现一切真的是相互联系的。最近在一个经常劳作的地方开垦时，我发现了一个隐藏在清晰视野中的大石头。我发现得越多，就越惊讶。岩石上覆盖的烧焦了的棕土掩盖了岩石本身锃光瓦亮的表面，没有谁的手艺可以打磨出这么大的一块岩石。岩石上层叠的条纹，就像一本散佚已久的书籍中散落的书页。我问一个地质学家朋友，这是块什么石头，他告诉我这是斯托克布里奇大理石，几百年前它应该躺在东边两百英里的楠塔基特岛（Nantucket）海底，赫尔曼·梅尔维尔曾经在那里漫游过。大理石被时间刻上了神秘的象形文字。在今天的快节奏世界中，没有多少人还会对这些严肃的、大的东西感兴趣。但对于那些耐心等待着时间呈现线索的读者来说，这

350

里包含着重要的经验教训值得学习。不是所有的现实都是虚拟的，快无法传承地球。经过了这么多年，赌注似乎还是一样的：时间还是金钱？给出这样的选项，谁不会选择时间？[44]

附 录

期末考试，1922 年春季

阿伦斯维尔中学

宾夕法尼亚州，阿伦斯维尔

历史

1. 写出美国最早的两个西班牙人永久定居点。

2. 介绍佐治亚州的殖民情况，说明其目的，由谁设立，定居者的阶层和殖民的时期。

3. 什么是殖民地战争？

4. 阿勒格尼山对英国人的殖民有何影响？

5. 陈述法国印第安人战争的原因。

6. 写出四位伟大的美国发明家及其发明。亚当斯县是什么时候建立的？包括哪些部分？

7. 《外国人和煽动叛乱法案》是什么？

8. 华盛顿成立政府时的所在地在哪里？什么时候搬到现在的位置？

9. 介绍以下人物与美国历史的联系：德索托，麦哲伦，德雷克，罗利。

阅读

1. 向委员会背诵一篇或多篇今年冬天学习的诗歌。

2. 写一篇亨利·W. 朗费罗（Henry W. Longfellow）的简短传记。

3. 以下这些诗句出自哪些诗歌：

（a）"你是否认为，蓝眼睛的盗贼"。

（b）"美妙的景象落在城墙上"。

（c）"在母亲的乳房上休息，休息"。

（d）"东方的天空是红润的"。

4. 定义并使用以下词语造句：铁匠铺，绘画，微风，商业，折磨。

地理

1.（a）写出五条北美的河流和每条河流流入的水域。

（b）写出并定位北美主要的山脉系统，并指出每个方向有哪些州。

（c）找到三个海港。

2. 写出与地中海接壤的欧洲国家，以及每个国家的首都。

3. 指出以下地点是什么，分别在哪里：亚马逊，悉尼，夏威夷，直布罗陀，金门。

4. 定义赤道，两极，子午线，海峡，峡谷，半岛，海角和河流。

5. 写出宾夕法尼亚州的河流和最大的城市。

6. 指出不同的气候区域。每个区域分别给出一个特色植物和动物。

历史

1. （a）简要介绍弗吉尼亚州的殖民情况。

（b）以下人物有哪些探索和发现，这些人物分别代表哪些国家：哥伦布，德索托，尚普兰，哈德森和德雷克。

2. 威尔逊政府通过了哪些重要法律？

3. 密苏里妥协案是什么？

4. 给出导致革命战争的各种原因。战争持续了多久？通过它获得了什么？

5. 我们从谁那里购买了阿拉斯加？什么时候？花费多少？阿拉斯加的价值在哪里？

6. 介绍加州的淘金热。

语法

1. 什么是格？命名、定义和说明不同的格。

2. 什么是变格？给这些词变格：希望先生，谁，她，钟声。

3. 动词有什么属性或修饰？形容词？

4. 动词的主要变化形式是什么？给这些动词变形：做，是，有，爆炸，选择。

5. 什么是数字？写下这些单词的复数：入门，半径，分析，钢琴，牙齿，宝石小姐，媳妇，肯普先生。

6. 什么是短语？什么是从句？

7. 什么情况下动词必须与主语保持一致？

8. 写出四个使用名词在句子中的使用方式，造句说明。

9. 写出关系代词和疑问代词

期末考试, 1922 年 4 月 15 日

算术

1. 用 80.32 乘以 0.006134, 并将结果除以 0.0032。

2. 将 1/2 和 1/3 的和除以它们的差。

3. 每千英尺木材成本为 22.5 美元, 3240 英尺成本为多少?

4. 以 5% 的利息计算 850 美元在 3 年 3 个月 3 天后的收益。

5. 厄普克普先生有 10 000 美元资产, 他每年缴纳的税款为 250 美元。以同样的标准, Equal 先生在 7225 亿美元的财产基础上应该支付多少税款?

6. 画一个直径 12 英尺的圆形花坛。

7. 我, C 和 R 从事商业。我提供 1200 美元, C 提供 1000 美元, R 提供 800 美元。他们获利 3250 美元。每个人的收益分别是多少? 收益率是多少?

8. 两名士兵旅行, 一个人往北走了 120 英里, 另一个人往西走了 90 英里。他们的直线距离有多远?

9. 一名男子以 234 美元的价格出售了一辆运输车, 他损失了 10%。那么, 为了获得 10% 的收益, 我们应该以什么价格出售?

地理

1. 写出古巴, 澳大利亚, 阿拉斯加, 南非的重要出口商品。

2. 解释以下术语: 首府、昼夜平分点和地球轨道。

3. 描述古巴和波多黎各的所有制、地理位置和政府。

4. 写出以下列物品知名的城市及其地理位置：纸，花边，玩具，鞋和丝绸。

5. 通过以下名称写出你认为符合的城市及其地理位置：凯撒（Kaiser），苏丹，议会。

6. 描述热带地区的植被、动物、居民和气候。

7. 以下城市位于哪些州：罗彻斯特，孟菲斯，堪萨斯城，辛辛那提？

8. 写出流入密西西比河的主要河流。

9. 找到以下城市，并写出他们所属的国家：香港，马尼拉，加尔各答和新加坡。

拼写

hoping	repel	bureau	pigeon	athlete	villain
parallel	deceive	artery	compel	zincky	succeed
zealous	tenable	pretzels	estuary	adjunct	shovel
trellis	eligible	raisin	panel	division	fugitive
parable	heifer	deficit	edible	frontier	luxury
civilian	citadel	chattel	monopoly	rascal	misspell
occasion	lizard	judgment	deceit	alien	corps
saucy	onion	auricle	distil	liege	secrecy
compost	accretion				

生理

1. 追踪食物颗粒从口中到血液的过程。

2. 写出呼吸器官。

3. 有人昏倒的情况下，第一步该怎样急救？溺水情况呢？

4. 参考位置，大小，结构，使用和护理来讨论肺部。

5. 破碎的骨头怎么愈合？

6. 给出肌肉的用途。

7. 写出消化器官。

8. 什么是好的运动形式？应该多长时间锻炼一次？

9. 什么是腺增生？

语法

1. 根据用途给句子分类。定义和说明每一种。

2. 写下动词**做**和**看**的现在时态、过去式和动词的完成式分词。并正确地造句。

3. （a）变格：我，他，男人，女士。

（b）比较级：大，小，美。

（c）写出狗，小孩，史密斯先生的单数所有格和复数所有格。

4. 写一封信给 L. B. Herr & Son, Lancaster, Pa. , 订购一本字典。

5. 定义一个动词。写出动词的属性。

6. 图表：雷诺兹将军，他在葛底斯堡遇难，是兰开斯特县的本地人。

生理

1. 定义下列词语：股骨，骨膜，抗毒素，大脑，阑尾炎。

2. 写出一种传染性疾病，描述其症状及表现，并解释如何防止传染。

3. 为什么所有血液都送到肺部？

4. 什么是消化液？有多少种？

5. 什么是器官？写出一些人体的器官。

6. 描述心脏，以及它的形状、部分和作用。

写作

1. 以你最好的笔迹工整地抄写下列段落：

"We are not worst at once; the course of evil

Begins so slowly and from such slight source,

An infant's hands might stem the breach with clay;

But let the stream grow wider, and philosophy

Age and religion, too, may strive in vain

To stem the headlong current."

算术

1. 下列哪种情况薪水较高，每小时 16 又 2 / 3 分还是每周 9 元？你将在星期一、星期二、星期三、星期四和星期五每天工作 9 小时，星期六工作 4 小时。

2. 将 0.001809 除以 9000。

3. 一面砖墙包含 29 700 块砖。每千块砖成本 18.5 美元，总成本为多少？

4. 一个商人以 195 美元卖出一匹马，赚 15 美元，他的收益百分比是多少？

5. 两个分数之和为 1 又 1/11，其中一个是 1/3，另一个是多少？

6. 铺一个 150 英尺长、1 英尺 6 英寸宽的水泥走道，成本为 50 美分一平方码，总费用是多少？

7. 以 5% 的利息计算 3600 美元在 4 年 7 个月 15 天之后的收益。

注 释

1. 对速度的迷恋

1. Milan Kundera, *Slowness*, trans. Linda Asher (New York：Harper, 1996). 译文参考见米兰·昆德拉：《慢》，马振聘译，上海译文出版社 2003 年版，第 2 页。

2. Michael Crichton, *Prey* (New York：Harper, 2002), 103 – 4.

3. J. R. McNeill, *Something New under the Sun：An Environmental History of the Twentieth Century* (New York：Norton, 2000), 297 – 98.

4. 我在整本书中都会不断提及工业革命产生的持续影响，尤其可见第十章。

5. Alan Trachtenberg, Foreword to Wolfgang Schivelbusch, *The Railway Journey：The Industrialization of Time and Space in the 19th Century* (Berkeley：University of California Press, 1986), xvi. 我对英国和美国铁路工业的论述受到了施威布施极富洞见的分析的启发，并从乔治·泰勒信息量巨大的著作获益良多。参见 George Taylor, *The Transportation Revolution*, 1815 – 1860 (New York：Rinehart, 1951)。

6. Ibid., 33 – 34, 7, 37.

7. Ralph Waldo Emerson, "The Young American", 1844, available at http：//www. emersoncentral. com/youngam. htm (accessed- February 3, 2014).

8. Rebecca Solnit, *River of Shadows：Eadweard Muybridge and the Technological Wild West* (New York：Viking, 2003), 58.

9. 我会在第九章中考察注意力障碍症和利他林的影响。

10. Stephen Kern, *The Culture of Time and Space*, 1880 – 1918 (Cambridge, MA：Harvard University Press, 2003), 125. 克里顿布朗和诺尔道的论述转引自科恩。

11. Ibid., 129, 130.

12. Ibid., 52, 56.

13. Henry David Thoreau, *Walden* (Princeton, NJ：Princeton University Press, 1988), 117 – 18.

14. William Wordsworth, *The Prelude*, 7.725 – 8, available at http：//www. bartleby. com/145/ww293. html; and Georg Simmel, "The Metropolis and Mental Life", available at http：//periplurban. org/blog/wp – content/uploads/2008/06/simmel_ metropolisandmentallife. pdf（both accessed February 3，2014）.

15. Simmel，"Metropolis and Mental Life"，11 – 12.

16. Quoted in Solnit，*River of Shadows*，21 – 22.

17. 对这一发展产生的影响的进一步讨论请参见我的著作 *Disfiguring：Art，Architecture，Religion*（Chicago：University of Chicago Press，1992），chaps. 5 and 6；*Confidence Games：Money and Markets in a World withoutRedemption*（Chicago：University of Chicago Press，2004），chap. 6；and *About Religion：Economies of Faith in Virtual Culture*（Chicago：University of Chicago Press，1999），chap. 7。

18. Filippo Marinetti and Umberto Boccioni，*The Futurist Manifesto*，quoted in Stephen Kern，*The Culture of Time and Space*，1880 – 1918（Cambridge，MA：Harvard University Press，2003），119.

19. 丽贝卡·索尔尼在 *River of Shadows* 中细致而又富有启发性地讨论了迈布里奇的摄影术及其意义。

20. Kern，*Culture of Time and Space*，118. The Léger quotes arecited by Kern.

21. Ibid. ，120.

22. Jonathan Crary，*Suspensions of Perception：Attention，Spectacle，and Modern Culture*（Cambridge，MA：MIT Press，1999），310. 克拉里指出，19 世纪下半叶，人们对知觉的科学兴趣大大增加。人们精心设计出机械装置来测量反应时间。早在 1850 年，赫尔曼·冯·赫姆霍兹就成功地测量出神经传导的速度。在克拉里的著作 *Suspensions of Perception* and *Techniques of the Observer：On Vision and Modernity in the 19th Century*（Cambridge，MA：MIT Press，1993）中，他的讨论非常有助于我们理解不同的技术如何塑造知觉。他对莫奈、修拉、塞尚的讨论同样极富洞见。虽然我的关注点不同，但我仍从他的书中收获良多。

23. Herschel B. Chipp，ed. ，*Theories of Modern Art：A Source Book by Artists and Critics*（Berkeley：University of California Press，1986），260.

24. Quoted in Roland Penrose，*Picasso：His Life and Work*（Berkeley：University of California Press，1981），153.

25. Quoted in George Hamilton，*Painting and Sculpture in Europe*，1880 – 1940（New York：Penguin Books，1981），15.

26. Chipp，*Theories of Modern Art*，227，214.

27. "Georges Seurat，" a Wikipedia article available at http：//en. wikipedia. org/wiki/Georges_Seurat（accessed February 3，2014）.

28. 我将在第四章中讨论沃霍尔。我们将会看到，沃霍尔在其工厂中使用了工业生产的方式来管理艺术商品，这一方式无疑加强了消费资本主义。

2. 看不见的手

1. Quoted in Patrick Collison, *The Re-formation: A History* (New York: Modern Library, 2004), 6 - 7.

2. "德国的革命的过去就是理论性的,这就是宗教改革。正像当时的革命是从僧侣的头脑开始一样,现代的革命则从哲学家的头脑开始……路德……破除了对权威的信仰,却恢复了信仰的权威。他把僧侣变成了俗人,但又把俗人变成了僧侣。他把人从外在宗教中解放出来,但又把宗教变成了人的内在世界。"Karl Marx, "Contribution to the Critique of Hegel's Philosophy of Right", in *The Marx - Engels Reader*, ed. Robert Tucker (New York: W. W. Norton, 1972), 60.

3. 一些历史学家和社会学家,就韦伯将资本主义和民主的兴起归于加尔文宗提出了疑问。总结其对韦伯的批评性回应,安德烈·比尔断言,"我们应该注意到,韦伯和特洛尔奇所描述的时代,也就是宗教改革和 18 世纪之间这一时代,这个时代与工业革命完全重合。因此我们反对他们的重要根据在于,这些作者们忽略了这其中的鸿沟,并且任他们自己在宗教运动中寻找加尔文主义的影响,尽管加尔文主义正是源于宗教运动,因此,虽然他们实际上是想在这两者之间做出区分,但他们却在相当程度上扭曲并且将加尔文主义世俗化了。"参见 André Biéler, *Calvin's Economic and Social Thought*, trans. James Greig (Geneva:

World Council of Churches, 2005), 437。工业革命无可否认的重要性,以及新教各派之间的教义争端,无疑消解了韦伯所认为的加尔文神学对当今世界的重要性,我将在下一章讨论工业革命的重要性。对韦伯遗产的进一步研究,见 Steve Bruce, *Religion in the Modern World: From Cathedrals to Cults* (Oxford, Eng.: Oxford University Press, 1996), and Peter Berger, "The Desecularization of the World: A Global O-verview", in Peter Berger, *The Desecularization of the World: Resurgent Religion and World Politics* (Grand Rapids, MI: William Eerdmans, 1999)。

4. John Calvin, *Institutes of the Christian Religion*, ed. John McNeill (Philadelphia: Westminster Press, 1967), 1.

5. Thomas Aquinas, *Introduction to St. Thomas Aquinas*, ed. A. C. Pegis (New York: Random House, 1948), 193, 215.

6. Martin Luther, "Ninety - five Theses", in *Martin Luther: Selections from His Writings*, ed. John Dillenberger (New York: Doubleday, 1961), 495.

7. Joan Acocella, "The End of the World: Interpreting the Plague", *New Yorker* (March 21, 2005), 82.

8. Romans 1: 17.

9. Biéler, *Calvin's Economic and Social Thought*, 340. See also George Huntson Williams, *The Radical Reformation* (Philadelphia: Westminster Press, 1962). 对上帝与自我关系的论述,参见我的著作 *Kier-*

kegaard's *Pseudonymous Authorship*: *A Study of Time and the Self* (Princeton, NJ: Princeton University Press, 1975); *Journeys to Selfhood*: *Hegel and Kierkegaard* (Berkeley: University of California Press, 1980), esp. chaps. 4 and 5; and *After God*, esp. chaps. 2 and 3。

10. Cited in Norman O. Brown, *Life against Death*: *The Psychoanalytic Meaning of History* (New York: Random House, 1959), 226, 221, 228.

11. Calvin, *Institutes of the Christian Religion*, trans. Ford L. Battles (Philadelphia: Westminster, 1969), 1: 197, 199, 201, 208.

12. Ibid., 1: 721.

13. Adam Smith, *The Theory of Moral Sentiments*, ed. D. D. Raphael and A. L. Macfie (Oxford, Eng.: Clarendon Press, 1976), 185.

14. Adam Smith, *The Wealth of Nations* (New York: Modern Library, 2000), book 4, chap. 2, para. 9.

3. 时间至上

1. Myron Gilmore, *The World of Humanism*, 1453 – 1517 (New York: W. Langer, 1952), 186.

2. Arthur Geoffrey Dickens, *Reformation and Society in Sixteenth Century Europe* (New York, 1968), 51. 转引自伊丽莎白·艾森斯坦的两卷本研究著作 *The Printing Press as an Agent of Change*: *Communications and Cultural Transformations in Early – Modern Europe* (New York: Cambridge University Press, 1979).

3. Eisenstein, *Printing Press.*

4. Mark Edwards, *Printing*, *Propaganda*, *and Martin Luther* (Berkeley: University of California Press, 1994), 39.

5. Rudolf Hirsch, *Printing*, *Selling*, *and Reading*, 1450 – 1550, 90, quoted in Eisenstein, *Printing Press*, 347.

6. Fernand Braudel, *Civilization and Capitalism*: 15th – 18th Century, vol. 2: *The Wheels of Commerce*, trans. Sian Reynolds (Berkeley: University of California Press, 1992), 101 – 2, 495.

7. Edward S. Casey, *Getting Back into Place*: *Toward a Renewed Understanding of the Place – World* (Bloomington: Indiana University Press, 1997), 3.

8. Ibid.

9. Ibid., 4.

10. James R. Beniger, *The Control Revolution*: *Technological and Economic Origins of the Information Society* (Cambridge, MA: Harvard University Press, 1986), 221 – 23.

11. See the Wikipedia entries for "Greenwich Mean Time" and "Standard Time," available at http://en.wikipedia.org/wiki/Greenwich_ Mean_ Time and http://en.wikipedia.org/wiki/ Standard _ time, respectively (accessed February 3, 2014).

12. Daniel Boorstin, *The Americans*: *The Democratic Experience* (New York: Vintage,

1974），362.

13. Friedrich Schiller, *On the Aesthetic Education of Man in a Series of Letters*, trans. E. M. Wilkinson and L. A. Willoughby (New York：Oxford University Press, 1967），35.

14. Frederick Winslow Taylor, *The Principles of Scientific Management* (New York：Harper, 1929），13.

15. Ibid. , 117.

16. Ibid. , 39, 40.

17. Boorstin, *The Americans*, 369.

18. Jonathan Crary, *Suspensions of Perception：Attention, Spectacle, and Modern Culture* (Cambridge, MA：MIT Press, 1999），30, 4. 克拉里对大量现代阶段研究和控制注意力的不为人知的技术设备以及心理技术的细致分析，对我帮助很大。

19. See "Eight – Hour Day", a Wikipedia article available at http：//en. wikipedia. org/wiki/Eight – hour _ day (accessed February 3, 2014）.

20. See "Electrification", a Wikipedia article available at http：//en. wikipedia. org/wiki/Electrification (accessed February 3, 2014）.

21. Quoted in Boorstin, *The Americans*, 548.

22. Beniger, *Control Revolution*, 299.

23. Ibid. , 298 – 99.

24. Ibid. , 283；The dates for the inventions listed can be found on 281 – 84.

25. Ibid. , 286.

26. JoAnne Yates, *Control through Communication：The Rise of System in American Management* (Baltimore：Johns Hopkins University Press, 1989），41 – 43.

27. Ibid. , 56.

28. See "Melvil Dewey", a Wikipedia article available at http：//en. wikipedia. org/wiki/Melvil_ Dewey (accessed February 3, 2014）.

29. Quoted in Yates, *Control through Communication*, 14.

30. Ibid. , 15.

31. 我会在第四章中讨论百货商店、电子技术和网络。

32. Taylor, *Principles of Scientific Management*, 7, 12.

4. 网络购物

1. Walter Isaacson, *Steve Jobs* (New York：Simon and Schuster, 2011），45.

2. Ibid. , 49.

3. Andy Warhol, *The Philosophy of Andy Warhol* (New York：Harcourt Brace, 1975），92.

4. Misty White Sidell, "Modeling Scouts Hunt for Fresh Faces at Swedish Eating Disorder Clinic", *Daily Beast*, available at http：//www. thedailybeast. com/articles/2013/04/19/modelingscouts – hunt – for – fresh – faces – at – swedish – eating – disorder – clinic. html (accessed February 3, 2014）.

5. See Centers for Disease Control, "Adult Obesity Facts", available at http：//

www. cdc. gov/obesity/data/adult. html; and Centers for Disease Control, "Childhood Obesity Facts", available at http: //www. cdc. gov/healthyyouth/obesity/facts. htm (both accessed February 3, 2014).

6. Dan Jones, "Britain's Weight Crisis Almost Hits U. S. Proportions", *Daily Beast*, February 21, 2013.

7. UPI International, "Americans Eat Out about Five Times a Week", available at http: //www. upi. com/Health_ News/2011/ 09/ 19/Americans – eat – out – about – 5 – times – a – week/UPI – 54241316 490172 (accessed February 3, 2014).

8. Quoted in Robert Hughes, *The Shock of the New* (New York: Alfred Knopf, 1967), 177 – 80.

9. Wolfgang Schivelbusch, *The Railway Journey: The Industrialization of Time and Space in the 19th Century* (Berkeley: University of California Press, 1986), 45, 47.

10. Quoted in William Leach, *Land of Desire: Merchants, Power, and the Rise of a New American Culture* (New York: Random House, 1993), 60.

11. Walter Benjamin, *The Arcades Project*, trans. Howard Eiland and Kevin McLaughlin (Cambridge, MA: Harvard University Press, 1999), 37.

12. Quoted in Mary Portas, *Windows: The Art of Retail Display* (New York: Thames and Hudson, 1999), 14.

13. Leach, *Land of Desire*, 136 – 37.

14. Quoted in Schivelbusch, *Railway Journey*, 192.

15. Nancy Stock – Allen, *A Short Introduction to Graphic Design History*, available at http: //www. designhistory. org/Advertising_ pages/FirstAd. html (accessed February 3, 2014).

16. James R. Beniger, *The Control Revolution: Technological and Economic Origins of the Information Society* (Cambridge, MA: Harvard University Press, 1986), 345, 349 – 50.

17. Daniel Boorstin, *The Americans: The Democratic Experience* (New York: Vintage, 1974), 127 – 28.

18. See "Rural Free Delivery", a Wikipedia article available at http: //en. wikipedia. org/wiki/Rural_ Free_ Delivery (accessed February 3, 2014). 电台和电视的发明在这些发展中也扮演了重要的角色,我将在后文讨论。

19. Beniger, *Control Revolution*, 378 – 80.

20. Ben Woolsey and Emily Starbuck Gerson, "The History of Credit Cards", available at http: //www. creditcards. com/ credit – card – news/credit – cards – history – 1264. php (accessed February 3, 2014).

21. Boorstin, *The Americans*, 424.

22. Beniger, *Control Revolution*, 331.

23. 债务、责任、账单、收支平衡和负罪感的关系在基督教和犹太教传统中根深蒂固,比如,马太福音 6:9 – 13:

第四章

我们日用的饮食，今日赐给我们。免我们的债，如同我们免人的债。加里·安德森在他很有启发的著作 *Charity：The Place of the Poor in the Biblical Tradition* 中强调，用经济和金融比喻来解释信徒与上帝的关系有一个很长的传统。"我认为，人们将上帝对人的爱解释成人向上帝的借款，之后又进一步被翻译成一种精神的货币，并且存在一个永恒的神圣的银行中。这一观念第一次出现在第二圣殿时期，并且在拉比和教父时期得到了延续。"Gary A. Anderson, *The Place of the Poor in the Biblical Tradition* (New Haven：Yale University Press, 2013), 182.

24. Robert Venturi, Denise Scott Brown, and Steven Izenour, *Learning from Las Vegas* (Cambridge, MA：MIT Press, 1988), 13.

25. Robert Venturi, *Complexity and Contradiction in Architecture* (New York：Museum of Modern Art, 1966), 16.

26. *Wall Street*, directed by Oliver Stone (Century City, CA：21ˢᵗ Century Fox, 1987).

27. See "Black Monday (1987)", a Wikipedia article available at http：//en. wikipedia. org/wiki/Black_ Monday_ (1987) (accessed February 3, 2014).

28. Horst Kurnitzky, "Das liebe Geld：Die wahre Liebe", in *Museum des Geldes* (Frankfurt：Museum des Geldes, 1978).

29. See "Electrum", a Wikipedia article available at http：//en. wikipedia. org/wiki/Electrum (accessed February 3, 2014)。

30. 我对这段历史的考察，受益于旧金山联邦银行发布的杰出报告，1995 年度的部分报告参见 http：//www. frbsf. org/publications/federalreserve/annual/1995/history. html (accessed February 3, 2014).

31. See "Crane & Co.", a Wikipedia article available at http：//en. wikipedia. org/wiki/Crane_ %26_ Co (accessed February 3, 2014).

32. Karl Marx, *Capital*, ed. Friedrich Engels (New York：International Publishers, 1967), 1：126.

33. Friedrich Nietzsche, "On Truth and Lie in an Extra – Moral Sense", *The Portable Nietzsche*, ed. Walter Kaufmann (New York：Penguin, 1980), 46 – 47.

5. 网络化

1. Richard R. John, *Network Nation：Inventing American Telecommunications* (Cambridge, MA：Harvard University Press, 2010), 6.

2. Henry David Thoreau, *Walden* (Princeton, NJ：Princeton University Press, 1988), 52.

3. Tom Standage, *The Victorian Internet：The Remarkable Story of the Telegraph and the Nineteenth Century's On – line Pioneers* (New York：Berkeley Books, 1998), 168 – 69. 斯丹迪奇的这一研究非常杰出，我在文中对其引用颇多，同样，约翰的著作《网络国家》中对电报历史的说明也细致精深。

4. Quoted in Standage, *Victorian Internet*, 90 – 91.

5. Quoted in John, *Network Nation*, 370.

6. See "Transatlantic Telegraph Cable", a Wikipedia article available at http://en.wikipedia.org/wiki/Transatlantic_telegraph_cable (accessed February 3, 2014). I have also drawn on the following Wikipedia articles in developing this part of the argument: "Cyrus West Field", at http://en.wikipedia.org/wiki/Cyrus_West_Field; and "Electrical Telegraph", at http://en.wikipedia.org/wiki/Electrical_telegraph (both accessed February 3, 2014).

7. Standage, *Victorian Internet*, 102.

8. Thomas Nonnenmacher, "History of the U.S. Telegraph Industry", available via Economic History Services at http://eh.net/encyclopedia/history-of-the-u-s-telegraph-industry (accessed March 8, 2014).

9. Standage, *Victorian Internet*, 140.

10. Ibid., 128-29.

11. Ibid., 166.

12. Ibid., 94.

13. "Ticker Tape", a Wikipedia article available at http://en.wikipedia.org/wiki/Ticker_tape (accessed February 3, 2014).

14. Standage, *Victorian Internet*, 119.

15. JoAnne Yates, "The Telegraph's Effect on Nineteenth-Century Markets and Firms", *Business and Economic History* 15 (1986): 158.

16. John Marshall and Kenneth Kapner,

Understanding Swaps (New York: Wiley, 1993), 19-20.

17. 值得注意的是，在今天的金融市场中，卖方在出售期权和期货时并不一定必须要持有证券或商品。参与者在出售合同的时候可以不持有任何东西，只要他预测市场走向能够使他获利。如果有必要结束交易，人们可以在期权行使或者期货合同成熟时再购买。当投资者真的这样空手买卖时，市场的非物质化就到达了其终点。

18. Richard DuBoff, "The Telegraph and the Structure of Markets in the United States, 1845-1890", *Research in Economic History* 8 (1983): 259. 这篇杰出的论文包含了丰富的信息，有助于后文的讨论。

19. Ibid., 258.

20. Ibid., 259-61.

21. Ibid., 262.

22. Ibid., 261.

23. Thomas Bass, *The Predictors: How a Band of Maverick Physicists Used Chaos Theory to Trade Their Way to a Fortune on Wall Street* (New York: Henry Holt, 1999), 13-14.

24. Standage, *Victorian Internet*, 151.

25. Serge Guilbaut, *How New York Stole the Idea of Modern Art: Abstract Expressionism, Freedom and the Cold War* (Chicago: University of Chicago Press, 1984), 177.

26. Andy Warhol, "What Is Pop Art? Answers from Eight Painters", *ARTnews* 62 (November 1963): 123.

第五章

27. Quoted in David Galenson, *Painting Outside the Lines: Patterns of Creativity in Modern Art* (Cambridge, MA: Harvard University Press, 2001), 138.

28. Ibid., 139.

29. 本段的数据部分引自 Eileen Kinsella, "MYM25 Billion and Counting", *ARTnews*, May 2008, 122 – 31.

30. Quoted in Calvin Tompkins, "The Turnaround Artist: Jeff Koons, Up from Banality", *New Yorker* (April 23, 2007), 56 – 67.

31. Deepak Gopinath, "Picasso Lures Hedge – Fund – Type Investors to the Art Market", available at http://southasiaspeak.blogspot.com/2006/01/picasso – luresheldge – fund – type. html (accessed March 8, 2014).

32. Robin Pogrebin and Kevin Flynn, "As Art Values Rise, so Do Concerns about Market Oversight", *New York Times*, January 27, 2013.

33. Bryan Burrough and Bethany McLean, "The Hunt for Steve Cohen," *Vanity Fair* (June 2013), available at http://www.vanityfair. com/business/2013/06/steve – coheninsider – trading – case (accessed March 3, 2014).

6. 无效市场假说

1. Richard A. Easterlin, "When Growth Outpaces Happiness", *New York Times*, September 27, 2012.

2. E. J. Mishan, *The Costs of Growth* (Westport, CT: Praeger, 1993), 12. Emphasis added.

3. 值得注意的是，债务文化推动了消费经济和金融经济，并创造了不断增长的动力。伯纳德·里尔特和雅克·杜恩在他们的著作 *Rethinking Money: How New Currencies Turn Scarcity into Prosperity* (San Francisco: Berrett – Koehler, 2013) 中解释道，"借贷资金需要经济不断增长，因为借贷者需要找到其他的资金来偿还他的债务产生的利息。对于评估等级较好的债务人（正常时期的政府），利息可以通过其他的债务来支付，这就会产生复利：亦即用利息来支付利息。复利意味着预期将会有长期的增长，但从数学角度来看，这在一个有限世界中是不可持续的。"（42）

4. Jared Bernstein, "Raise the Economy's Speed Limit", *New York Times*, December 12, 2012.

5. Robert Skidelsky and Edward Skidelsky, *How Much Is Enough?: Money and the Good Life* (New York: Other Press, 2012), 182 – 83.

6. Edmund Phelps, "Equilibrium: Development of the Concept", in *New Palgrave: A Dictionary of Economics*, ed. John Eatwell, Murray Milgate, and Peter Newman (New York: Macmillan, 1987), 2: 180.

7. Robert Schiller, *Irrational Exuberance* (Princeton, NJ: Princeton University Press, 2000), 173 – 74.

8. Francis Fukuyama, *The End of Histo-*

ry and the Last Man (New York: Free
Press, 1992), xi.

9. Vance Packard, *The Waste Makers*
(New York: David Mckay Company, 1960),
89.

10. Quoted in ibid. , 25.

11. Quoted in ibid. , 232.

12. One such company offering thou-
sands of dress options is Aria Dress Compa-
ny; See http: //www. ariadress. com (ac-
cessed March 3, 2014).

13. Elizabeth L. Cline, *Over – Dressed*:
The Shockingly High Cost of Cheap Fashion
(New York: Penguin, 2012), 96.

14. Kasra Ferdows, Michael A. Lewis,
and José A. D. Machuca, "Zara's Secret for
Fast Fashion", Harvard Business School on-
line archive, 2005, available at http: //hb-
swk. hbs. edu/archive/ 4652. html (accessed
February 3, 2014).

15. The statistics are drawn from Cline,
Over – Dressed, 21 – 24.

16. Paul Sims, "Britain's Bulging Clos-
et: Growth of 'Fast Fashion' Means Women
Are Buying HALF Their Body Weight in
Clothes Each Year", available at http: //
www. dailymail. co. uk/femail/article – 1389
786/Britains – bulging – closets – Growth –
fastfashion – means – women – buying –
HALF – body – weight – clothesyear. html (ac-
cessed February 3, 2014).

17. See Adeline Koh, "No Time to Shop
for Clothes? Try Stitch Fix!", *Chronicle of*
Higher Education, September 5, 2013, a-
vailable at http: //chronicle. com/blogs/prof-
hacker/no – timeto – shop – for – clothes –
try – stitch – fix/51977? cid = pm&utm_
source = pm&utm_ medium = en (accessed
February 4, 2014).

18. Quoted in Hiroko Tabuchi, "Fad –
Loving Japan May Derail a Sony Smart –
phone", *New York Times*, June 26, 3013.

19. Quoted in Mishan, *Costs of Econom-
ic Growth*, 152.

20. Cline, *Over – Dressed*, 122.

21. Ibid. , 123. See chap. 5, "The Af-
ter Life of Cheap Clothes", for an informa-
tive and disturbing analysis of these issues.

22. 对电子垃圾问题的生动描述，参
见 Asia, see the documentary *Exporting
Harm*: *The High – Tech Trashing of Asia*, a-
vailable at http: //www. youtube. com/ watch?
v = yDSWGV3jGek (accessed March 8,
2014).

7. 被连接分割

1. Friedrich Nietzsche, *The Gay Sci-
ence*, trans. Walter Kaufmann (New York:
Random House, 1974), 125.

2. Martin Heidegger, "The Question
Concerning Technology", in "*The Question
Concerning Technology*" *and Other Essays*,
trans. William Lovitt (New York: Harper
and Row, 1977), 27.

3. Friedrich Nietzsche, *Will to Power*,
trans. Walter Kaufmann (New York: Ran-

第
七
章

dom House, 1968), 267.

4. Ibid. , 327, 326.

5. Quoted in Susan Jacoby, *Freethinkers: A History of American Secularism* (New York: Metropolitan Books, 2004), 316.

6. Ibid. , 321.

7. Ibid.

8. Bill Bishop with Robert G. Cushing, *The Big Sort: Why the Clustering of Like - Minded America Is Tearing Us Apart* (New York: Mariner Books, 2008), 4, 130. 我在这一章中引用了大量毕肖普的论述中包含的数据和信息。

9. Ibid. , 12.

10. Quoted in ibid. , 34.

11. Ibid. , 82.

12. Ibid. , 90.

13. 不过，与嬉皮士不同的是，宗教保守人士并不想让政府放弃监管商业生产的权利。

14. Nicholas Negroponte, *Being Digital* (New York: Knopf, 1995), 153.

15. John Cassidy, *Dot. Con: The Greatest Story Ever Sold* (New York: Harper - Collins, 2002), 52.

16. Joseph Turow, *The Daily You: How the New Advertising Industry Is Defining Your Identity and Your Worth* (New Haven: Yale University Press, 2011), 47, 32. 托罗极有价值的研究为最近的广告政策和实践提供了极为丰富的信息。我在对网景公司的浏览器缓存的论述中引用颇多。

17. Quoted in ibid. , 48.

18. Eli Pariser, *The Filter Bubble: How the New Personalized Web Is Changing What We Read and How We Think* (New York: Penguin Books, 2001), 6.

19. Quoted in Nicholas Carr, *The Shallows: What the Internet Is Doing to Our Brains* (New York: Norton, 2010), 158.

20. Quoted in Jeffrey Rosen, "Who Do Online Advertisers Think You Are?", *New York Times*, November 30, 2012.

21. Andrew McAfee and Erik Brynjolfsson, "Big Data: The Management Revolution", *Harvard Business Review* (October 2012): 62 - 63.

22. Turow, *Daily You*, 65.

23. Quoted in Pamela Jones Harbour, "The Emperor of All Identities", *New York Times*, December 19, 2012.

24. Cade Metz, "Inside Google Spanner, the Largest Single Database on Earth", available at http: //www. wired. com/wiredenterprise/2012/11/google - spanner - time (accessed February 4, 2014).

25. Gregory Ferenstein, "Google's New Director of Engineering, Ray Kurzweil, Is Building Your 'Cybernetic Friend'", available at http: //techcrunch. com/2013/01/06/googles - director - ofengineering - ray - kurzweil - is - building - your - cybernetic - friend (accessed February 4, 2014).

26. David Segal, "This Man Is Not a Cyborg. Yet.", *New York Times*, June 1, 2013.

27. Natasha Singer, "You for Sale: Mapping, and Sharing, the Consumer Genome", *New York Times*, June 16, 2012.

28. Natasha Singer, "A Data Broker Offers a Peek behind the Curtain", *New York Times*, September 1, 2013, available at http://www.nytimes.com/2013/09/01/business/a-data-brokeroffers-a-peek-behind-the-curtain.html (accessed February 4, 2014).

29. Siva Vaidhayanathan, *The Googlization of Everything (and Why We Should Worry)* (Berkeley: University of California Press, 2011), 3.

30. Bill Keller, "Invasion of the Data Snatchers", *New York Times*, January 14, 2013.

31. Bishop, *Big Sort*, 185–86.

32. Don Peppers and Martha Rogers, *The One to One Future: Building Relations One Customer at a Time* (New York: Doubleday), 384.

33. Søren Kierkegaard, *The Present Age*, trans. Howard Hong and Edna Hong (Princeton, NJ: Princeton University Press, 1978), 104.

34. Pariser, *Filter Bubble*, 61–62.

35. Bishop, *Big Sort*, 251–52.

36. Quoted in Sasha Issenberg, *The Victory Lab: The Secret Science of Winning Campaigns* (New York: Crown Publishers, 2012), 116, 246.

37. Jeffrey Rosen, "Who Do Online Advertisers Think you Are?", *New York Times*, November 30, 2012.

38. See the online profile of Affectiva and its "automated facial coding solution" Affdex at http://www.affectiva.com/company/about (accessed February 4, 2014).

39. Quoted on Beyond Verbal's website, http://www.beyondverbal.com/about (accessed March 1, 2014).

8. 极限金融

1. See Kalin Nacheff, "Ducati Scene in *Wall Street* 2", available at http://blog.leatherup.com/2011/07/29/ducati-scene-in-wallstreet-2 (accessed February 4, 2014).

2. See "Guggenheim Las Vegas", available at http://www.guggenheim.org/new-York/press-room/releases/press-releasearchive/2000/695-october-20-guggenheim-las-vegas (accessed February 4, 2014).

3. Kristen Petersen, "Vegas, Say Goodbye to Guggenheim", *Las Vegas Sun*, April 10, 2008, Available at http://www.lasvegassun.com/news/2008/apr/10/vegas-say-goodbye-guggenheim (accessed February 4, 2014).

4. Tom Daniell, "Nothing Serious", *Log* (Winter/Spring 2013): 21.

5. 詹姆斯·欧文·韦瑟罗尔对香农和索普关系的考察非常有帮助。我这一段的论述从他的论述中获益良多。参见

Weatherall, *The Physics of Wall Street: A Brief History of Predicting the Unpredictable* (New York: Houghton Mifflin, 2013), chap. 4。

6. 对索普的讨论可参见 ibid., 100 – 102.

7. ibid., 101.

8. Jenny Strasburg and Anupreeta Das, "NYSE to Sell Itself in MYM8.2 Billion Deal: Planned Takeover Highlights Rise in Electronic Trading", *Wall Street Journal*, updated December 2, 2012, available at http://online.wsj.com/news/articles/SB1000142412788732446160457819103143250098 0 (accessed February 23, 2014).

9. Sal Arnuk and Joseph Saluzzi, *Broken Markets: How High Frequency Trading and Predatory Practices on Wall Street Are Destroying Investor Confidence and Your Portfolio* (New York: Financial Times Press, 2012), 69.

10. 分数制股票报价方式转为十进制小数点报价的解释，可以参见 Investopedia answer to a reader's question dated February 26, 2009, available at http://www.investopedia.com/ask/answers/04/073004.asp (accessed February 4, 2014)。

11. Ibid., 83.

12. Ibid., 46 – 47.

13. Scott Patterson, *Dark Pools: High - Speed Traders, A. I. Bandits, and the Threat to the Global Financial System* (New York: Crown Business, 2012), 45.

14. Ibid., 7.

15. See the Bain Report "A World A-wash in Money", November 14, 2012, Available at http://www.bain.com/publications/articles/a - world - awash - in - money.aspx (accessed February 4, 2014).

16. Michael Lewitt, http://www.thecreditstrategist.com, January 1, 2013.

17. Ibid.

18. Patterson, *Dark Pools*, 63.

19. Rich Miller, "NYSE Opens mahwah Data Center", available at http://www.datacenterknowledge.com/archives/2010/08/09/nyse - opens - mahwah - data - center (accessed February 4, 2014).

20. Arnuk and Saluzzi, *Broken Markets*, 32.

21. Michael Crichton, *Prey* (New York: Harper, 2002), xi.

22. Didier Sornette, *Why Stock Markets Crash: Critical Events in Complex Financial Systems* (Princeton, NJ: Princeton University Press, 2003), 393 – 94.

23. Paul Krugman, *The Self - Organizing Economy* (Malden, MA: Blackwell, 1996), 2.

24. Brian Arthur, John Holland, Blake LeBaron, and Richard Palmer, "Asset Pricing under Endogenous Expectations in an Artificial Stock Market Model", *The Economy as an Evolving Complex System*, *II*, eds. W. Brian Arthur, Steven Durlaf, and David Lane (Reading, MA: Perseus, 1997), 15.

25. Friedrich Hayek, *The Fatal Conceit: The Errors of Socialism*, ed. W. W. Bradley (Chicago: University of Chicago Press, 1989), 76.

26. See "Flash Crash", a Wikipedia article available at http://en.wikipedia.org/wiki/Flash_crash (accessed February 4, 2014).

27. *Money and Speed: Inside the Black Box*, transcript, available through iTunes and in the author's possession.

28. Nathaniel Popper, "High – Speed Trading No Longer Hurtling Forward", *New York Times*, October 14, 2012.

29. Quoted in Patterson, *Dark Pools*, 274.

30. Nathaniel Popper, "Beyond Wall St., Curbs on High –Speed Trading Advance", *New York Times*, September 26, 2012.

31. Arthur Levitt, "Don't Set Speed Limits on Trading", *Wall Street Journal*, August 17, 2009.

32. Quoted in Nathaniel Potter and Peter Eavis, "Errant Trades Reveal a Risk Few Expected", *New York Times*, August 2, 2012.

33. Per Bak, *How Nature Works: The Science of Self – Organized Criticality* (New York: Springer – Verlag, 1996), 1 – 2.

34. See the Wikipedia articles "Bloomberg L. P." and "Bloomberg Terminal", available at http://en.wikipedia.org/wiki/Bloomberg_L. P.; and http://en.wikipedia.org/wiki/Bloomberg_ terminal, respectively (both accessed February 4, 2014).

9. 生活的再程序化——心灵的去程序化

1. Albert Robida, *Twentieth Century*, Trans. Arthur B. Evans (Middletown, CT: Wesleyan University Press, 2004), xxvii – xxviii, 16.

2. Tony Dokoupil, "Is the Internet Making Us Crazy? What the Latest Research Says", *Newsweek*, July 9, 2012, available at http://www.newsweek.com/internet – making – us – crazy – whatnew – research – says – 65593 (accessed February 5, 2014).

3. Nicholas Carr, *The Shallows: What the Internet Is Doing to Our Brains* (New York: Norton, 2011), 86.

4. Quoted in Dokoupil, "Is the Internet Making Us Crazy?".

5. Edmund DeMarche, "Pennsylvania Hospital to Open Country's First In – patient Treatment Program for Internet Addiction", September 1, 2013, FoxNews.com, available at http://www.foxnews.com/tech/2013/09/01/hospital – firstinpatient – treatment – internet – addiction (accessed February 5, 2014).

6. Larry Rosen, *iDisorder: Understanding Our Obsession with Technology and Overcoming Its Hold on Us* (New York: Palgrave, 2012), 69 – 70.

7. Jakob Nielsen, "F – Shaped Pattern for Reading Web Content", April 17, 2006, available at http： //www. nngroup. com/articles/f – shaped – pattern – reading – web – content （accessed February 5, 2014）.

8. Carr, *Shallows*, 90.

9. Ibid. , 91.

10. Ken Auletta, "Business Outsider", *New Yorker*, April 8, 2013, 31.

11. Philip Boffey, "The Next Frontier Is Inside Your Brain", *New York Times*, February 23, 2013.

12. Quoted in Alan Schwarz and Sarah Cohen, "More Diagnoses of Hyperactivity in New C. D. C. Data", *New York Times*, March 31, 2013.

13. Roger Cohen, "The Competition Drug", *New York Times*, March 4, 2013.

14. "Braingate", a Wikipedia article available at http： //en. wikipedia. org/wiki/Braingate （accessed February 5, 2014）.

15. 对这一引文以及科维里基金会及其神经技术的更多讨论，参见 http： //www. kavlifoundation. org/brain – initiative （accessed February 5, 2014）。

16. Quoted in Nick Bilton, "Disruptions： Brian Computer Interfaces Inch Closer to Mainstream", *New York Times*, April 28, 2013, available at http： //bits. blogs. nytimes. com/2013/04/28/disruptions – no – words – no – gestures – just – your – brain – as – acontrol – pad （accessed February 5, 2014）.

17. Ibid.

18. Michael Hanger, "Toward a History of Attention in Culture and Science", *MLN*

118, no. 3 （April 2003）： 670.

19. "Ad Men Use Brain Scanners to Probe Our Emotional Responses", *The Observer*, January 14, 2012.

20. Marco Iacoboni et al. , "This Is Your Brain on Politics", *New York Times*, November 11, 2007.

21. "Is Your Brain on Politics?： Neuroscience Reveals Brain Differences between Republicans and Democrats", from an original article by Jeff Stensland, available at http： //www. sciencedaily. com/releases/2012/11/121101105003. htm （accessed February 5, 2014）.

22. Gary Small and Gigi Vorgan, *iBrain： Surviving the Technological Alteration of the Modern Mind* （New York： HarperCollins, 2008）, 32 – 33.

23. Friedrich Schiller, *On the Aesthetic Education of Man in a Series of Letters*, trans. E. M. Wilkinson and L. A. Willoughby （New York： Oxford University Press, 1967）, 35.

10. 大崩溃

1. John Maynard Keynes, "Economic Possibilities for Our Grandchildren", *Essays in Persuasion* （New York： Norton, 1963）, 358.

2. Thorstein Veblen, *The Theory of the Leisure Class* （Oxford, Eng. ： Oxford University Press： 2009）, 30, 33.

3. Bertrand Russell, "*In Praise of Idleness*" *and Other Essays* （New York： Norton,

1935), 11, 23, 32 – 33.

4. Carl Horne, *In Praise of Slowness: How a Worldwide Movement Is Challenging the Cult of Speed* (New York: HarperCollins, 2004), 188.

5. Juliet Schor, *The Overworked American: The Unexpected Decline of Leisure* (New York: Basic Books, 1991), 4, 2.

6. Keynes, "Economic Possibilities for Our Grandchildren", 562.

7. "More Work Goes 'Undercover': Bringing the Office to Bed for 3 a. m. Emails to China; Wi – Fi Mattress", *Wall Street Journal*, November 13, 2012.

8. Schor, *Overworked American*, 18.

9. Becket Adams, "U. S. CEO Goes Off on France's Work Ethic inEpic Letter: 'Lazy' Union Workers Who Talk Too Much", available at http: //www. theblaze. com/stories/ 2013/02/20/u – sceo – goes – off – on – frances – work – ethic – in – epic – letter – lazyworkers – who – talk – too – much (accessed February 5, 2014).

10. Schor, *Overworked American*, 80.

11. Keynes, "Economic Possibilities for Our Grandchildren", 572.

12. Schor, *Overworked American*, 126.

13. Friedrich Nietzsche, *The Gay Science*, trans. Walter Kaufmann (New York: Random House, 1974), 329.

14. "Cittaslow", a Wikipedia article available at http: //en. wikipedia. org/wiki/ Cittaslow (accessed February 5, 2014).

15. For more on the Slow Movement, see http: //slowdownnow. org (accessed February 5, 2014).

16. Mark Fischetti, "Did Climate Change Cause Hurricane Sandy?", *Scientific American*, October 30, 2012.

17. National Research Council, *Abrupt Climate Change: Inevitable Surprises* (Washington, D. C. : National Academies Press), 1.

18. Michael Lewis, *Boomerang: Travels in the New Third World* (New York: Norton, 2011), 13.

19. Ibid. , 2.

20. Ibid. , 3.

21. Andrew Higgins, "Teeing Off at the Edge of the Arctic? A Chinese Plan Baffles Iceland", *New York Times*, March 22, 2013.

22. Quoted in David J. Unger, "Arctic Council: China Looks North for Oil, Gas, and Fish", available at http: //www. csmonitor. com/Environment/Energy – Voices/ 2013/ 0515/arctic – Council – China – looks – north – for – oil – gas – and – fish (accessed February 5, 2014).

23. Andrew Blum, *Tubes: A Journey to the Center of the Internet* (New York: Ecco, 2012), 230.

24. James Glanz, "Power, Pollution and the Internet", *New York Times*, September 22, 2012.

25. Ibid.

第十章

26. Eli Pariser, *The Filter Bubble: How the New Personalized Web Is Changing What We Read and How We Think* (New York: Penguin Books, 2001), 11.

27. Glanz, "Power, Pollution and the Internet".

28. Ibid.

29. William J. Baumol, *The Free Market Innovation Machine: Analyzing the Growth Miracle of Capitalism* (Princeton, NJ: Princeton University Press, 2002), 1.

30. National Research Council, *Abrupt Climate Change*, 14.

31. James Hansen, "Can We Defuse the Global Warming Time Bomb?", available at http://naturalscience.com/ns/articles/01 – 16/ns_ jeh. html (accessed February 5, 2014).

32. Kenneth Golden, Elizabeth Hunke, Cecelia Bitz, and Mark Holland, "Sea Ice in the Global Climate System", available at http://www.mathaware.org/mam/09/essays/Golden_ etal_ Sea_ Ice.pdf (accessed February 5, 2014).

33. Kevin Schaefer et al., "Policy Implications of Warming Permafrost", available at http://www.unep.org/pdf/permafrost.pdf (accessed February 5, 2014).

34. Paul Voosen, "Geologists Chip Away at Mystery of Climate's Influence on Volcanoes", *Chronicle of Higher Education*, May 24, 2013.

35. Philip Conkling et al. , *The Fate of Greenland: Lessons from Abrupt Climate Change* (Cambridge, MA: MIT Press, 2011), 102.

36. Quoted in Elizabeth Kolbert, "The Climate of Man—I", *New Yorker*, April 25, 2005, 14.

37. Quoted in Justin Gillis, "Heat – Trapping Gas Passes Milestone, Raising Fears", *New York Times*, May 10, 2013.

38. Edward Wong, "Cost of Environmental Degradation in China Is Growing", *New York Times*, March 29, 2013.

39. Naomi Oreskes and Erik M. Conway, *Merchants of Doubt: How a Handful of Scientists Obscured the Truth on Issues from Tobacco Smoke to Global Warming* (New York: Bloomsbury Press, 2010), 11, 248 –49.

40. Ibid. , 252, 254.

41. Mark Hertsgaard, "Harvesting a Climate Disaster", *New York Times*, September 12, 2012.

42. Geoffrey Parket, "The Inevitable Climate Catastrophe", *Chronicle of Higher Education*, May 28, 2013.

43. Milan Kundera, *Slowness*, trans. Linda Asher (New York: Harper, 1996), 39.

44. Quoted in Guy Clayton, *Hare Brain, Tortoise Mind: How Intelligence Increases When You Think Less* (New York: HarperCollins, 1999), 175 –76.

索 引

45

《雅理译丛》编后记

面前的这套《雅理译丛》，最初名为"耶鲁译丛"。两年前，我们决定在《阿克曼文集》的基础上再前进一步，启动一套以耶鲁法学为题的新译丛，重点收入耶鲁法学院教授以"非法学"的理论进路和学科资源去讨论"法学"问题的论著。

耶鲁法学院的师生向来以 Yale ABL 来"戏称"他们的学术家园，ABL 是 anything but law 的缩写，说的就是，美国这家最好也最理论化的法学院——除了不教法律，别的什么都教。熟悉美国现代法律思想历程的读者都会知道，耶鲁法学虽然是"ABL"的先锋，但却不是独行。整个 20 世纪，从发端于耶鲁的法律现实主义，到大兴于哈佛的批判法学运动，再到以芝加哥大学为基地的法经济学帝国，法学著述的形态早已转变为我们常说的"law and"的结构。当然，也是在这种百花齐放的格局下，法学教育取得了它在现代研究型大学中的一席之地，因此，我们没有理由将书目限于耶鲁一家之言，《雅理译丛》由此应运而生。

雅理，一取"耶鲁"旧译"雅礼"之音，意在记录这套丛书的出版缘起；二取其理正，其言雅之意，意在表达以至雅之言呈现至正之理的学术以及出版理念。

作为编者，我们由法学出发，希望通过我们的工作进一步引入法学研究的新资源，打开法学研究的新视野，开拓法学研究的新前沿。与此同时，我们也深知，现有的学科划分格局并非从来如此，其本身就是一种具体的历史文化产物（不要忘记法律现实主义的教诲"to classify is to disturb"），因此，我们还将"超越法律"，收入更多的直面问题本身的跨学科作品，关注那些闪耀着智慧火花的交叉学科作品。在此标准之下，我们提倡友好的阅读界面，欢迎有着生动活泼形式的严肃认真作品，以弘扬学术，服务大众。《雅理译丛》旨在也志在做成有理有据、有益有趣的学术译丛。

第一批的书稿即将付梓，在此，我们要对受邀担任丛书编委的老师和朋友表示感谢，向担起翻译工作的学者表示感谢。正是他们仍"在路上"的辛勤工作，才成就了我们丛书的"未来"。而读者的回应则是检验我们工作的唯一标准，我们只有脚踏实地地积累经验——让下一本书变得更好，让学术翱翔在更广阔的天空，将闪亮的思想不断传播出去，这永远是我们最想做的事。

六部书坊

《雅理译丛》主编 田雷

2014 年 5 月

《雅理译丛》已出书目

民主、专业知识与学术自由
——现代国家的第一修正案理论
〔美〕罗伯特·C.波斯特 著
左亦鲁 译

林肯守则：美国战争法史
〔美〕约翰·法比安·维特 著
胡晓进 李丹 译

兴邦之难：
改变美国的那场大火
〔美〕大卫·冯·德莱尔 著
刘怀昭 译

司法和国家权力的多种面孔
——比较视野中的法律程序
〔美〕米尔伊安·R.达玛什卡 著
郑戈 译

摆正自由主义的位置
〔美〕保罗·卡恩 著
田力 译 刘晗 校

战争之谕
胜利之法与现代战争形态的形成
〔美〕詹姆斯·Q.惠特曼 著
赖骏楠 译

创设行政宪制：
被遗忘的美国行政法
百年史（1787—1887）
〔美〕杰里·L.马肖 著
宋华琳 张力 译

事故共和国
——残疾的工人、贫穷的
寡妇与美国法的重构（修订版）
〔美〕约翰·法比安·维特 著
田雷 译

数字民主的迷思
〔美〕马修·辛德曼 著
唐杰 译

同意的道德性
〔美〕亚历山大·M.毕克尔 著
徐斌 译

林肯传
〔美〕詹姆斯·麦克弗森 著
田雷 译

罗斯福宪法：
第二权利法案的历史与未来
〔美〕凯斯·R.桑斯坦 著
毕竞悦 高瞰 译

社会因何要异见
〔美〕凯斯·R.桑斯坦 著
支振锋 译

法律东方主义
——中国、美国与现代法
〔美〕络德睦（Teemu Ruskola）著
魏磊杰 译

无需法律的秩序
——相邻者如何解决纠纷
〔美〕罗伯特·C.埃里克森 著
苏力 译

美丽新世界
《世界人权宣言》诞生记
〔美〕玛丽·安·葛兰顿 著
刘轶圣 译

大屠杀：
巴黎公社生与死
[美]约翰·梅里曼 著
刘怀昭 译

自由之路
"地下铁路"秘史
[美]埃里克·方纳 著
焦姣 译

黄河之水：
蜿蜒中的现代中国
[美]戴维·艾伦·佩兹 著
姜智芹 译

我们的孩子
[美]罗伯特·帕特南 著
田雷 宋昕 译

起火的世界
[美]蔡美儿 著
刘怀昭 译

军人与国家：
军政关系的理论与政治
[美]塞缪尔·亨廷顿 著
李晟 译

林肯：在内战中
（1861-1865）
[美]丹尼尔·法伯 著
邹奕 译

正义与差异政治
[美]艾丽斯·M.杨 著
李诚予 刘靖子 译

星球大战的世界
[美]凯斯·R.桑斯坦 著
张力 译

财产故事
[美]斯图尔特·班纳 著
陈贤凯 许可 译

乌托邦之概念
[美]鲁思·列维塔斯 著
李广益 范轶伦 译

法律的文化研究
[美]保罗·卡恩 著
康向宇 译

鲍勃·迪伦与美国时代
[美]肖恩·威伦茨 著
刘怀昭 译

独自打保龄
[美]罗伯特·D.帕特南 著
刘波 祝乃娟 张孜异
林挺进 郑寰 译

孟德斯鸠
[美]朱迪·斯克拉 著
李连江 译